面向21世纪高等院校规划教材

2017中文版

AutoCAD绘图教程与上机指导

（第三版）

主　编　任昭蓉
副主编　李广慧　李　波　陈　明

上海科学技术出版社

内 容 提 要

本书包含两部分。第一部分是绘图教程，内容主要包括 AutoCAD 2017 中文版操作环境、工作空间、绘图命令、编辑命令、显示控制、文字表格、尺寸标注、三维建模、图形的输入/输出及 Internet 连接等；第二部分为上机操作指导及若干图例，每次上机以 2 学时计，共安排 10 次上机操作，对每次操作提出了目的和要求，给出了上机实例操作的指导以及提供了丰富的课后练习素材，从而使学生可以系统地练习并熟练掌握 AutoCAD 绘图技巧。

本书配有视频等数字交互资源，便于读者随时学习命令的使用操作，操作内容涵盖机械、电子、建筑等多种工程图样，注重其对近机类等专业的适用性和通用性，可供不同专业学生选用。

本书可作为高等院校工科教材，也可作为高职高专、成人教育及各种培训机构等教授 AutoCAD 的教学用书，同时还可供自学及广大从业人员参考。

图书在版编目(CIP)数据

AutoCAD 绘图教程与上机指导 / 任昭蓉主编.
—3 版. —上海：上海科学技术出版社，2018.7(2023.6 重印)
面向 21 世纪高等院校规划教材
ISBN 978-7-5478-4022-1

Ⅰ. ①A… Ⅱ. ①任… Ⅲ. ①AutoCAD 软件—高等学校—教材 Ⅳ. ①TP391.72

中国版本图书馆 CIP 数据核字(2018)第 106225 号

AutoCAD 绘图教程与上机指导(第三版)
主编 任昭蓉

上海世纪出版(集团)有限公司
上 海 科 学 技 术 出 版 社 出版、发行
(上海市闵行区号景路 159 弄 A 座 9F-10F)
邮政编码 201101 www.sstp.cn
上海盛通时代印刷有限公司印刷
开本 787×1092 1/16 印张 12.25
字数 280 千字
2010 年 8 月第 1 版
2018 年 7 月第 3 版 2023 年 6 月第 13 次印刷
ISBN 978-7-5478-4022-1/TH·75
定价：45.00 元

本书如有缺页、错装或坏损等严重质量问题，请向工厂联系调换

前　言

计算机辅助设计(computer aided design, CAD)是一门多学科综合性应用技术,是现代的设计方法和手段。随着计算机技术的飞速发展,计算机绘图逐渐代替了传统的手工绘图。它有着易于修改、绘图精确的特点,各院校已普遍开设这类课程。在所有的绘图软件中,AutoCAD 软件有着强大的无可比拟的平面机械图样绘制功能,在工程中应用极为广泛。

AutoCAD 是美国 Autodesk 公司研发的计算机辅助绘图与设计软件。从 1982 年 1.0 版开始,已经历了 20 多次版本的升级。AutoCAD 问世至今,以其强大的功能和友好易用的界面得到了全世界用户的喜爱,迅速成为最受欢迎和普及面最广的绘图与设计软件,并逐渐成为工科学生必须掌握的重要绘图与设计工具。

AutoCAD 2017 是 Autodesk 公司推出的新版本。在原有版本的基础上新增和改进了众多的绘图工具,有着最新的外观、更快的绘图速度、更高的精度、更好的人机交互界面、更便于个性的发挥等特点。

本书的章节安排充分考虑了读者的认知规律,由浅入深、循序渐进。在图例的选择上,尽量选用基础课上遇到的典型图例。书中无论是对 AutoCAD 软件相关概念及使用方法的介绍,还是对软件应用技巧的讲解,都融会了编者多年的教学经验。第三版有以下几个特点:

1. 为适应新工科视域下的学习方式,教材创新配套视频等数字交互资源,更便于读者学习。

2. 注重贯彻新的国家标准如《机械制图》《电气制图》《建筑制图》。

3. 全书以机械制图图样为主,兼顾电气图样、建筑图样,以满足各行业对应用型技术人才的需求。

4. 书中内容更便于教学和上机操作指导,同时在实验中增加了大量的练习图。编写处处体现了编者多年教学的经验和技巧,便于边学边用、学用结合。

5. 上机操作指导的内容涵盖了本书学习过程中的重点和难点以及一些绘图技巧。完成这些练习,有助于读者提高绘图的技巧。

6. 本书可供高等工科类院校学生使用,内容适合于 20～50 学时(其中包含讲授部分和上机操作部分,根据学时多少可选择教学和上机内容),教学中灵活选用,即便节选也不会破坏学习的完整性和系统性。

7. 本书还可以作为 AutoCAD 技能考试培训教材,并可作为 AutoCAD 爱好者的参考书。

参加本书编写的有广东海洋大学任昭蓉(第 1、6、9 章,第二部分),李广慧(第 5、7 章),李波(第 2、4 章),陈明(第 3、8 章)。在本书编写过程中得到了广东海洋大学制图教研室各位老师的大力支持,在此表示衷心的感谢。

鉴于编者水平有限,书中难免存在不当之处,恳请广大读者批评指正。

编　者

本书配套数字交互资源使用说明

针对本书配套数字资源的使用方式和资源分布,特做如下说明:

1. 用户(或读者)可持安卓移动设备(系统要求安卓 4.0 及以上),打开移动端扫码软件(不包括微信),扫描教材封底二维码,下载安装本书配套 APP,即可阅读识别、交互使用。

2. 插图图题或层次标题后有加"[图标]"标识的,提供视频等数字资源,进行识别、交互。具体扫描对象位置和数字资源对应关系参见下表。

扫描对象位置	数字资源类型	数字资源名称
图 1.9	视频	命令的调用
图 1.16	视频	设置 AutoCAD 经典模式界面
图 4.14	视频	利用表格绘制标题栏
图 6.1	视频	创建机械制图尺寸标注样式
图 9.4	视频	利用设计中心插入对象
图 T2.5	视频	绘制起重螺杆
图 T3.11	视频	绘图和编辑命令练习(二)
实验五第(一)项	视频	制作表面粗糙度图形块
图 T6.1	视频	输出轴尺寸标注
图 T7.6	视频	千斤顶装配图

目　录

第一部分　实用绘图教程

第二部分 上机操作指导

第一部分 >>>>> 实用绘图教程

DI YI BU FEN　SHI YONG HUI TU JIAO CHENG

第 1 章　AutoCAD 2017 中文版操作环境

1.1　AutoCAD 2017 的启动

按照安装说明成功安装 AutoCAD 2017 之后，启动 AutoCAD 2017 常用以下三种方式。

1）使用“开始”菜单启动

在 Windows 系统中，单击界面左下角的“开始”按钮，从“开始”菜单中选择“所有程序”→“Autodesk”→“AutoCAD 2017 -简体中文(Simplified Chinese)”→“AutoCAD 2017 简体中文”命令，启动 AutoCAD 2017 软件。

2）双击桌面快捷图标启动

在 Windows 桌面上双击“AutoCAD 2017”图标 A ，启动 AutoCAD 2017 软件。

3）通过 AutoCAD 文件启动

双击已有的 AutoCAD 相关格式文件（ *.dwg、*.dwt 等），启动 AutoCAD 2017 软件。

启动 AutoCAD 2017 时，进入开机界面，如图 1.1 所示，通常有四种方式进入工作界面。

(1) 直接点击“开始绘制”。

(2) 点击“打开文件”，进入已有文件中进行编辑。

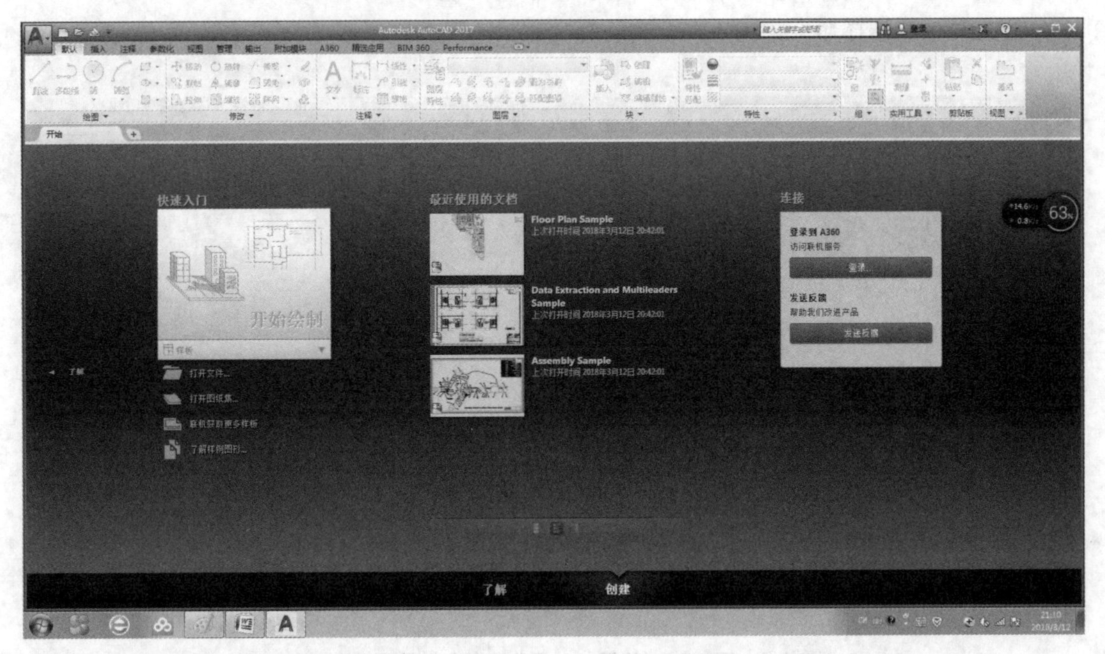

图 1.1　AutoCAD 2017 启动界面

(3) 展开“开始绘制”下面的样板图集,如图 1.2 所示,选择系统配置的标准图样。

(4) 点击选择最近使用的文档进入编辑。

图 1.2　样板图选择启动

1.2　界 面 简 介

AutoCAD 2017 的操作界面是 AutoCAD 显示和进行编辑图形的区域,其工作界面有几种形式:草图与注释、三维基础、三维建模以及自己定义工作空间,用户可以自行切换工作界面。初始设置的工作空间界面是“草图与注释”,其组成部分如图 1.3 所示。

1.2.1　菜单

菜单可以选择显示和不显示,菜单中几乎包含了 AutoCAD 2017 中全部的绘图功能和命令,其具有以下特点。

① 命令后有小三角“▶”符号,表示该命令还有子菜单。

② 命令有省略号“…”符号,表示单击该菜单命令后会打开一个对话框。

③ 命令后跟有字母(如 R)或组合键(如【Ctrl+O】),表示直接按字母或组合键即可执行相应的命令。

④ 命令呈现灰色,表示该命令在当前状态下不可使用。

下拉菜单的选择命令如图 1.4 所示。

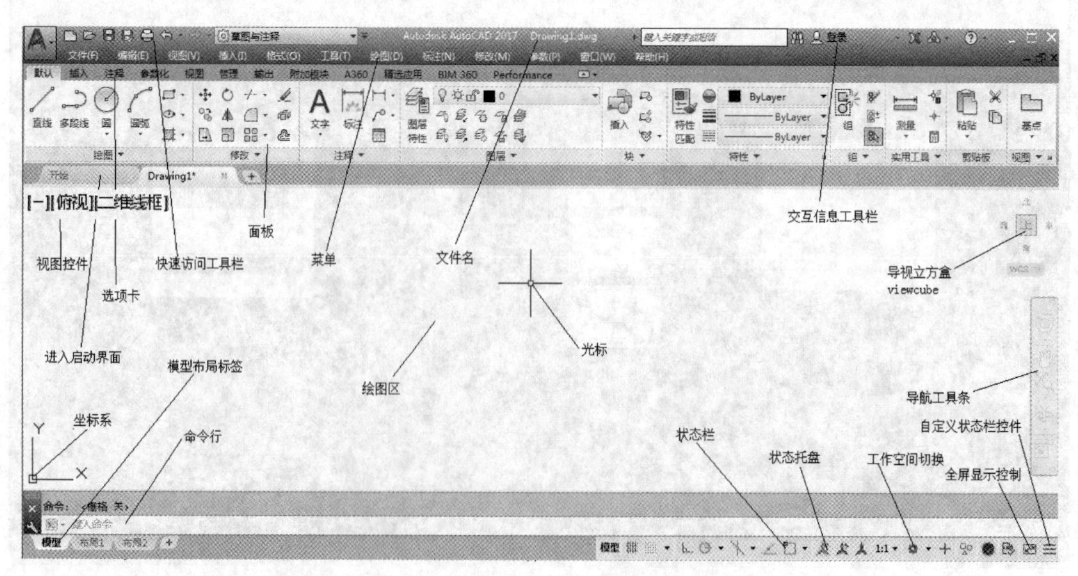

图 1.3　“草图与注释”工作空间界面

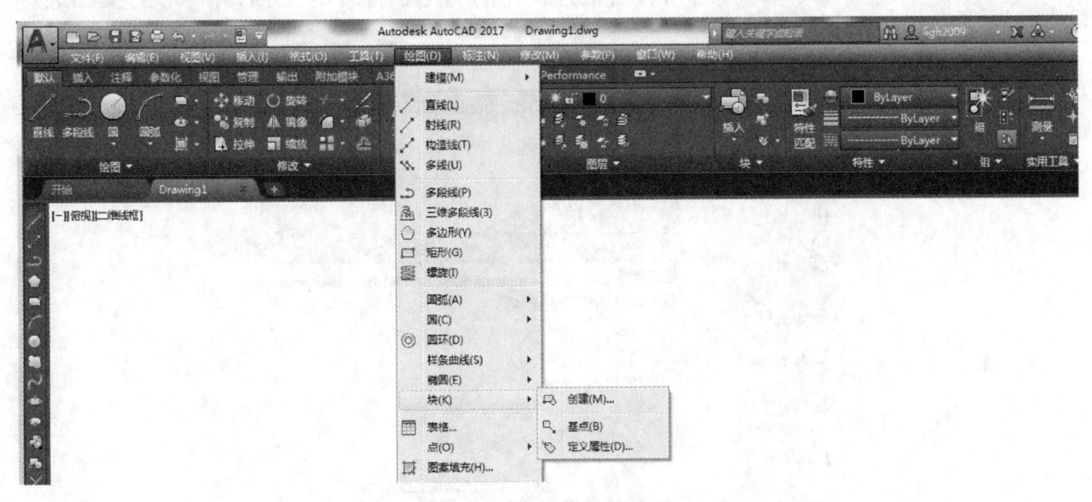

图 1.4　下拉菜单的使用

此外,若单击左上角“应用程序”按钮![A-],使用应用程序菜单,用户可以执行对命令的实时搜索,以及访问用于创建、打开、浏览和发布文件的工具,如图 1.5 所示。搜索字段显示在应用程序菜单的顶部。搜索结果可以包括菜单命令、基本工具提示和命令提示文字字符串。若将鼠标悬停在某命令附近,还可显示相关的提示信息,如图 1.6 所示。

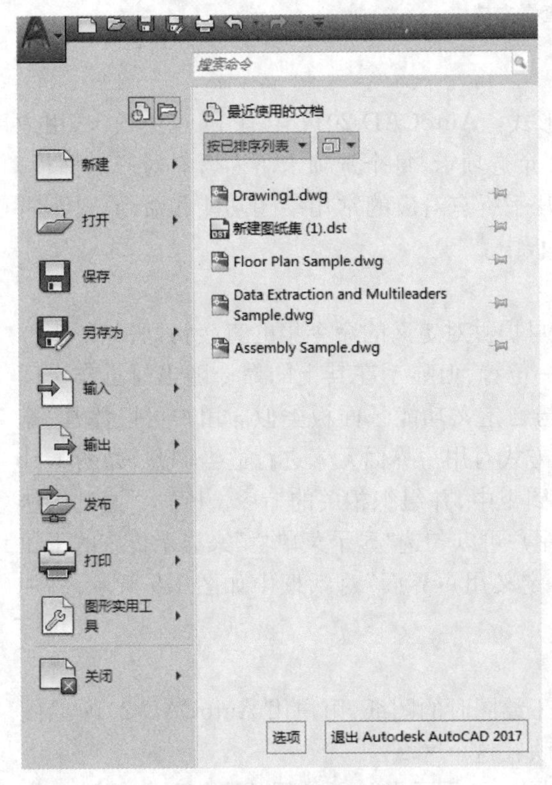

图 1.5　应用程序菜单

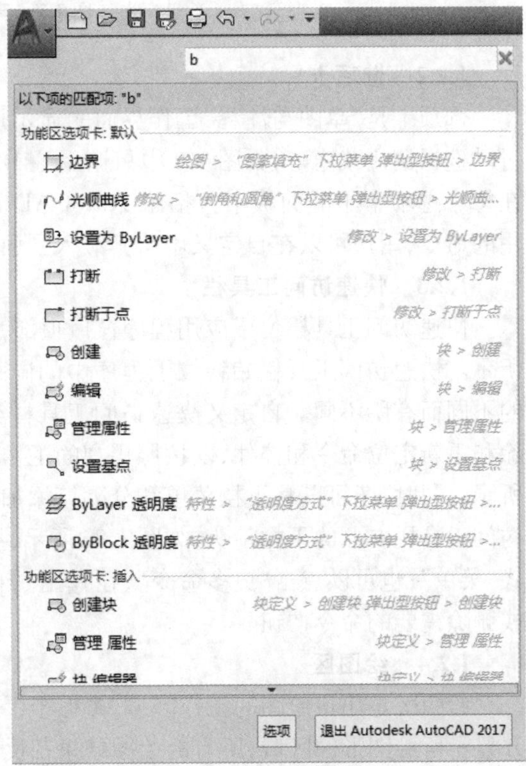

图 1.6　搜索命令

在应用程序菜单中,用户还可以查看最近使用的文档和打开的文档,并能够对文档进行预览,如图 1.7 所示。

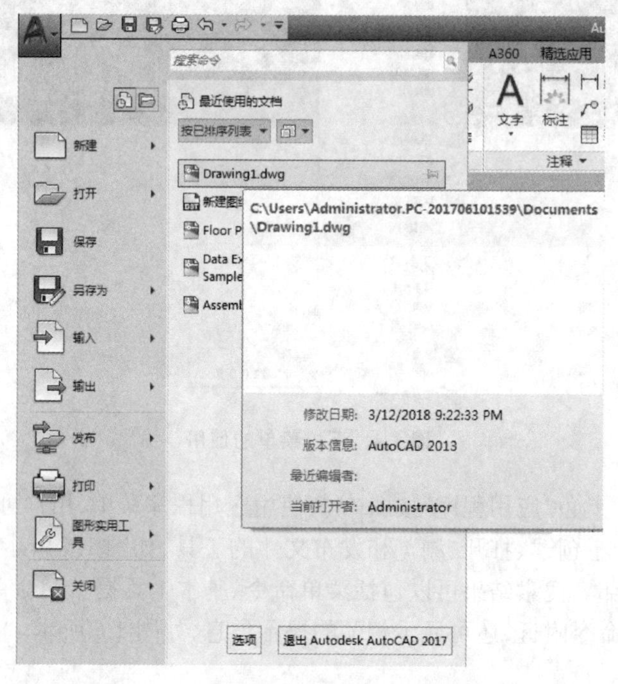

图 1.7 查看文档

1.2.2 选项卡

选项卡是“草图与注释”工作界面的显示形式。AutoCAD 2017 中有 14 个选项卡,用户可以选择调用或隐藏,如图 1.3 中只调用了 12 个选项卡,每个选项卡下面含有对应的面板,在每个选项卡下的面板中包括了 AutoCAD 几乎所有对应的常用绘图功能和命令,对不常用的命令,用户可以在自定义中将其载入到面板中。

1.2.3 快速访问工具栏

快速访问工具栏位于应用程序窗口顶部,可提供对定义的命令集的直接访问,如图 1.8a 所示。快速访问工具栏始终位于程序中的同一位置,但显示在其上的命令随当前工作空间的不同而有所不同。自定义快速访问工具栏与自定义功能区面板类似。用户可以添加、删除和重新定位命令和控件,以按照用户的工作方式对用户界面元素进行适当调整,如图 1.8b 所示。同时,还可以将下拉菜单和分隔符添加到组中,并组织相关的命令。比如:通过快速访问工具栏右侧的下拉箭头,如图 1.8c 所示,用户可以勾选“显示菜单栏”来显示传统的下拉式“菜单”;也可以点击“更多命令”,在弹出“自定义用户界面”对话框中如图 1.9 所示,添加或删除需要的命令按钮。

1.2.4 绘图区

绘图区是用户绘图的工作区域,类似于手工绘图时的图纸,用户用 AutoCAD 2017 绘图并显示所绘图形的区域,所有的绘图结果都反映在这个区域。

在绘图区域中除了显示当前的绘图情况外,还显示了当前所使用的坐标系类型和坐标原点,以及 X、Y、Z 轴的方向,默认的情况下,坐标系一般为世界坐标系(WCS)。此外,绘图

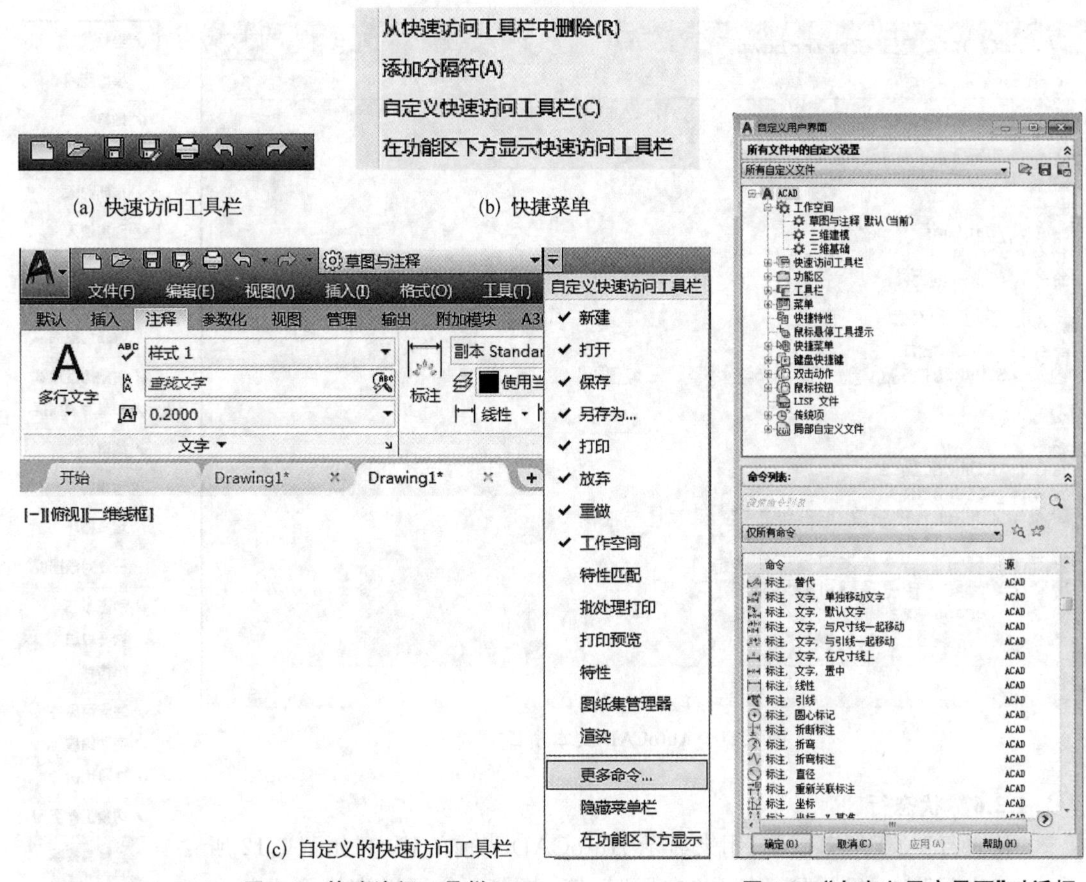

(a) 快速访问工具栏　　(b) 快捷菜单

(c) 自定义的快速访问工具栏

图 1.8　快速访问工具栏　　图 1.9　“自定义用户界面”对话框

区域中有一个十字光标，十字光标的交点反映了光标在当前坐标系中的位置。

绘图区中的视图控件、ViewCube 及导航工具条均可在“视图”选项卡下点击相应命令按钮在显示与关闭显示之间切换。

1.2.5　命令行

“命令行”是输入命令名和显示命令提示的区域，位于绘图区的底部，如图 1.10 所示，其具有以下特点。

① 通过移动拆分条来扩大与缩小命令行窗口。

② 将“命令行”拖动为浮动窗口，放置在屏幕上任意位置。

③【F2】键可以调出“AutoCAD 文本窗口”，如图 1.11 所示，文本窗口可以看成是放大的“命令行”窗口，它记录了用户已执行的命令，能很方便地查看和编辑命令的历史记录，也可以用来输入执行新的命令。AutoCAD 通过命令行窗口反馈各种执行、调整、选择和出错信息。因此，用户要时刻关注在命令行窗口中出现的各种提示信息。

图 1.10　AutoCAD 2017 命令行窗口

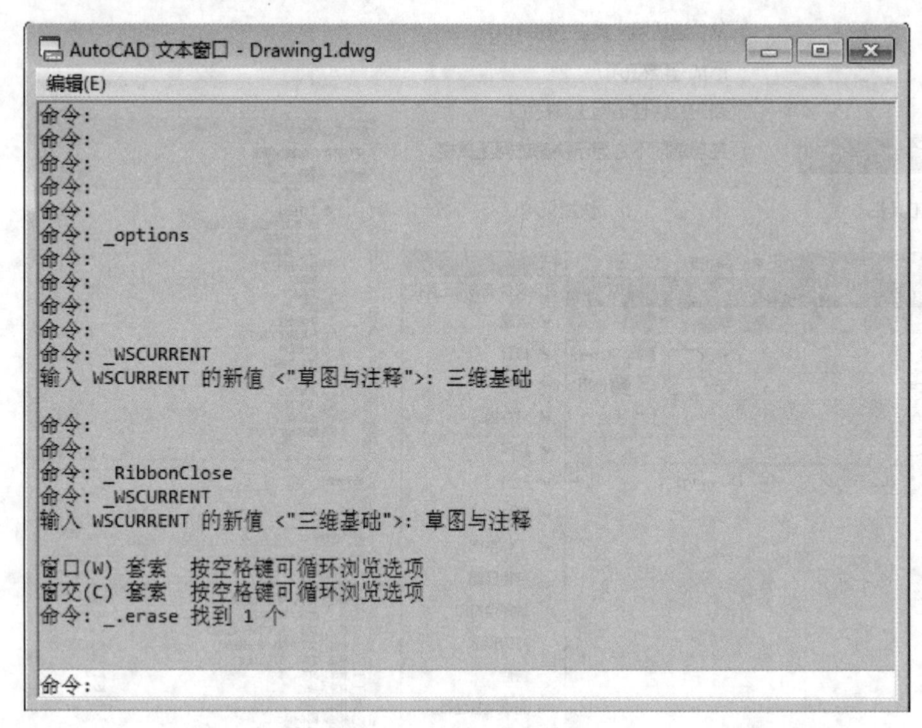

图 1.11 AutoCAD 文本窗口

1.2.6 状态行

“状态行”位于屏幕底部,用来显示 AutoCAD 当前的状态,如图 1.12 所示。“状态行”左端显示“模型”和“布局”标签,单击它们可以在模型空间和图纸空间之间进行切换;点击最右侧“自定义”按钮 ☰ 可以设置状态栏的显示项目,如图 1.13 所示,用鼠标单击这些项目按钮就可以实现这些功能的启用和关闭。

图 1.12 AutoCAD 2017 应用程序状态行

✓ 坐标
模型空间
✓ 栅格
✓ 捕捉模式
推断约束
✓ 动态输入
✓ 正交模式
✓ 极轴追踪
等轴测草图
✓ 对象捕捉追踪
✓ 二维对象捕捉
✓ 线宽
透明度
选择循环
三维对象捕捉
✓ 动态 UCS
选择过滤
小控件
✓ 注释可见性
✓ 自动缩放
✓ 注释比例
✓ 切换工作空间
注释监视器
单位
快捷特性
锁定用户界面
隔离对象
图形性能
✓ 全屏显示

图 1.13 “自定义”状态栏显示控件

1.2.7 AutoCAD 经典工作空间的设置

AutoCAD 2017 中默认已经没有经典模式界面,对于习惯使用经典模式工作空间的用户可能会感到极大的不便,但用户可以自行设置,方法如下。

① “工具”菜单下拉➤“选项板”下拉,如图 1.14 所示➤点击“功能区”关闭草图与注释界面,如图 1.15 所示。

② “工具”菜单下拉➤工具栏下拉➤ AutoCAD 下拉➤勾选经典模式界面常用的工具条:标准、样式、图层、特性、绘图、修改,如图 1.16 所示。

③ 在状态栏设置工作空间,点击“将当前空间另存为”,如图 1.17 所示,弹出“保存工作空间”对话框,如图 1.18 所示,输入“AutoCAD 经典”点击保存。

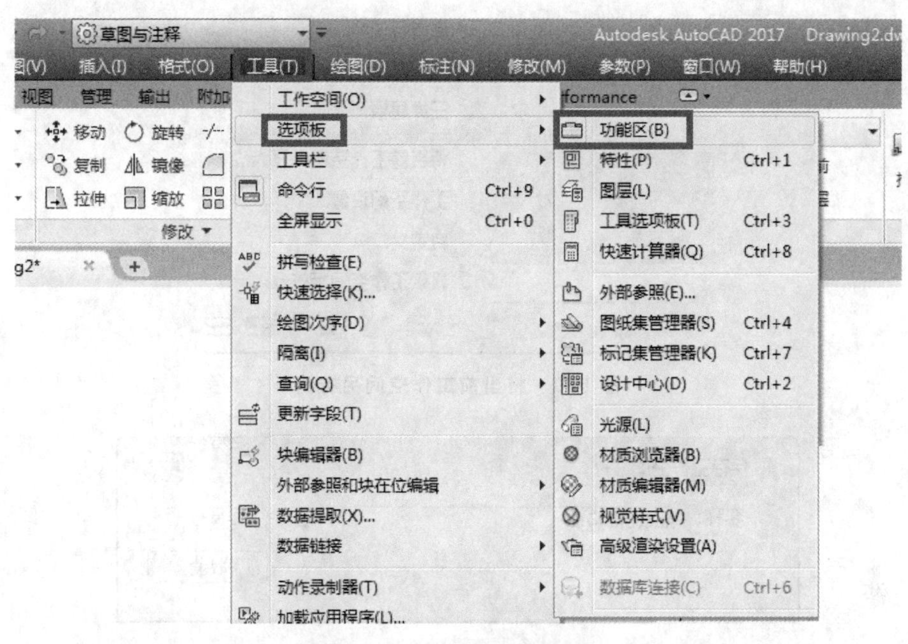

图 1.14　关闭草图与注释界面

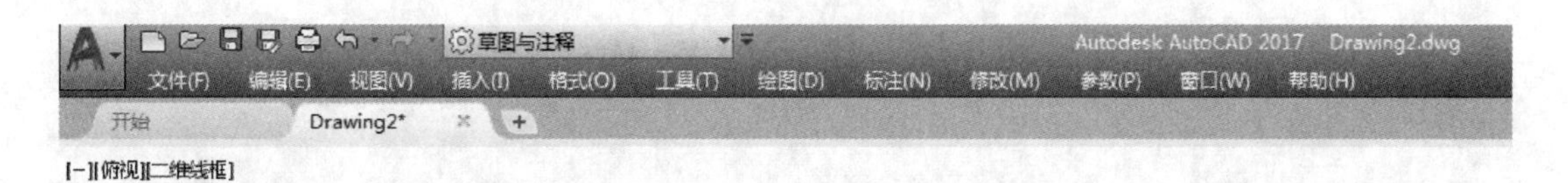

图 1.15　关闭草图与注释界面后的模式

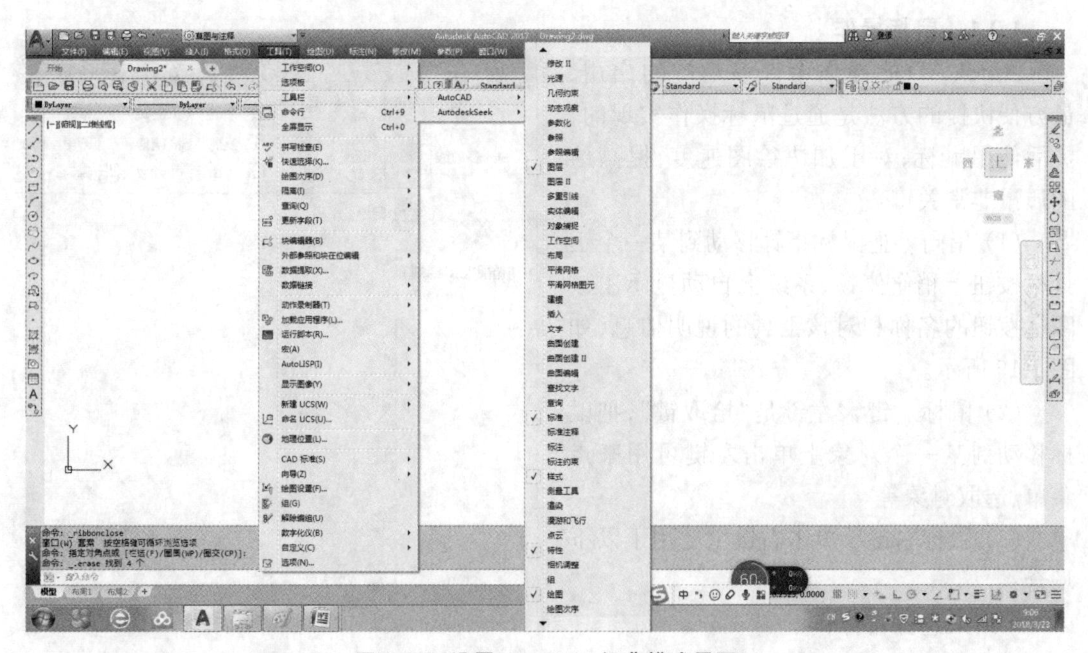

图 1.16　设置 AutoCAD 经典模式界面

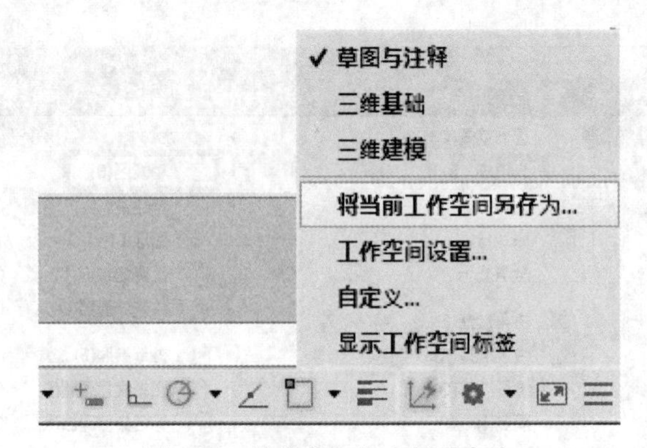

图 1.17 将当前工作空间另存为

图 1.18 保存"AutoCAD 经典"工作空间对话框

1.3 基本操作

AutoCAD 中基本的命令操作方法,包括"鼠标操作""命令的输入方式""命令的结束方式""命令的重复、撤销、重做"和"坐标输入"等,本节将围绕这几个内容进行学习和讲解。

1.3.1 鼠标操作

AutoCAD 的操作中许多功能的启用,最方便快捷的方法是通过鼠标操作实现的,灵活使用鼠标,对于加快绘图速度,提高绘图质量非常关键。

(1) 指向 把鼠标指针移动到某一个工具栏按钮上稍作停顿,系统会自动显示出该图标按钮的名称和对该工具的说明信息,如图 1.19 所示。

(2) 鼠标左键 左键是"拾取键",把鼠标移动到某一个对象上单击左键可用来点菜单、选取对象等。

(3) 鼠标右键 单击右键主要用于以下场合:

- 结束选择目标;
- 弹出快捷菜单;

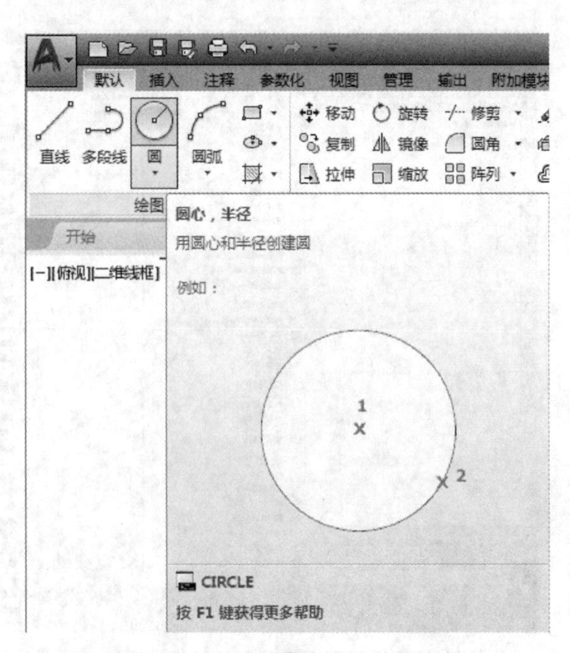

图 1.19 绘制"圆"的按钮说明信息

● 相当于“确认键”,即【Enter】键,在完成一项操作时确认用。

(4) 中键(滚轮)　滚动滚轮时可对图形区视窗进行放大或缩小;按下滚轮不动,会出现小手图标,这时移动鼠标,可实现对图形区的平移控制。

1.3.2　命令的启用方式

AutoCAD 中绘图必须通过输入相关的指令和参数来实现,用户可以通过多种方式访问命令。

(1) 单击命令按钮启用命令　通过单击功能区面板中相关的图形按钮访问命令,访问“直线”命令如图 1.20 所示。

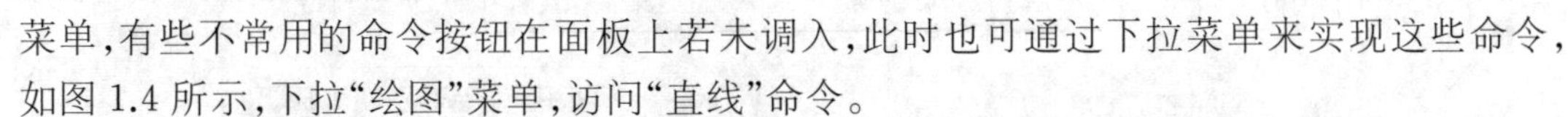

图 1.20　在功能区绘图面板上访问“直线”命令

(2) 使用菜单启用命令　AutoCAD 2017 的操作界面中,用户可以根据自己需要进行设置和显示菜单,有些不常用的命令按钮在面板上若未调入,此时也可通过下拉菜单来实现这些命令,如图 1.4 所示,下拉“绘图”菜单,访问“直线”命令。

(3) 键盘输入启用命令　在命令窗口输入命令名或命令的快捷字母,如直线命令:line↙(或 L↙),这种方式要求用户熟记很多命令名称,所以主要针对用命令按钮和下拉菜单都无法快速实现的命令,如“块存盘(wblock)”。

1.3.3　命令的结束方式

在 AutoCAD 中有些命令在完成时会自动结束,像圆、矩形、椭圆等,但有些命令需要人工结束,其方法如下:

● 按回车键↙;

● 按空格键:在 AutoCAD 中空格键的作用与回车键↙作用一样;

● 鼠标右键:AutoCAD 中单击右键会出现快捷菜单,如图 1.21 所示,在快捷菜单中选择“确认”或“取消”结束命令;用户可以通过“应用程序菜单”→“选项”→“用户系统配置”→“自定义右键单击”选择命令模式下的“确认”,如图 1.22 所示,此时右键作用与回车键↙一样;

图 1.21　快捷菜单取消结束命令

●【Esc】键:在 AutoCAD 中无论命令是否完成,都可以通过按【Esc】键来取消结束命令。

1.3.4　命令的重复、撤销、重做

1.3.4.1　命令的重复

完成某一命令的执行后,如果需要重复执行该命令,有以下几种方式:

● 按回车键↙:不管上一命令已经结束还是被中途取消,直接单击回车键↙,即可重复调用;

● 按鼠标右键:用户仍然可以自定义右键单击为重复上一个命令,如图 1.22 所示,选择命令模式下的“确认”;

● 右键快捷菜单:用户可通过在右键快捷菜单中选择重复执行该命令,如图 1.23 所示。

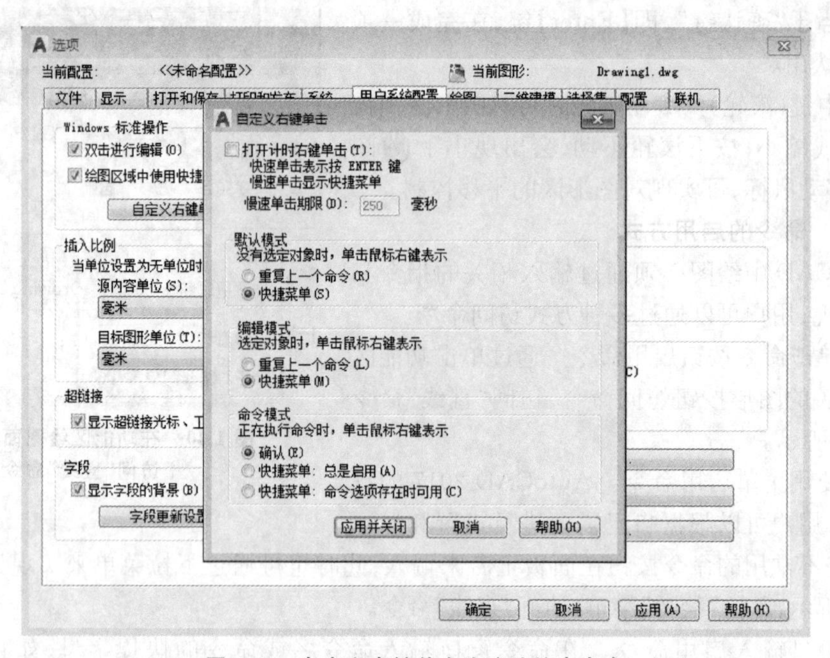

图 1.22 自定义右键单击为确认结束命令

图 1.23 右键快捷菜单重复执行命令

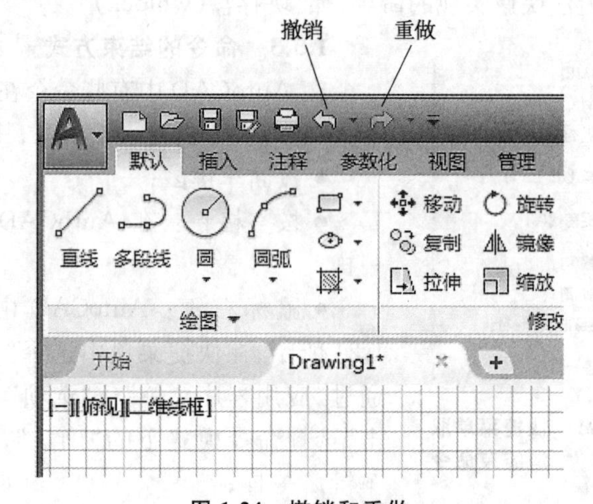

图 1.24 撤销和重做

1.3.4.2 命令的撤销

在命令执行的任何时候都可以取消和终止,启用“撤销”命令有以下几种方法:

- 单击撤销按钮 ,如图 1.24 所示;
- 命令行输入: undo↙;
- 按【Esc】键: 此方法只能用在命令执行过程中终止命令。

1.3.4.3 命令的重做

已被撤销的命令还可以恢复重做,重做命令要在刚实行一个或多个撤销命令后才可启用,重做命令有以下几种方法:

- 单击重做按钮 ,如图 1.25 所示,此按钮要在刚实行撤销命令后才可亮显启用;

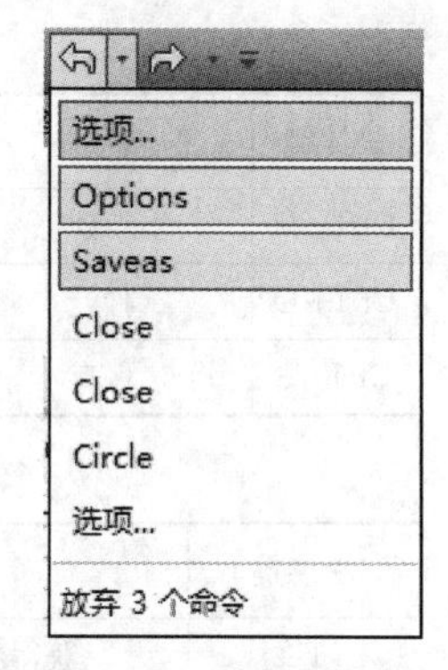

图 1.25　执行多重撤销或重做

- 命令行输入：redo↙。

可以一次执行多重撤销和重做命令的操作，如图 1.25 所示。

1.3.5　坐标输入

AutoCAD 图形中各点的位置是由坐标系来确定的。AutoCAD 提供了两种坐标系：世界坐标系(WCS)和用户坐标系(UCS)。系统默认 WCS，它包括 X 轴、Y 轴和 Z 轴。图形文件中的所有对象均可以由 WCS 坐标定义，位移都是相对于原点计算的，并且沿 X 轴正向及 Y 轴正向的位移规定为正方向。

在 AutoCAD 2017 中，点的坐标可以使用直角坐标、极坐标、球面坐标和柱面坐标表示，每一种坐标又分别有两种坐标输入方式：绝对坐标和相对坐标。其中直角坐标和极坐标最为常用。

1.3.5.1　直角坐标

绝对坐标：指从世界坐标系(WCS)原点(0, 0)出发的位移，用键盘输入的 X，Y 表示，如点(80, 58)，表示该点是相对于当前坐标系原点距离 X 值为 80，Y 值为 58。

相对坐标：指某点相对于前一点的相对位移。相对直角坐标是指在某些情况下，需要直接通过图形中点与点之间的相对位移来绘制图形，这时可以使用相对坐标输入。在 AutoCAD 中相对坐标用“@”标识。例如，某一直线的起点坐标为(30, 10)，终点坐标为(40, 10)，则终点相对于起点的相对坐标为(@10, 0)。

1.3.5.2　极坐标

绝对极坐标与直角坐标类似，也是从点(0,0)出发的位移，用“距离＜角度”来表现，其中距离指该点与原点的连线长度，角度指连线与 X 轴正向的夹角，缺省设置规定 X 轴正向为 0°，逆时针为正，顺时针为负。例如点(40＜60)，表示该点到原点的距离为 40，该点与原点的连线与 X 轴正向夹角为 60°。

相对极坐标也与相对直角坐标类似，输入方式表示为“@距离＜角度”，如：(@35＜45)，其中长度为该点到前一点的相对距离 35，角度为该点与前一点的连线与 X 轴正向的夹角 45°。

1.3.5.3　动态输入数据

单击状态栏的动态输入按钮 ，系统打开动态输入功能，用户可以在屏幕上动态地输入某些参数。例如，绘制直线时，在光标附近会动态地显示“指定第一点”及后面的坐标框，当前显示的是光标所在位置，用户可输入数据，如图 1.26 所示；指定第一点后系统动态显示直线角度，要求输入线段长度值，如图 1.27 所示，其输入效果与“距离＜角度”方式相同。

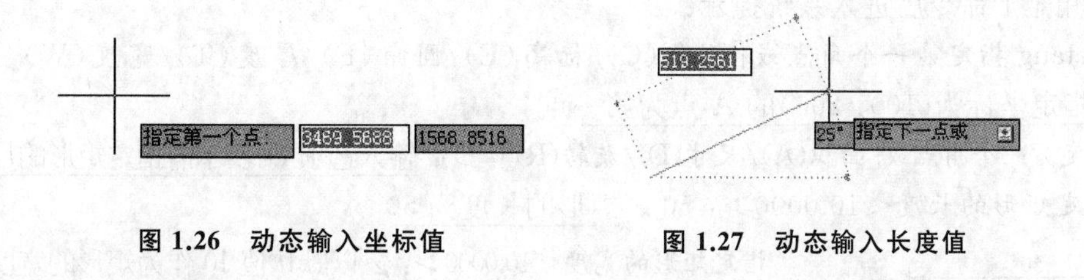

图 1.26　动态输入坐标值　　图 1.27　动态输入长度值

1.3.6　快捷键与功能键

AutoCAD 提供了若干快捷键和功能键，见表 1.1 和表 1.2。利用它们可以快速地使用 AutoCAD 的一些功能，提高绘图效率。

表 1.1　快捷键

快捷键	功　能	快捷键	功　能	快捷键	功　能	快捷键	功　能
Ctrl+N	新建	Ctrl+X	剪切	Ctrl+V	粘贴	Ctrl+1	特性
Ctrl+O	打开	Ctrl+P	打印	Ctrl+Z	放弃	Ctrl+2	设计中心
Ctrl+S	保存	Ctrl+C	复制	Ctrl+Y	重做	Ctrl+3	工具选择板窗口

表 1.2　功能键

功能键	功　能	功能键	功　能
F1	获得帮助	F7	控制栅格显示模式
F2	切换文本窗口	F8	控制正交模式
F3	控制是否打开对象自动捕捉	F9	控制栅格捕捉模式
F4	书写板控制	F10	控制极轴模式
F6	控制状态栏上的坐标显示方式	F11	控制对象捕捉追踪模式

1.3.7　表述方式的约定

为了使读者通过本书更好地掌握 AutoCAD 2017,下面将 AutoCAD 与本书编写的表述方式说明如下。

① 用符号"↙"表示按【Enter】键或用其他方式达到确认的目的。

② 启用命令的方式如前所述有多种,本书主要讲述"草图与注释"界面下面板上的路径。如:

● "默认"选项卡➤"绘图"面板➤单击"直线"按钮➤进入系统提示。

③ AutoCAD 命令名不分大小写,进入系统提示后,由用户根据命令行所提示的信息进行余下的操作。

④ 进入系统提示后,不带括号的提示信息表示为默认选项,位于方括号[ ]中的内容为其他选项,如需调用,则只须输入该选项的表示字符即可,多种选项之间用斜线"/"分隔;在命令选项的后面有时会带有尖括号＜ ＞,其中的数值为默认数值,需要修改时直接输入相应数值然后按回车键↙。

⑤ 本书将 CAD 命令行的提示信息用楷体字突出,提示冒号":"后的内容为键盘输入的信息,在 AutoCAD 2017 版本中,键盘输入选项时可以直接用鼠标左键点选,加下划线的文字是作者对操作的相关说明。

下面以绘制矩形为例加以说明。

启用矩形命令后进入系统提示:

rectang 指定第一个角点或[倒角(C)/标高(E)/圆角(F)/厚度(T)/宽度(W)]: 100, 200↙指定坐标为(100, 200)的 *A* 点为第一点

指定另一个角点或[面积(A)/尺寸(D)/旋转(R)]: D↙输入选项 D,表示需指定矩形的尺寸

指定矩形的长度＜10.0000＞: 50↙矩形的长度为 50

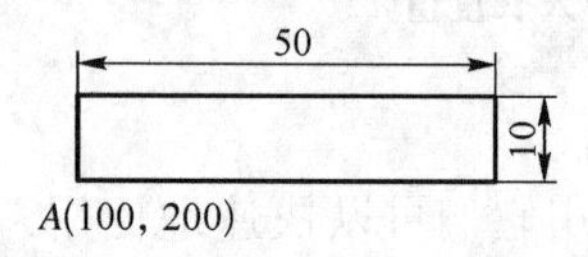

图 1.28　矩形画法

指定矩形的宽度＜10.0000＞: ↙以默认值 10 作为矩形的宽度

指定另一个角点或[面积(A)/尺寸(D)/旋转(R)]: 单击鼠标左键结束命令

绘出的矩形如图 1.28 所示。

1.4　图 形 管 理

AutoCAD 2017 的图形管理包括图形文件的新建、打开、保存、退出和显示控制等，这些都是进行绘图操作的基础知识。

1.4.1　新建图形文件

一般当用户启动 AutoCAD 时系统会创建相应的新图形，该图形的默认文件名为 Drawing1.dwg。用户也可以通过以下快捷方法来创建图形：

- "应用程序"菜单 下拉➤单击"新建"按钮；
- "快速访问工具栏"➤单击"新建"按钮 。

用这些方式创建新图形时，系统都是弹出如图 1.29 所示的"选择样板"对话框，在该对话框中查找并选择样板文件，单击"打开"按钮来创建一个新的图形文件。AutoCAD 系统里有许多样板文件存储在 Template 文件夹中，由于这些样板文件中通常有与绘图相关的一些通用设置(如图层、线型、文字样式、尺寸标注样式等)和一些通用图形对象(如图框和标题栏等)，这些设置可以避免每次绘制新图形时的重复设置操作，既可以提高绘图效率，又能够保证图形的一致性。用户也可以根据需要自行设定样板文件。

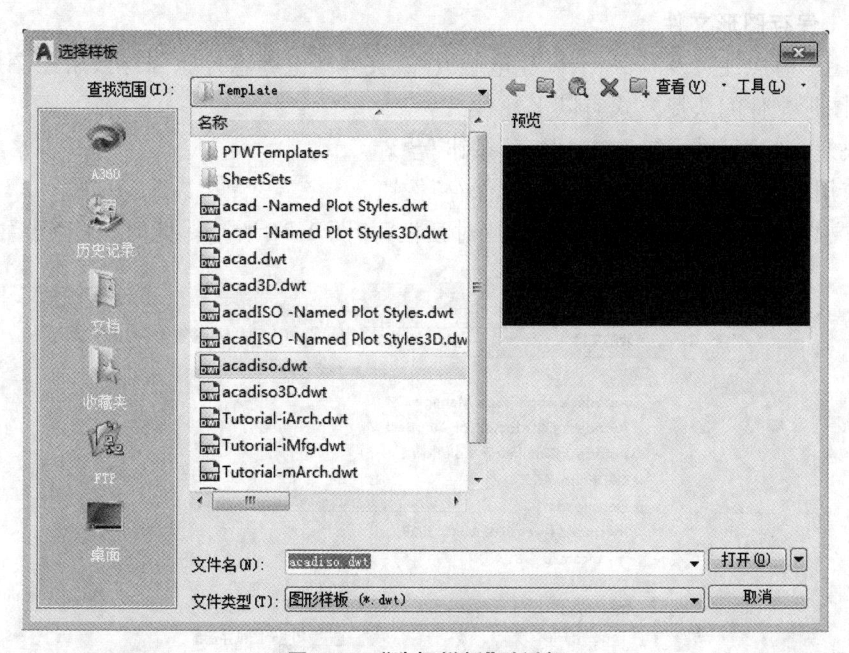

图 1.29　"选择样板"对话框

1.4.2　打开图形文件

打开图形文件的快捷方法通常有以下几种：

- "应用程序"菜单 下拉➤单击"打开"按钮；
- "快速访问工具栏"➤单击"打开"按钮 。

以上几种方式系统均会弹出"选择文件"对话框，如图 1.30 所示。在该对话框中选定要

图 1.30 “选择文件”对话框

打开的图形文件,然后单击“确定”按钮即可打开图形文件。

1.4.3 保存图形文件

绘制图形时应注意及时保存,以免电脑故障、突然断电等意外原因导致所绘图形数据丢失。保存图形文件的快捷方式有以下几种:

- “快速访问工具栏”➤单击“保存”按钮;
- “应用程序”菜单下拉➤单击“保存”按钮。

保存文件时,系统弹出“图形另存为”对话框,如图 1.31 所示。此时“保存于”文本框中

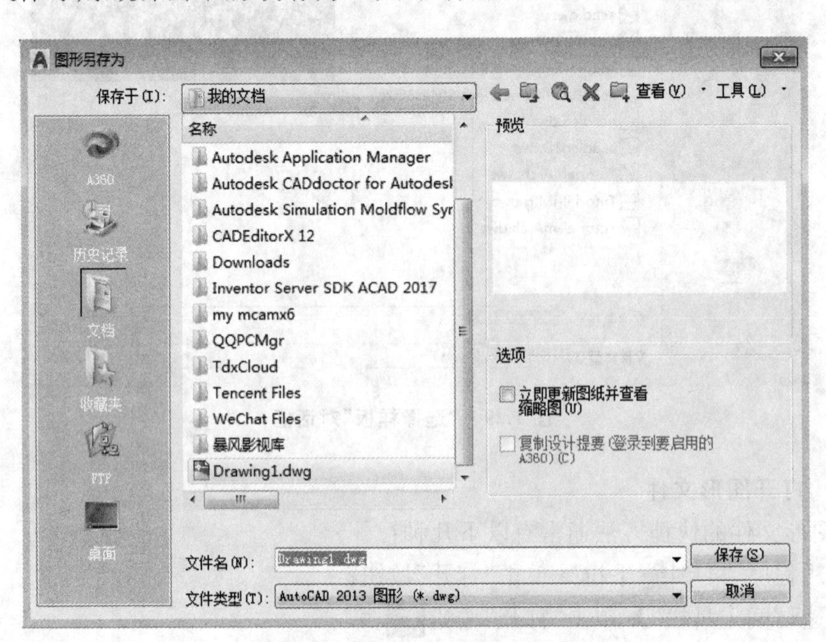

图 1.31 “图形另存为”对话框

选择保存图形文件的路径，在“文件名”文本框中输入新建图形的名称，然后单击“保存”按钮即可。如果需要还可以在“文件类型”下拉列表中选择文件类型。

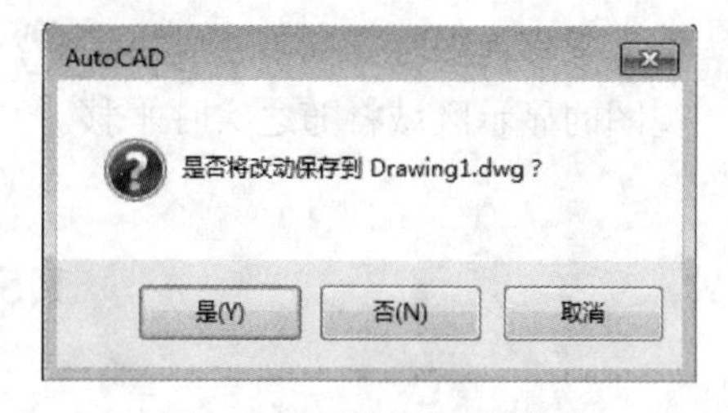

图 1.32　系统提示对话框

1.4.4　关闭图形文件

AutoCAD 中关闭图形文件的方式有以下几种：

● “应用程序”菜单 下拉 ➤ 单击“退出”按钮或“关闭”按钮；

● 单击操作界面右上角的“关闭”按钮。

当执行上述操作时，若用户未对当前图形做任何保存，则会弹出如图 1.32 所示的系统提示对话框，用户可按照提示信息进行文件的保存和退出。

1.4.5　图形的显示控制

绘制图样的过程中，如果图样尺寸过大或过小，或者图样偏出视区，不利于绘制或修改，这时希望图纸可以放大、缩小、平移等，以便灵活观察图形的整体效果和局部细节，AutoCAD 2017 提供了缩放、平移等图形显示控制工具。

1.4.5.1　缩放视图

最简便的方法是通过滚动鼠标的滚轮来进行视图的缩放，也可以通过启用“缩放”命令来缩放视图。

启用方法：

● “视图”选项卡 ➤ “导航”面板 ➤ 单击所需的选项按钮。

【选项说明】

※ 全部(A)：显示整个模型空间界限范围内的所有图形对象。

※ 范围(E)：该方式可将绘制的图形对象最大范围地显示出来。

※ 居中(C)：要求先确定中心点，然后以该点为基点，整个图形按照指定的缩放比例缩放。

※ 动态(D)：该功能如同在模仿一架照相机的取景框，先用取景框在全图状态下“取景”，然后将取景框取到的内容放大到整个视图。

※ 上一个(P)：该功能可以快速返回到上一个视图。

※ 比例(S)：要求输入缩放比例因子，然后按此比例进行精确缩放。

※ 窗口(W)：确定一个矩形窗口，窗口区域的图形将放大到整个视图范围。

※ 对象(O)：可根据所选择的图形对象自动调整适当的显示状态。

缩放功能在用于绘制大型机械装配图时非常方便适用，同时它也是个透明命令，命令可以在其他命令执行时使用，使用完成后 AutoCAD 系统会自动返回到用户运行透明命令前正在使用的命令中。

1.4.5.2　平移视图

绘图过程中会出现图形的幅面大于当前视口的情况，如果观察和绘制当前视口之外图形时，可以使用 AutoCAD 的平移功能来实现，最简便的方法是通过按下鼠标的滚轮并移动鼠标来进行视图的平移，也可以通过启用“平移”命令来平移视图。

启用方法：

● “视图”选项卡 ➤ “导航”面板 ➤ 单击“平移”按钮。

平移视图时光标将变成小手形状,这时用户可按住鼠标左键向不同方向拖动光标,视图的显示区域将随之实时平移。

1.5 其他选项设置

用户在第一次启动 AutoCAD 2017 后所进入的界面是系统默认的,一般情况下直接就可以进行绘图操作,但有时为了使用特殊的定点设备、打印机或是想提高绘图效率,用户就需要在开始绘图前对系统参数进行一些必要的设置。

启用方法:

- 在绘图区单击右键➤在快捷菜单中单击“选项”按钮;
- 单击命令行左侧“自定义”按钮➤单击“选项”按钮;
- “应用程序”菜单下拉➤单击“选项”按钮。

执行上述命令将弹出“选项”对话框,如图 1.33 所示。

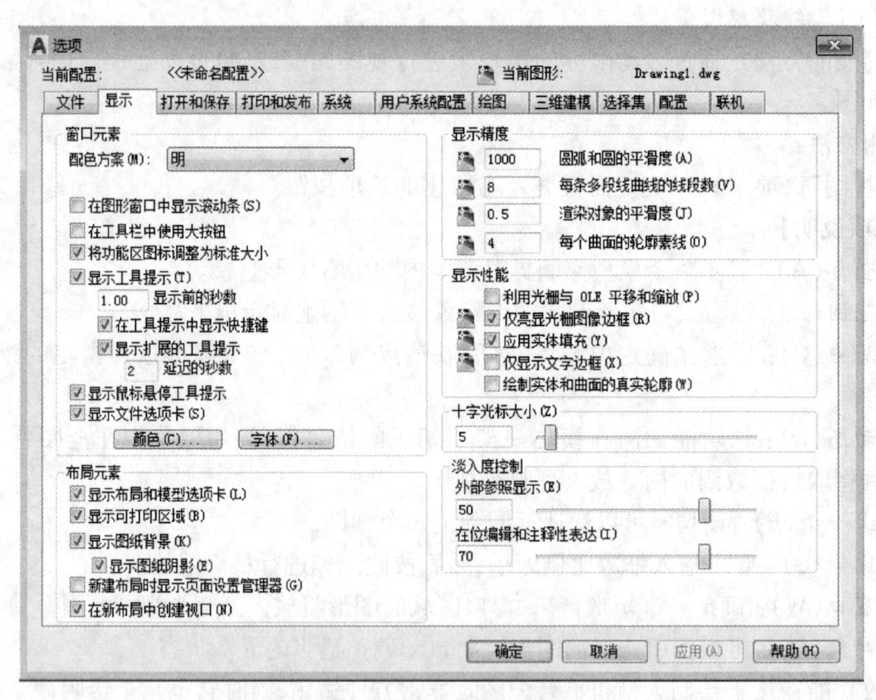

图 1.33 “选项”对话框

1.5.1 “显示”选项

“选项”对话框中第二个选项卡为“显示”,如图 1.33 所示,该选项卡包括六个组件,主要组件功能如下:

※ *窗口元素*:该组件用于控制 AutoCAD 窗口的外观,用户可对颜色、工具提示等进行设置。

※ *布局元素*:该组件主要用于进行版面布局的设置。

※ *显示精度*:该组件主要用于显示精度参数的设定。

※ **十字光标大小**：通过拖动滑块或直接输入数值，调整工作区中十字光标的大小。

1.5.2　"打开和保存"选项

"选项"对话框的第三个选项卡为"打开和保存"，该选项卡包括四个组件，如图 1.34 所示，主要组件的功能：

※ **文件保存**：该组件用于图形保存的默认文件格式的设置，保存缩微预览图像，指定增量保存的百分比。

※ **文件安全措施**：该组件用于是否设置安全措施，如自动存盘及间隔时间，打开图形时的密码等。

※ **文件打开**：该组件用于列出最近所用文件个数，是否在标题中显示完整路径。

※ **外部参照**：该组件用于设置外部参照的加载方式等。

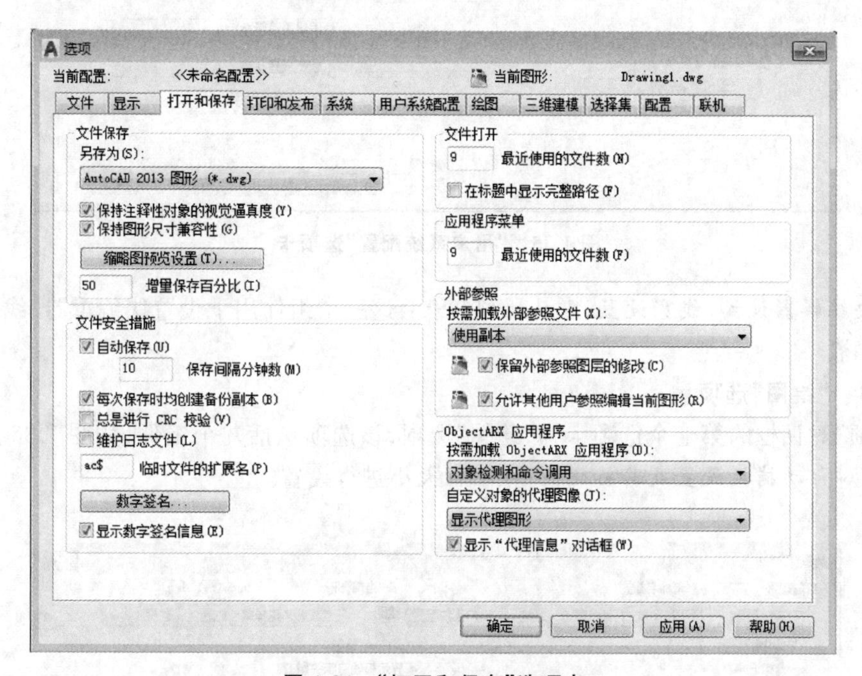

图 1.34　"打开和保存"选项卡

1.5.3　"用户系统配置"选项

"选项"对话框的第六个选项卡为"用户系统配置"选项，该选项包括十个组件，如图 1.35 所示，主要组件功能：

※ **Windows 标准操作**：该组件主要用于设置使用快捷菜单，自定义右键功能配置等，用户经常会用到。

※ **插入比例**：该组件主要用于设置插入的目标图形单位和源内容单位。

※ **超链接**：该组件主要控制是否显示超链接光标、工具提示和快捷菜单。

※ **字段**：该组件主要用于字段更新的设置和显示字段背景。

※ **坐标数据输入的优先级**：该组件用于设置坐标数据输入时所执行的功能配置。

※ **关联标注**：该组件主要控制绘图中是否关联坐标和标注对象等。

※ **放弃/重做**：该组件用于设置是否合并"缩放"和"平移"命令，以及是否合并图层特性的更改。

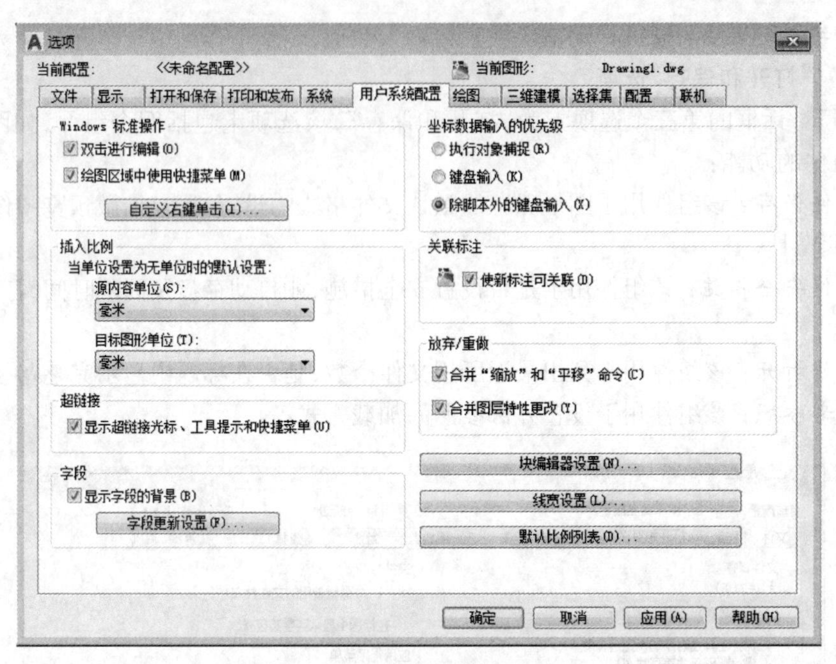

图 1.35　"用户系统配置"选项卡

※ **块编辑器设置、线宽设置、默认比例列表**:这三个组件用于设置块编辑器、线宽、比例等有关内容。

1.5.4　"绘图"选项

"选项"对话框的第七个选项卡为"绘图"选项,该选项包括九个组件,如图 1.36 所示,用户一般只对**自动捕捉设置及其标记大小、靶框大小**进行设置。

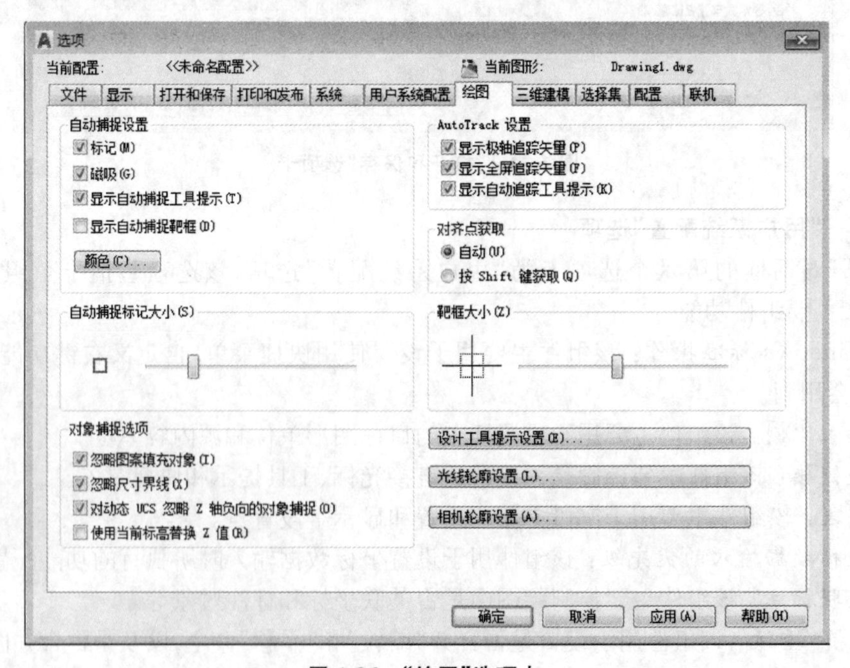

图 1.36　"绘图"选项卡

1.5.5 "三维建模"选项

"选项"对话框的第八个选项卡为"三维建模"选项,包括五个组件,如图 1.37 所示,其中**"在视口中显示工具"**组件控制是否在绘图区显示视口控件等,为了绘图区干净整洁,在绘制二维图形时用户常常通过该组件将绘图区的视口控件、ViewCube 等隐藏起来。

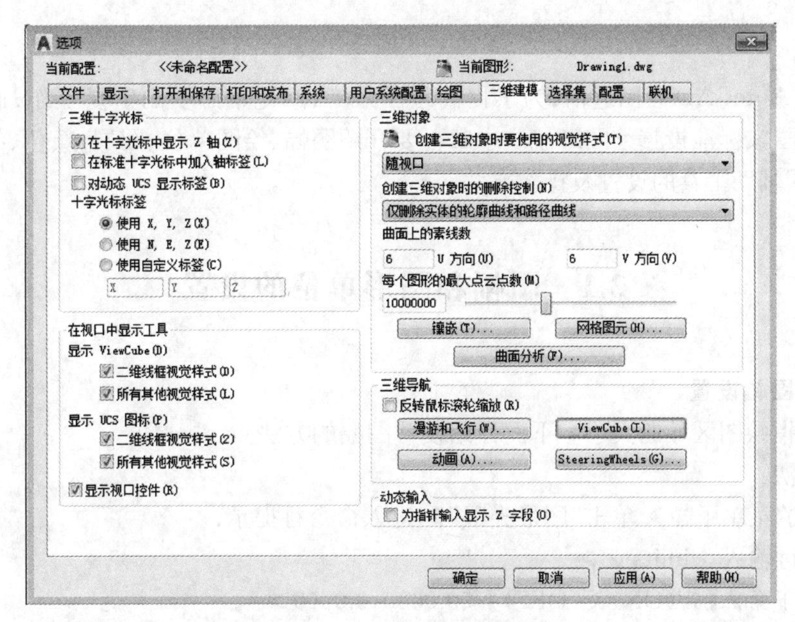

图 1.37 "三维建模"选项卡

1.5.6 "选择集"选项

"选项"对话框的第九个选项卡为"选择集"选项,该选项包括六个组件,如图 1.38 所示,用户常设置**拾取框**和**夹点**。

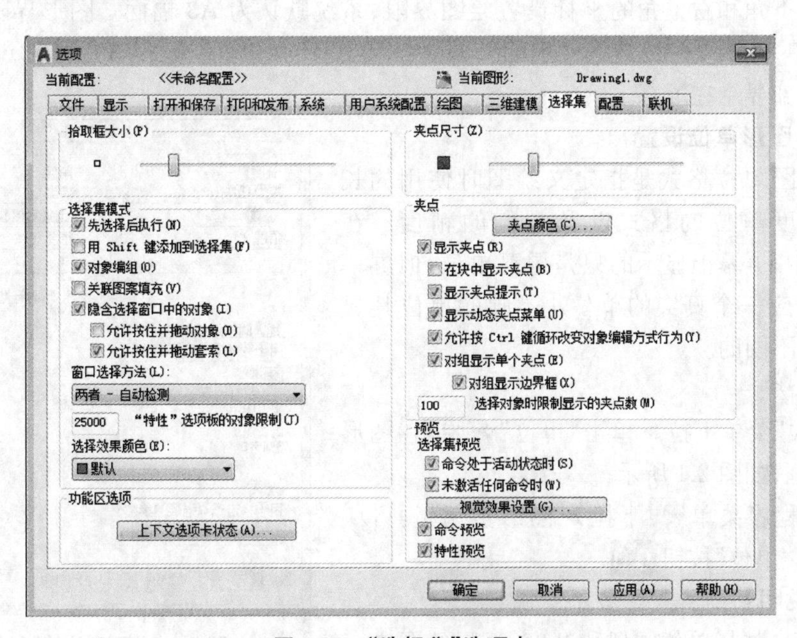

图 1.38 "选择集"选项卡

第 2 章　绘图环境的设置

在使用 AutoCAD 绘图之前，为了提高绘图效率，避免不必要的重复工作，通常要根据绘图需要或国家标准设置绘图环境。本章主要介绍图幅、绘图单位、图层、颜色、线型和线宽的设置，绘图辅助工具的设置及操作方法。

2.1　图幅和图形单位的设置

2.1.1　图幅设置

图幅是指绘图区域的大小。下面介绍设置图幅的方法。

启用方法：

- “格式”菜单下拉➤单击“图形界限”➤进入命令行提示；
- 命令行输入：limits ↙➤

指定左下角点【开(ON)关(OFF)】＜0.0000,0.0000＞：↙

指定右上角点＜420.0000,297.0000＞：

【选项说明】

※ 开(ON)：使图形界限有效。系统在图形界限以外拾取的点将视为无效。

※ 关(OFF)：使图形界限无效。用户可以在图形界限以外拾取点或实体。

输入左下角和右上角的坐标设置绘图界限，系统默认为 A3 幅面。图形界限设置完成后，执行菜单“视图”→“缩放”→“全部”，即执行 ZOOM 命令的“全部(A)”选项，以便将所设图形界限全部显示在屏幕上。

2.1.2　图形单位设置

设置绘图单位格式是指定义绘图时使用的长度单位、角度单位的格式以及它们的精度。在 AutoCAD 中，屏幕上显示的只是屏幕单位，但屏幕单位应该对应一个真实的单位。不同的单位其显示的格式是不同的。

启用方法：

- “格式”菜单下拉➤单击“单位”➤弹出“图形单位”对话框，如图 2.1 所示；
- 应用程序菜单 下拉➤图形实用工具 下拉➤单击“单位”按钮 0.0 。

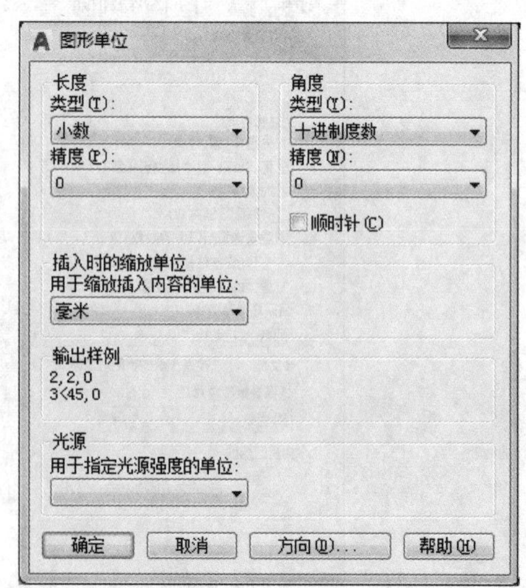

图 2.1　“图形单位”对话框

【选项说明】

※ 长度：选择单位类型和精度，工程绘图中一

般使用“小数”,精度为“0”。

※ **角度**:选择单位类型和精度,工程绘图中一般使用“十进制度数”,精度为“0”。AutoCAD 系统默认正角度值沿逆时针方向确定,如果选中“顺时针”复选框,则表示顺时针方向为角度正方向。

※ **方向**:选择基准角度的起点,单击该按钮,系统弹出“方向控制”对话框,如图 2.2 所示,系统默认为“东”。

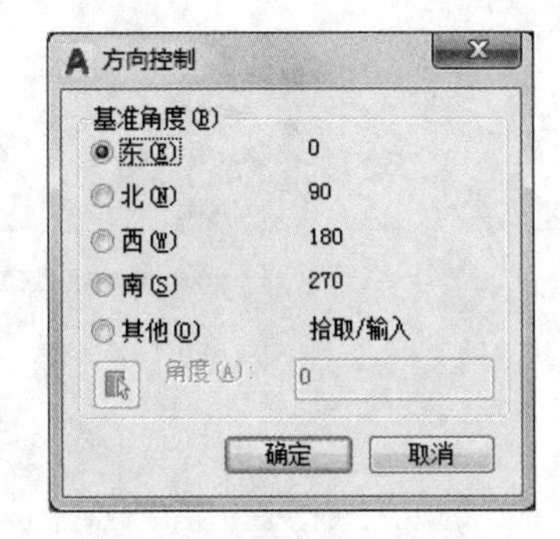

图 2.2　“方向控制”对话框

※ **用于缩放插入内容的单位**:系统默认为“毫米”。

其余保留默认。设置完成后单击“确定”退出该命令。

2.2　图层的设置

AutoCAD 中的一个图层相当于一张透明的纸,不同的对象就绘制在不同的层上,将这些透明纸叠加起来,就得到最终的图形。在工程图中,图样往往包括粗实线、细实线、虚线、中心线等线型,不同的线型线宽也有所不同,使用图层来控制对象的可见性以及指定特性,便于用户进行组织和管理。

图层上的对象通常采用该图层的特性。然而,用户可以替代对象的任何图层特性。例如,如果对象的颜色特性设置为“ByLayer”,则对象将显示该图层的颜色。如果对象的颜色设置为“红”,则不管指定给该图层的是什么颜色,对象都将显示为红色。本书受篇幅所限,只介绍在图层中设置线型、线宽、颜色的方法。

2.2.1　图层的特点

① 用户可以在一幅图中指定任意数量的图层,对图层上的对象数量也没有任何限制。

② 每一个图层有一个名字。每当开始绘制一幅新图形时,AutoCAD 自动创建一个名为 0 的图层,这是 AutoCAD 的默认图层,其余图层需用户定义。

③ 图层有颜色、线型以及线宽等特性。一般情况下,同一图层上的对象应具有相同的颜色、线型和线宽,这样做便于管理图形对象、提高绘图效率。

④ 用户只能在当前图层上绘图。因此,如果要在某一图层上绘图,必须将该图层设为当前层。

⑤ 可以对各图层进行打开或关闭、冻结或解冻、锁定或解锁等操作,以决定各图层的可见性与可操作性。

2.2.2　新图层创建

设置图层是在“图层特性管理器”对话框中完成的。“图层特性管理器”对话框中会显示图形中的图层及其特性的列表,用户可以从中执行添加、删除和重命名图层,更改图层特性等操作。

启用方法:

- “默认”选项卡➤“图层”面板➤单击“图层特性”按钮;
- 下拉“格式”菜单➤单击“图层”按钮➤弹出“图层特性管理器”对话框,如图 2.3 所示。

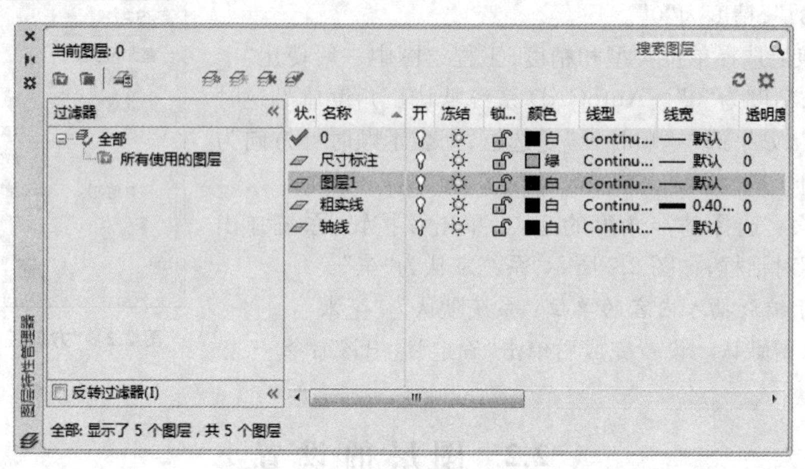

图 2.3 "图层特性管理器"对话框

图层特性管理器中有两个窗格：左边的"树状图"和右边的"列表视图"，前者显示图形中图层和过滤器的层次结构列表；后者显示图层和图层过滤器及其特性和说明，下面只对用户常用的选项设置进行说明。

【选项说明】

※ **当前图层**：显示当前图层的名称。

※ **新建图层按钮**：创建新图层。列表将显示名为"图层 1"的图层，如图 2.3 所示，用户可以立即输入新图层名。新图层将继承图层列表中前一图层的特性(颜色、线宽、开或关状态等)。

※ **删除图层按钮**：删除选定图层。不能删除 0 层、当前图层、包含对象的图层以及依赖外部参照的图层。

※ **置为当前按钮**：将选定图层设置为当前图层。

※ **名称**：显示图层的名称，用户可任意更改图层名称。

※ **状态**：显示图层状态，双击某图层的按钮，可将其置为当前，变为。

※ **开**：打开和关闭选定图层，只须单击按钮，将其变暗即为"关闭"状态，当图层打开时，它可见并且可以打印，当图层关闭时，它不可见并且不能打印，即使已打开"打印"选项。

※ **冻结**：冻结或解冻整个图形中的图层，只须单击按钮，将其变为雪花即被"冻结"，冻结图层上的对象将不会被显示、打印、消隐、渲染或重生成。从可见性来说，冻结图层与关闭图层是相同的，但冻结图层上的对象不参与处理过程中的运算，关闭图层上的对象则要参加运算。所以，在复杂图形中，冻结不需要的图层可以加快重新生成图形的速度。

※ **锁定**：锁定和解锁选定图层。只须单击按钮，变为即为"锁定"状态。用户不能对该图层上的图形对象进行编辑、修改等操作，也不能在其上绘制新的图形对象。

※ **打印**：控制是否打印选定图层。即使关闭图层的打印，仍将显示该图层上的对象。不会打印已关闭或冻结的图层，而不管"打印"设置。

图层的颜色、线型、线宽将在下文中讲述。

2.2.3　图层颜色设置

为了识别不同图层上的图形对象，一般为每一图层设置不同的颜色。在“图层特性管理器”对话框中选择一个图层，单击“颜色”图标，弹出“选择颜色”对话框，如图 2.4 所示，选择一种颜色，单击“确定”按钮，即可为所选图层设定颜色。示例如图 2.3 所示，将“尺寸标注”图层的颜色设置为“绿色”。

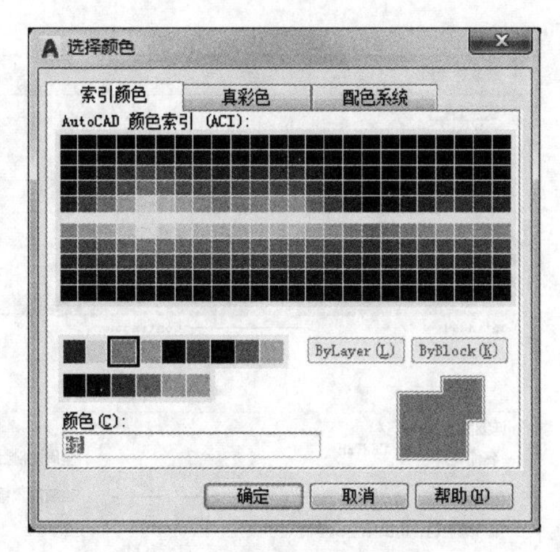

图 2.4　“选择颜色”对话框

2.2.4　图层线型设置

图层线型用来表示图层中图形线条的特性，通过设置图层的线型可以区分不同对象所代表的含义和作用。

单击所选图层的线型名，将弹出“选择线型”对话框，如图 2.5 所示。在“选择线型”对话框中单击“加载”按钮，即可打开“加载或重载线型”对话框，如图 2.6 所示。

图 2.5　“选择线型”对话框

图 2.6　“加载或重载线型”对话框

在“加载或重载线型”对话框中选择要加载的线型，然后单击“确定”按钮，返回“选择线型”对话框，在“选择线型”对话框中选中所选线型，单击“确定”按钮，即可改变图层的线型。示例见图 2.3 所示，将轴线层的线型设置为“CENTER”。

下面推荐一组绘制工程图时常用的线型：

实线：Continuous

虚线：HIDDEN X2

点划线：CENTER

双点划线：PHANTOM

在绘制工程图中，要使线型规范，除了各种线型搭配要合适外，还必须设定合理的整体线型比例。线型比例用来控制线型中线段与空格的长短，以便所绘图纸更好地符合国标。

启用方法：

- “格式”菜单下拉➤单击“线型”➤弹出“线型管理器”对话框，如图 2.7 所示；
- “默认”选项卡➤“特性”面板➤“线型”下拉➤单击“其他”。

输入“全局比例因子”和“当前对象缩放比例”值分别是“0.30”和“1.00”。

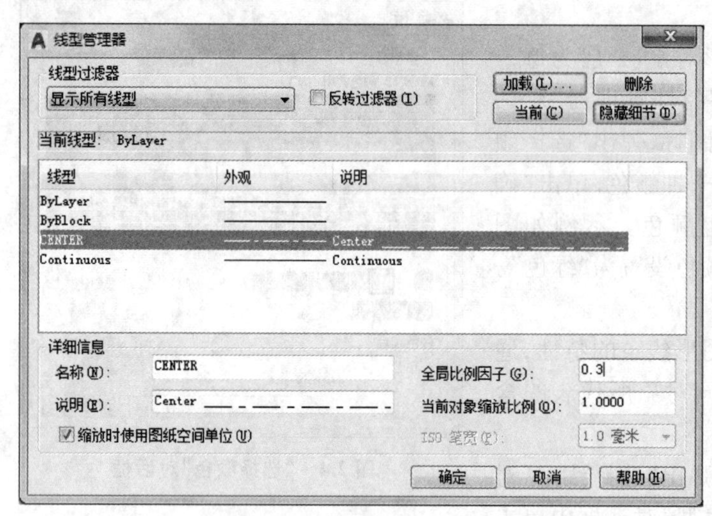

图 2.7 “线型管理器”对话框

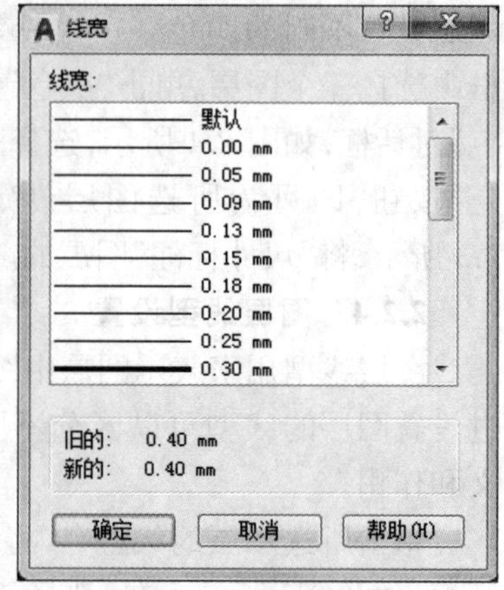

图 2.8 “线宽”对话框

2.2.5 图层线宽设置

所谓图层的线宽,是指在某图层上绘图时,将绘图线宽设为随层(默认设置)时所绘出的图形对象的线条宽度(即默认线宽)。

单击所选图层的线宽名,将弹出“线宽”对话框,如图 2.8 所示,通过此对话框,可以改变图层的线宽。

2.3 绘图辅助工具的设置

在绘制图形的过程中,为了帮助用户更准确、方便地绘图,尽量提高绘图精度,AutoCAD 提供了一些绘图辅助工具,用户可以根据需要随时打开或关闭这些工具。

2.3.1 栅格

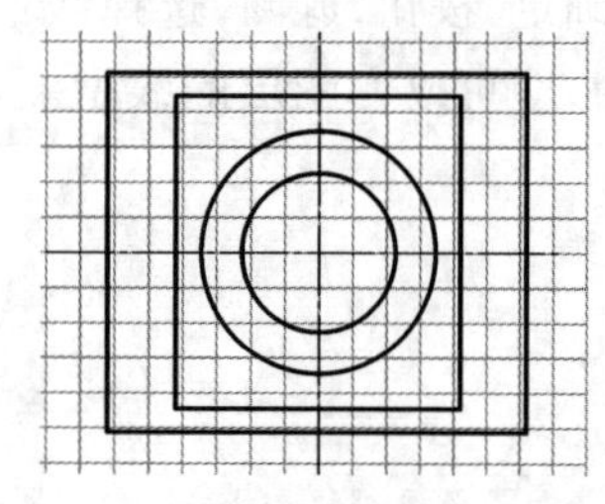

图 2.9 显示栅格

启用方法:

- 单击状态栏中的“栅格”按钮 ➤ 启用栅格功能后将在绘图窗口内显示出栅格,如图 2.9 所示;
- 按【F7】键。

用右键单击状态栏“栅格”按钮选择“网格设置...”打开“草图设置”对话框,如图 2.10 所示,可以设置栅格点间距,图中设为“10”,并控制它的开、关状态。

2.3.2 捕捉

捕捉功能可以使光标按指定的步距移动。在需要确定点时若打开捕捉,用户在屏幕上移动鼠标,十字交点就位于被锁定的捕捉点上。在 AutoCAD 中,启用“捕捉”功能的常用方法:

- 单击状态栏中的“捕捉”按钮 ;
- 按【F9】键。

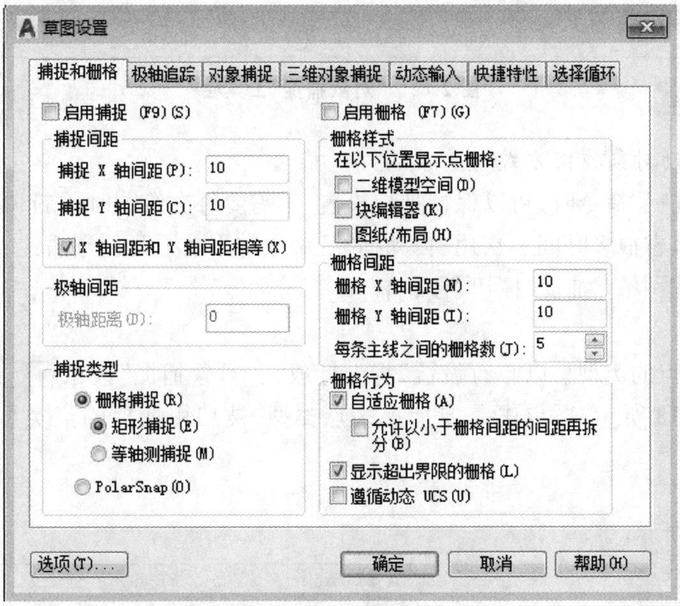

图 2.10　"草图设置"对话框中的捕捉与栅格

在绘制图样时，可以设置捕捉间距，它们的值可以相等，也可以不等。设置对话框仍如图 2.10 所示，图中捕捉间距设置为等间距"10"。

2.3.3　正交模式

利用正交功能，可以方便而准确绘制水平和垂直方向的图线。启用"正交"功能的常用方法：

- 单击状态栏中的"正交"按钮 ；
- 按【F8】键。

启用正交命令后，就意味着用户只能画水平和垂直两个方向的直线。

2.3.4　对象捕捉

对象捕捉方式包括临时对象捕捉和自动对象捕捉两种方式，它是绘图中非常实用的定点方式，是精确绘图时不可缺少的。它可以快速、准确地捕捉到实体上的特征点，如端点、中点、圆心和交点等一些特殊位置点。

2.3.4.1　临时对象捕捉方式

在任何命令中，当系统提示输入点时，就可以激活临时对象捕捉方式。临时对象捕捉常用以下两种方法：

- 在"草图与注释"工作空间中，按住【Shift】键或【Ctrl】键在绘图区单击鼠标右键，将弹出一右键菜单，如图 2.11 所示，从中单击相应捕捉模式；
- 在经典工作空间中，可调用"对象捕捉"工具条，如图 2.12 所示，从中单击相应捕捉模式。

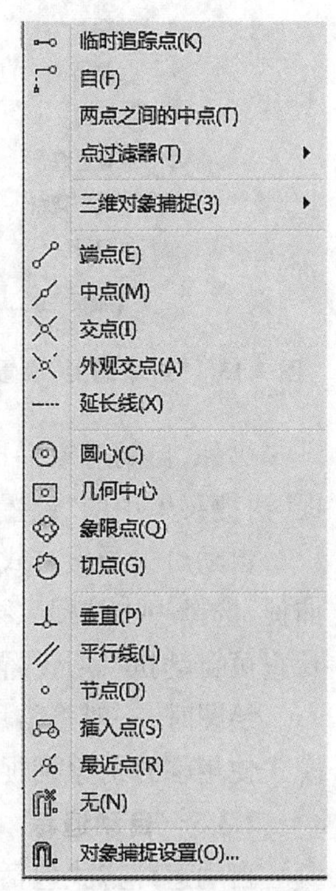

图 2.11　"对象捕捉"右键菜单

图 2.12 “对象捕捉”工具栏

2.3.4.2 自动对象捕捉方式

使用“自动捕捉”命令时,可以保持捕捉设置,不需要每次绘图时重新调用捕捉方式进行设置,这样可以节省很多时间。启用“自动捕捉”命令常用以下两种方法:

- 单击状态栏中的“捕捉”按钮 ;
- 按【F3】键。

自动捕捉的点的类型可以自行设置,将光标放在“对象捕捉”按钮 上,单击右键弹出快捷菜单如图 2.13 所示,再点击需要捕捉的点类型,被启用捕捉的点类型按钮有√,如图 2.13 中“端点”。

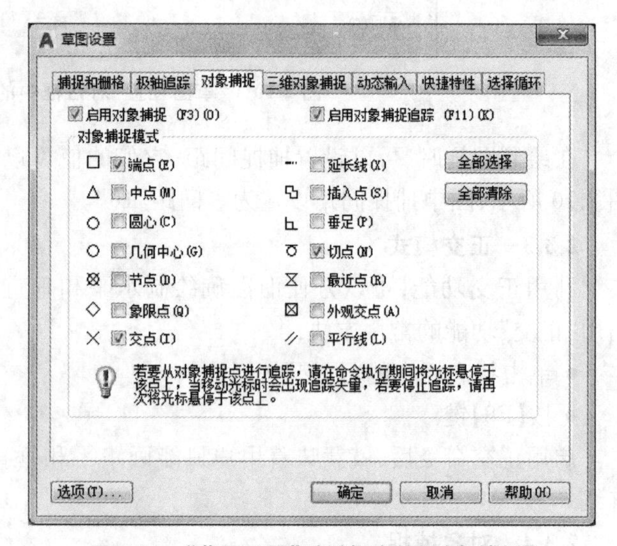

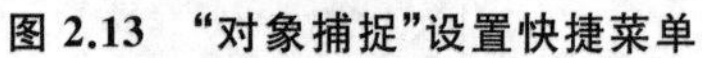

图 2.13 “对象捕捉”设置快捷菜单

图 2.14 “草图设置”对话框中的“对象捕捉”

另外,自动对象捕捉方式也可以通过“草图设置”对话框进行设置,单击图 2.13“对象捕捉”快捷菜单中的“设置”选项将打开“草图设置”对话框,如图 2.14 所示。

自动对象捕捉方式与临时对象捕捉方式的区别是:临时对象捕捉方式是一种临时性的捕捉,选择一次捕捉只捕捉一个点。自动对象捕捉方式是固定在一种或数种捕捉模式下,打开它可自动执行所设置模式的捕捉,直至关闭。

绘图时,一般将常用的几种对象捕捉模式设成自动对象捕捉方式,对不常用的对象捕捉模式使用临时对象捕捉。

2.3.5 自动追踪

自动追踪方式包括极轴追踪和对象捕捉追踪。当自动追踪打开时,屏幕上出现的对齐路径(水平或垂直追踪线)有助于用户精确创建对象。应用极轴追踪方式,可方便地捕捉到所设角度线上的任意点;应用对象捕捉追踪方式,可方便地捕捉到通过指定对象点延长线上的任意点。

2.3.5.1　极轴追踪

启用方法:

- 单击状态栏中的“极轴追踪”按钮；
- 按【F10】键。

用户对被追踪的极轴方向可以设置,用右键单击状态栏“极轴追踪”按钮,选择“设置”选项打开“草图设置”对话框,如图 2.15 所示。

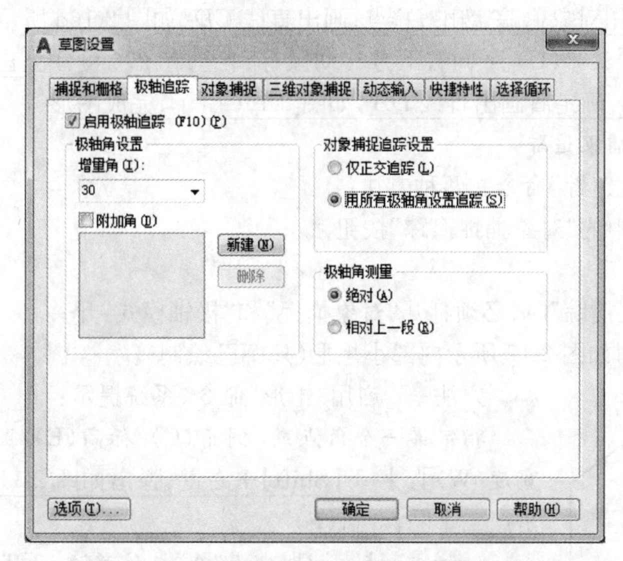

图 2.15　“草图设置”对话框中的“极轴追踪”

【例 2.1】　绘制如图 2.16a 所示矩形的正等轴测图 $ABCD$。

步骤:

(1) 设置极轴追踪的角度　打开“草图设置”对话框,如图 2.15 所示,选择增量角为“30 度”,打开极轴追踪,退出对话框。

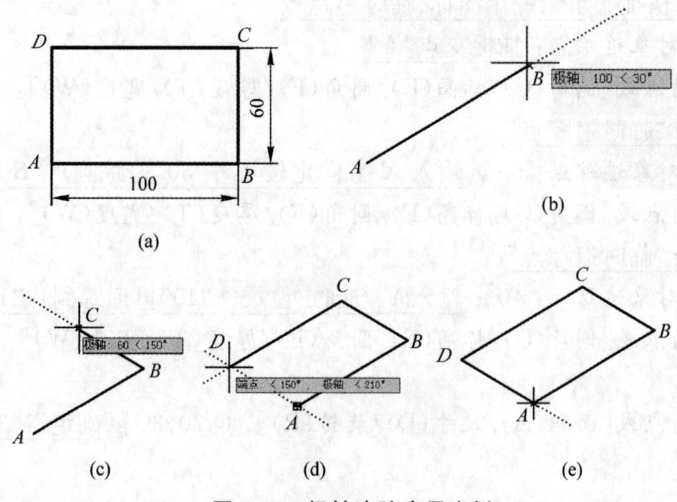

图 2.16　极轴追踪应用实例

(2) 画线　启用“直线”命令：

line 指定第一点：用鼠标直接确定起点“*A*”

指定下一点或[放弃(U)]：向右上方移动鼠标，自动在 30 度线上出现一条点状射线，此时键入直线长“100”，确定后画出直线 *AB*，如图 2.16b 所示

指定下一点或[放弃(U)]：向左上方移动鼠标，自动在 150 度线上出现一条点状射线，此时键入直线长“60”，确定后画出直线 *BC*，如图 2.16c 所示

指定下一点或[闭合(C)/放弃(U)]：向左下方移动鼠标，自动在 210 度线上出现一条点状射线，此时，再利用对象追踪定出“*D*”点，画出直线 *CD*，如图 2.16d 所示

指定下一点或[放弃(U)]：向右下方移动鼠标，自动在 270 度线上出现一条点状射线，此时，捕捉端点“*A*”，确定后画出直线 *DA*，如图 2.16e 所示，完成图形

2.3.5.2　对象捕捉追踪

启用“对象捕捉追踪”命令有两种方法：

- 单击状态栏中的“对象捕捉追踪”按钮；
- 按【F11】键。

使用“对象捕捉追踪”时，必须打开“对象捕捉”和“极轴模式”开关。

【例 2.2】　绘制如图 2.17 所示内部小矩形(外廓已绘制)。

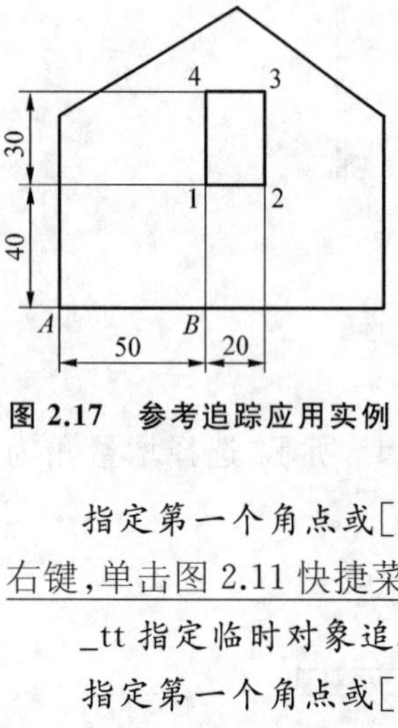

图 2.17　参考追踪应用实例

方法一：启用“矩形”命令，系统提示：

指定第一个角点或[倒角(C)/标高(E)/圆角(F)/厚度(T)/宽度(W)]：按下【Shift】+右键，弹出如图 2.11 所示快捷菜单，单击第二个图标“自(F)”

_from 基点：捕捉交点“*A*”<偏移>：@50,40 ↙输入点“1”对点“*A*”相对坐标，确定点“1”

指定另一个角点或[面积(A)/尺寸(D)/旋转(R)]：@20,30 ↙确定点“3”，完成图形

方法二：启用“矩形”命令，系统提示：

指定第一个角点或[倒角(C)/标高(E)/圆角(F)/厚度(T)/宽度(W)]：按下【Shift】+右键，单击图 2.11 快捷菜单第一个图标“临时追踪点”

_tt 指定临时对象追踪点：捕捉交点“*A*”

指定第一个角点或[倒角(C)/标高(E)/圆角(F)/厚度(T)/宽度(W)]：再单击图2.11快捷菜单第一个图标“临时追踪点”

_tt 指定临时对象追踪点：50 ↙输入 *X* 方向定位尺寸“50”追踪到点“*B*”

指定第一个角点或[倒角(C)/标高(E)/圆角(F)/厚度(T)/宽度(W)]：再单击图2.11快捷菜单第一个图标“临时追踪点”

_tt 指定临时对象追踪点：40 ↙输入 *Y* 方向定位尺寸“40”再追踪到点“1”

指定第一个角点或[倒角(C)/标高(E)/圆角(F)/厚度(T)/宽度(W)]：40 ↙确定矩形的角点“1”

指定另一个角点或[面积(A)/尺寸(D)/旋转(R)]：@20,30 ↙确定点“3”，完成图形

第3章　绘 图 命 令

AutoCAD 2017 提供了大量的二维绘图工具，本章主要介绍直线、矩形、圆形、正多边形、构造线、多线、圆弧、多段线和样条曲线、椭圆和椭圆弧、点及面域和图案填充的绘制方法。

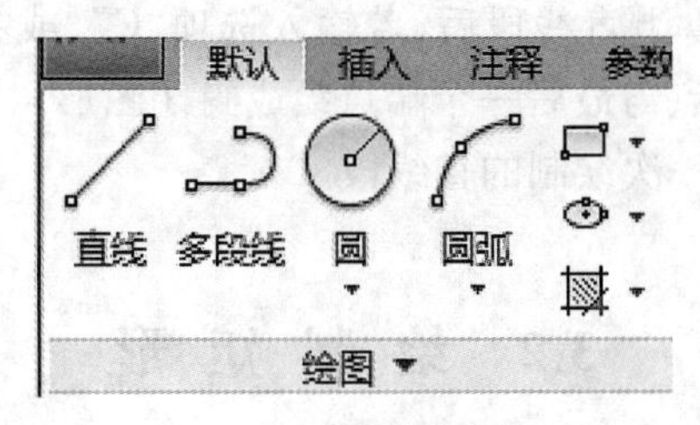

图 3.1　绘图面板

3.1　绘 制 直 线

"直线"命令可以通过指定两端点在二维或三维空间中创建线段。端点可以用鼠标拾取，或用键盘输入给定坐标的方式指定，也可以利用正交或极轴追踪的方法确定。

启用方法：

● "默认"选项卡➤"绘图"面板➤单击"直线"按钮。

【例 3.1】　练习利用绝对坐标、相对直角坐标、相对极坐标、正交追踪、极轴追踪及对象捕捉等多种方法绘制图形 *ABCDEFG*，如图 3.2 所示。

单击"直线"按钮，系统将会在命令行提示：

命令：_line 指定第一点：100,200↙输入 *A* 点的绝对坐标

指定下一点或[放弃(U)]：@46,0↙输入 *B* 点的相对绝对坐标

指定下一点或[放弃(U)]：@50<60↙输入 C 点的相对极坐标

指定下一点或[闭合(C)/放弃(U)]：<正交 开> 20↙打开正交模式光标移至右方输入 20 得点 *D*

指定下一点或[闭合(C)/放弃(U)]：50↙打开正交模式光标移至下方输入 50 得点 *E*

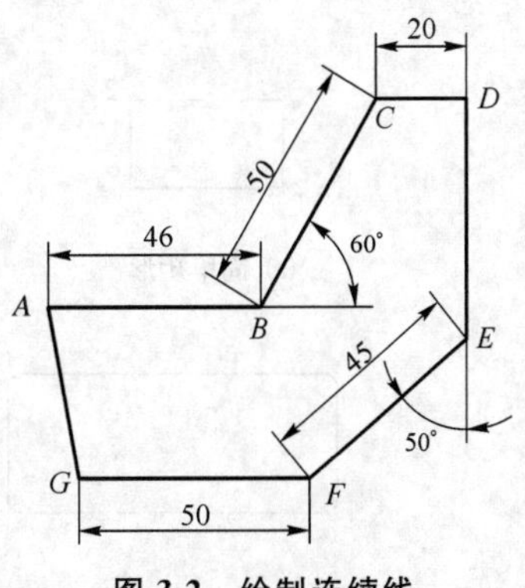

图 3.2　绘制连续线

指定下一点或[闭合(C)/放弃(U)]：<极轴 开>45↙打开极轴追踪按钮，在该按钮上点击右键，选择 10,20,30,40,…，回到图形追踪需要的方向输入 45 得点 *F*

指定下一点或[闭合(C)/放弃(U)]：＜正交 开＞50↙打开正交模式输入 50 得点 G

指定下一点或[闭合(C)/放弃(U)]：＜打开对象捕捉＞拾取点 A↙捕捉点 A,回车结束命令

【选项说明】

※ 指定第一点：若直接按【Enter】键回车,系统会把上次绘制图线的终点作为本次图线的起始点。若上次操作为绘制圆弧,则绘出通过圆弧终点并与该圆弧相切的直线段。

※ 指定下一点：用户可以逐次指定多个端点,从而绘出多条直线段。但是,每一段直线是一个独立的对象,可以进行单独的编辑操作。

※ 闭合(C)：绘制两条以上直线段后,若输入选项“C”,或右键弹出快捷菜单,选择“闭合”,系统会自动将第一个端点与最后一个端点绘成封闭图形。

※ 放弃(U)：放弃最近一次绘制的直线段。

3.2 绘制矩形

矩形是通过指定其对角线上的两个端点来绘制,也可以通过不同选项设置矩形边的线宽度、指定四个角的倒角距离或圆角半径等。画出的矩形四条边为一个整体对象,需要分解后才能单独编辑。

启用方法：

- “默认”选项卡➤“绘图”面板➤单击按钮。

【例 3.2】 绘制如图 3.3a 所示的简单矩形。

单击“矩形”按钮,系统将会在命令行提示：

命令：_rectang

指定第一个角点或[倒角(C)/标高(E)/圆角(F)/厚度(T)/宽度(W)]：用鼠标拾取左下角点 1

指定另一个角点或[面积(A)/尺寸(D)/旋转(R)]：用鼠标拾取右上角点 2,结束命令

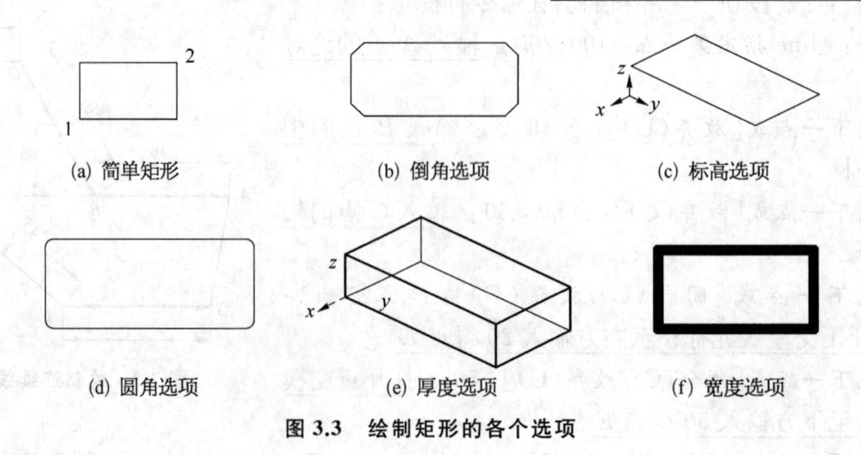

(a) 简单矩形　(b) 倒角选项　(c) 标高选项

(d) 圆角选项　(e) 厚度选项　(f) 宽度选项

图 3.3 绘制矩形的各个选项

【选项说明】

※ 第一个角点：通过指定两个角点确定矩形,如图 3.3a 所示。

※ 倒角(C)：指定倒角距离，绘制带倒角的矩形，如图 3.3b 所示。

※ 标高(E)：指定矩形标高(z 坐标)，即把矩形放置在距离当前坐标系的 xOy 面为 z 值的平面上，此选项一般用于三维绘图，如图 3.3c 所示。

※ 圆角(F)：指定圆角半径，绘制带圆角的矩形，如图 3.3d 所示。

※ 厚度(T)：指定矩形沿 z 坐标方向的厚度，此选项一般用于三维绘图，如图 3.3e 所示。

※ 宽度(W)：指定线宽，绘制一定线宽的矩形，如图 3.3f 所示。

※ 面积(A)：指定面积和长(或指定面积和宽)创建矩形。

※ 尺寸(D)：指定矩形的长和宽绘制矩形。

※ 旋转(R)：绘制按指定倾斜角度放置的矩形。

3.3 绘制圆形

圆命令可以用圆心和半径、圆心和直径、通过三点或两点画圆，还可以自动捕捉切点，画与两个或三个图形元素相切的圆，因此也常用于圆弧连接的画法。

启用方法：

● "默认"选项卡➤"绘图"面板➤单击按钮 ➤展开下拉菜单选项，如图 3.4 所示。

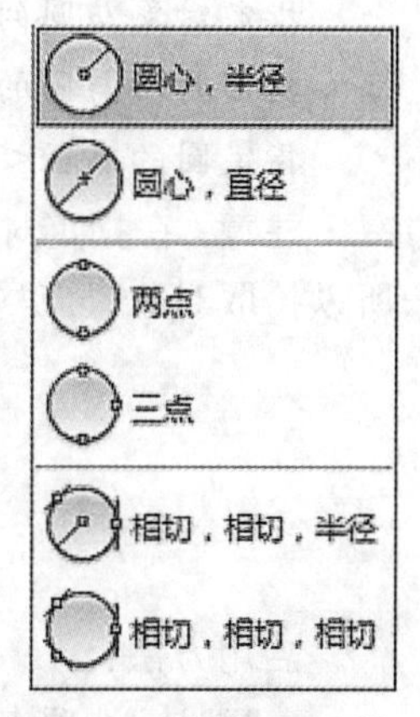

图 3.4 绘制圆形下拉菜单选项

【例 3.3】 用圆心和半径绘制圆。

单击"圆"按钮 ，系统将会在命令行提示：

命令：_circle

指定圆的圆心或[三点(3P)/两点(2P)/切点、切点、半径(T)]：<u>指定圆心</u>

指定圆的半径或[直径(D)]：100↙<u>输入半径值，回车确认，如图 3.5 所示</u>

【选项说明】

※ 三点(3P)：指定圆上的任意三点绘制圆，如图 3.6 所示。

※ 两点(2P)：指定圆直径上的两端点绘制圆，如图 3.7 所示。

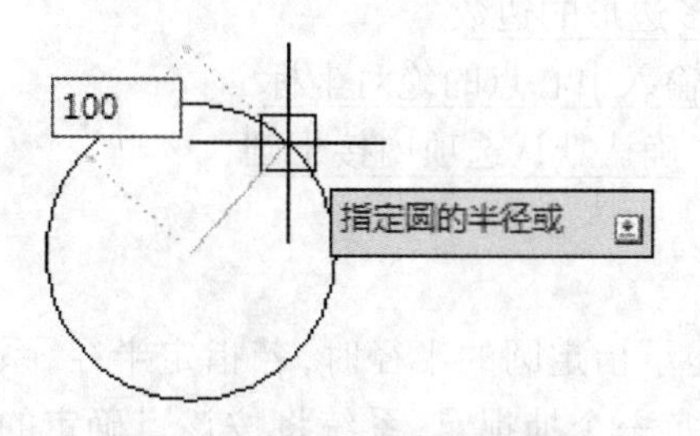

图 3.5 "圆心，半径"绘制圆

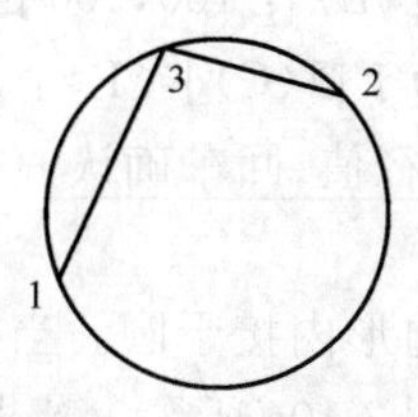

图 3.6 三点绘制圆

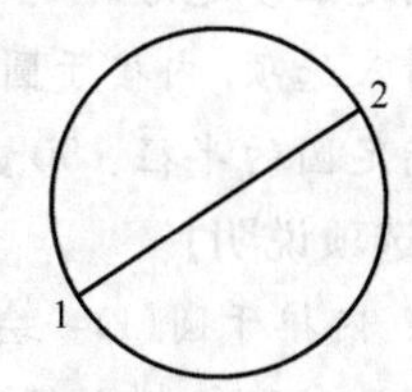

图 3.7 直径上的两端点绘制圆

※ 切点，切点，半径(T)：选取两对象，输入连接弧半径，绘制与两对象同时相切的圆。

※ 直径(D)：(指定圆心后)输入直径绘制圆。

※ 相切，相切，半径：操作同切点，切点，半径(T)。

※ 相切,相切,相切:选取三个对象,绘制与三个对象同时相切的圆,如图 3.8 所示。

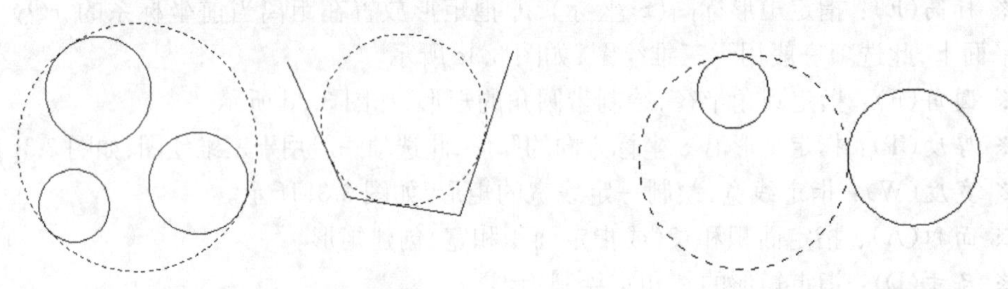

图 3.8 "相切,相切,相切"绘制圆　　图 3.9 "相切,相切,半径"绘制圆

【例 3.4】 绘制分别与两已知圆内切和外切的圆。

在"绘图"面板➤单击按钮 ,展开下拉菜单选项,单击"相切,相切,半径"按钮 相切,相切,半径。

系统将会在命令行提示:

命令:_circle

指定圆的圆心或[三点(3P)/两点(2P)/切点、切点、半径(T)]:_ttr

指定对象与圆的第一个切点:在第 1 个圆的切点大概位置点击鼠标

指定对象与圆的第二个切点:在第 2 个圆的切点大概位置点击鼠标

指定圆的半径<100.0000>:200↙输入半径值,回车确认,如图 3.9 所示虚线圆

注意:在指定对象与圆的切点时,不同拾取位置对所绘制的公切圆的情况有很大影响,所以拾取对象时应尽量靠近所预期的切点位置。

3.4 绘制正多边形

启用方法:

●"默认"选项卡➤"绘图"面板➤单击按钮 ▾➤展开下拉菜单,单击按钮 。

【例 3.5】 绘制正六边形,如图 3.10a 所示。

单击"正多边形"按钮 ,系统将会在命令行提示:

命令:_polygon 输入侧面数<4>:6↙输入正多边形的边数

指定正多边形的中心点或[边(E)]:100,100↙输入中心点的绝对坐标

输入选项[内接于圆(I)/外切于圆(C)]<I>:↙确认默认选项内接于圆

指定圆的半径:50↙输入半径值,回车确认

【选项说明】

※ 内接于圆(I):绘制的多边形内接于圆。当提示指定圆的半径时,若指定半径,系统将以默认角度绘制正多边形,如图 3.10a 所示。若指定一个捕捉点,系统将按该点确定的角度和半径绘制正六边形,结果如图 3.10b 所示。

※ 外切于圆(C):绘制的多边形外切于指定半径的圆。

※ 边(E):通过指定一条边的两个端点,系统会沿该两点按逆时针方向创建该正多边形,如图 3.11 所示。

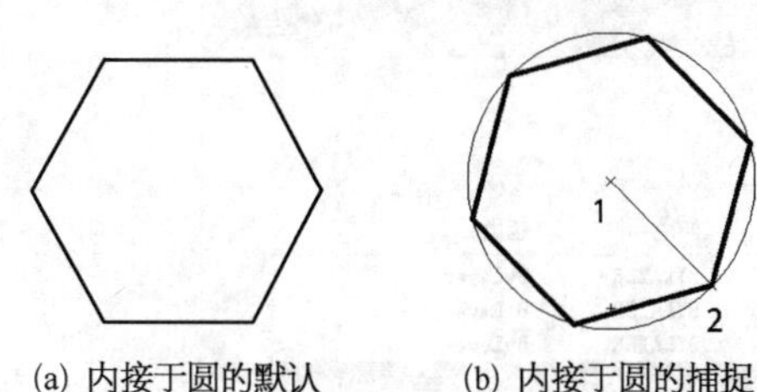

图 3.10 内接于圆画正六边形

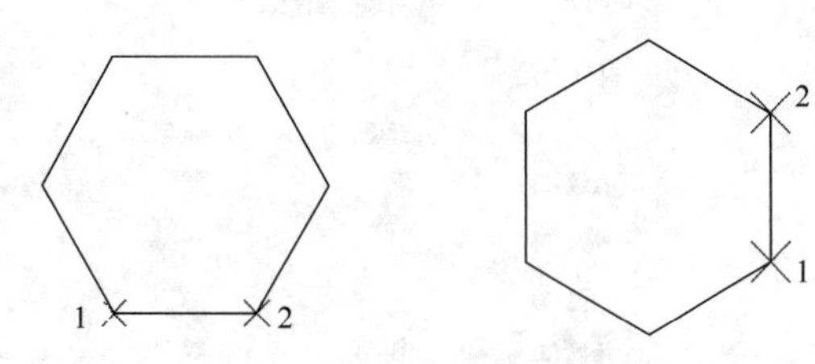

图 3.11 指定边绘制正六边形

3.5 绘制多线

多线是由两条或多条相互平行的直线构成的复合线，组成复合线的直线数量、各直线的线型、颜色和之间的距离可调。多线常用于绘制建筑图中的墙体、公路和管道等，可以提高绘图效率。绘制多线之前要设置多线样式以确定多线的外观。

3.5.1 多线样式的设置

多线样式控制线条元素的数目和每个元素的特性，还可以控制背景色和多线的端点封口形式，用户可以创建、修改、保存和加载多线样式。

启用方法：

● "格式"菜单下拉➤单击"多线样式(M)"按钮。

下面通过实例来说明多线样式的设置方法。

【例 3.6】 创建多线样式。

(1) "格式"菜单下拉➤单击"多线样式"按钮，弹出"多线样式"对话框，如图 3.12 所示。

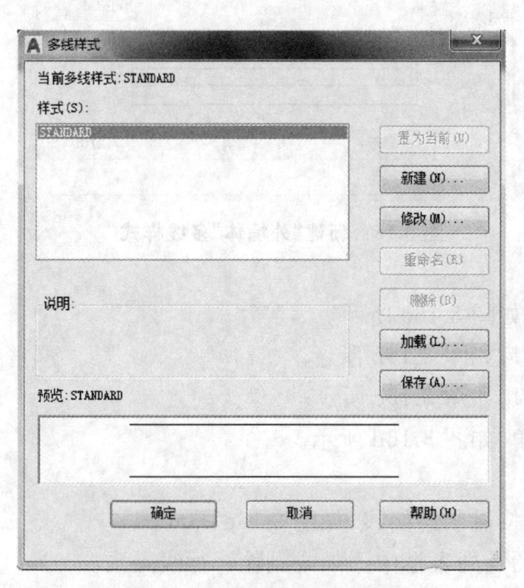

图 3.12 "多线样式"对话框

(2) 单击"新建"按钮，弹出"创建新的多线样式"对话框，输入新样式名"外墙体"，如图 3.13 所示。

图 3.13 "创建新的多线样式"对话框

(3) 单击"继续"按钮，弹出"修改多线样式：外墙体"对话框，如图 3.14 所示，在该对话画框的各个区域完成以下操作：

① 在"说明"文本框中输入多线样式的说明内容。

图 3.14　“修改多线样式：外墙体”对话框

② 在“封口”选项区域必要处打钩。

③ 在“图元”列表框中选中第一行，然后在下面“偏移”文本框中输入“90”。

④ 在“图元”列表框中选中第二行，然后在下面“偏移”文本框中输入“30”。

⑤ 在“图元”列表框中选中第二行，然后在下面“偏移”文本框中输入“－30”。

⑥ 在“图元”列表框中选中第二行，然后在下面“偏移”文本框中输入“－90”。

(4) 单击“确定”按钮，返回“多线样式”对话框，然后单击“置为当前”按钮，如图 3.15 所示。

(5) 单击“确定”按钮关闭“多线样式”对话框，完成新多线样式的定义。

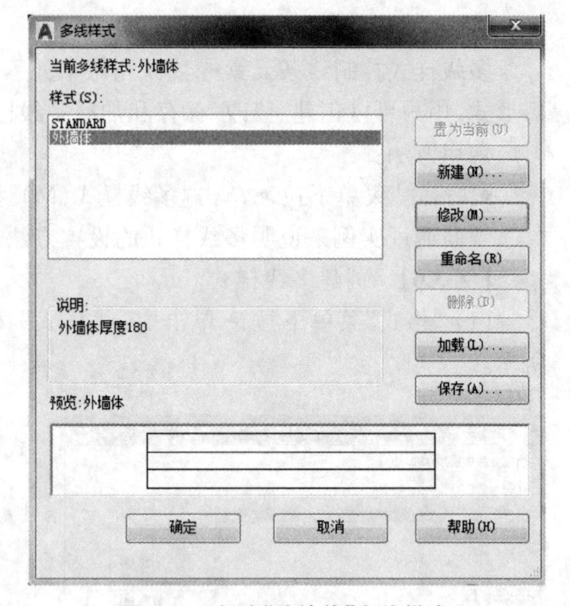

图 3.15　新建“外墙体”多线样式

【选项说明】

(1) “修改多线样式”对话框

※ **直线**：多线的首尾两端将形成直线封口，如图 3.16a 所示。

※ **外弧**：多线的首尾两端将形成外圆弧封口，如图 3.16b 所示。

※ **内弧**：多线的首尾两端将形成内圆弧封口，如图 3.16c 所示。

※ **角度**：确定多线的直线封口与多线的夹角，如图 3.16d 所示。

※ **填充颜色**：设置多线内部的填充颜色。

※ **显示连接**：如果勾选此项，多线的拐角处将显示连接线，如图 3.16e 所示。

※ **添加和删除**：单击添加或删除按钮可在图元列表框中添加或删除一行线元素。

※ **偏移、颜色、线型**：指定图元列表框中所选定的线元素的间距、颜色和线型。

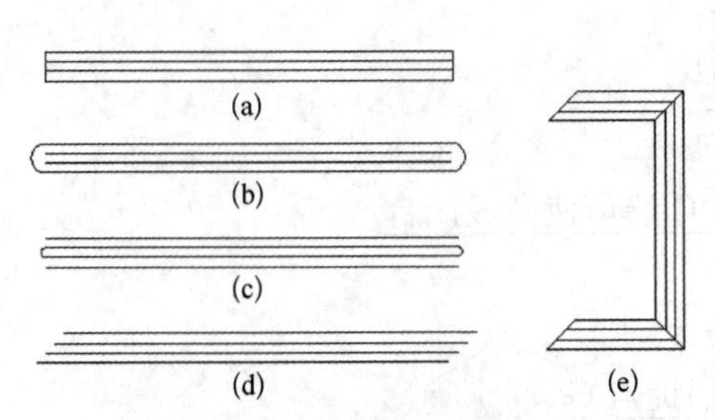

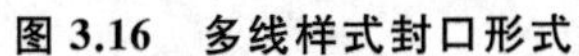

图 3.16 多线样式封口形式

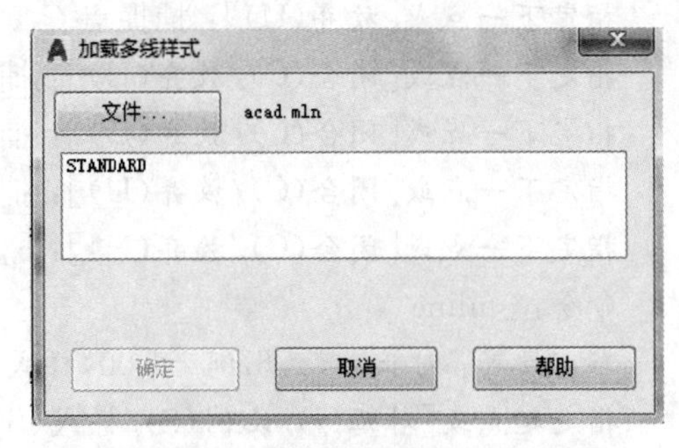

图 3.17 “加载多线样式”对话框

(2) “多线样式”对话框

※ 修改：点击可进入“修改多线样式”对话框，编辑所选定的多线样式，注意不能编辑图形中在使用的多线的样式。

※ 删除：从“样式”列表框中删除当前选定的多线样式。

※ 加载：单击该按钮会弹出“加载多线样式”对话框，如图 3.17 所示。点击“文件”则可以从指定的.mln 文件中加载多线样式。

※ 保存：将选中的多线样式保存为多线库(.mln)文件，以便日后加载调用。

3.5.2 多线的绘制

启用方法：

● “绘图”菜单下拉➤单击“多线”按钮 多线(U) 。

【例 3.7】 在图 3.18a 中绘制平面图，结果如图 3.18b 所示。

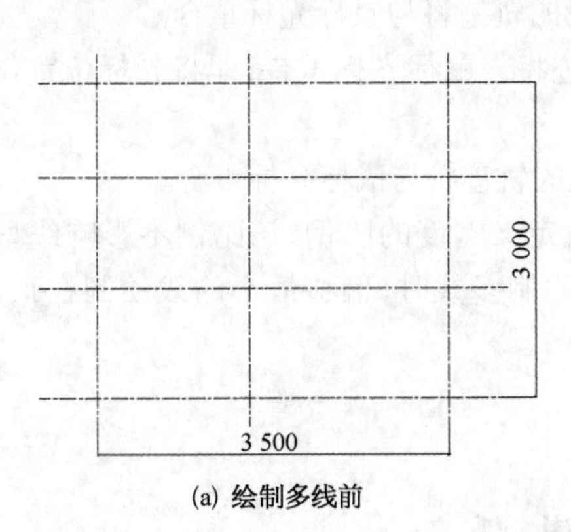

(a) 绘制多线前

A F E D G I J H B C 3 000 3 500

(b) 绘制多线后

图 3.18 绘制多线

单击“多线”按钮，系统将会在命令行提示：

命令：_mline

当前设置：对正＝无，比例＝0.20，样式＝外墙体

指定起点或[对正(J)/比例(S)/样式(ST)]：s↙输入 s 选项，回车确认

输入多线比例<0.20>：1↙输入比例值，回车确认

当前设置：对正＝无，比例＝1.00，样式＝外墙体

指定起点或[对正(J)/比例(S)/样式(ST)]：捕捉点 A

指定下一点：<正交 开>捕捉点 B

指定下一点或[放弃(U)]：捕捉点 C

指定下一点或[闭合(C)/放弃(U)]：捕捉点 D

指定下一点或[闭合(C)/放弃(U)]：捕捉点 E

指定下一点或[闭合(C)/放弃(U)]：捕捉点 F

指定下一点或[闭合(C)/放弃(U)]：c↙输入 C 选项使多线闭合

命令：_mline

当前设置：对正＝无，比例＝1.00，样式＝外墙体

指定起点或[对正(J)/比例(S)/样式(ST)]：捕捉点 G

指定下一点：捕捉点 H

指定下一点或[放弃(U)]：↙结束命令

命令：_mline

当前设置：对正＝无，比例＝1.00，样式＝外墙体

指定起点或[对正(J)/比例(S)/样式(ST)]：捕捉点 I

指定下一点：捕捉点 J

指定下一点或[放弃(U)]：↙结束命令

【选项说明】

※ 指定起点：确定多线的起点。此提示下的后续操作[闭合(C)/放弃(U)]与直线命令中的操作类似。

※ 对正(J)：确定多线的对正方式，即多线中哪条线的轨迹将与鼠标光标重合。对正方式有以下三种：

(1) 上(T) 对于水平多线，多线中最顶端线段的轨迹将与鼠标光标重合。

(2) 无(Z) 多线中偏移量为 0 的位置处的轨迹将与鼠标光标重合，即将光标位置作为中心点绘制多线。

(3) 下(B) 对于水平多线，多线中最底端线段的轨迹将与鼠标光标重合。

※ 比例(S)：确定绘制的多线宽度相对于多线定义宽度的比例，该比例不影响线型比例，负比例因子将翻转偏移线的次序：当从左至右绘制多线时，偏移最小的线绘制在顶部。比例因子为 0 将使多线变为单一的直线。

※ 样式(ST)：选择绘多线时采用的多线样式。

3.6 绘制圆弧

启用方法：

● “默认”选项卡➤“绘图”面板➤单击“圆弧”按钮。

【例 3.8】 绘制圆弧近似表达相贯线，如图 3.19 所示。

单击“圆弧”按钮，系统将会在命令行提示：

命令：_arc

指定圆弧的起点或[圆心(C)]：捕捉点 1

指定圆弧的第二个点或[圆心(C)/端点(E)]：捕捉点 2

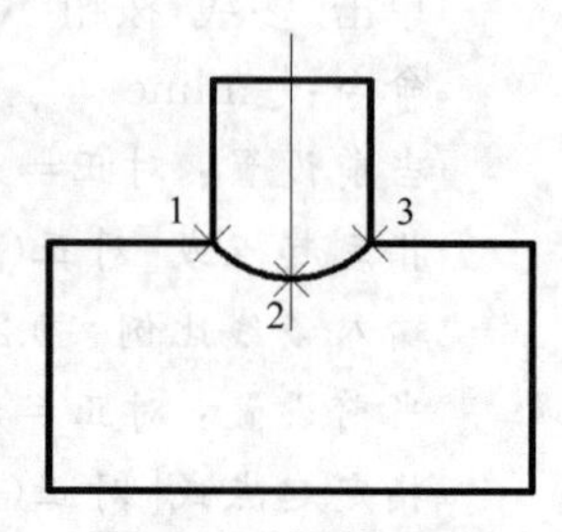

图 3.19 绘制相贯线

指定圆弧的端点：捕捉点 3

绘制圆弧时共有 11 种选项，点击图标的箭头后，展开下拉菜单。部分选项所绘制的圆弧如图 3.20 所示。现以功能区的绘图面板绘制圆弧的方式进行说明。

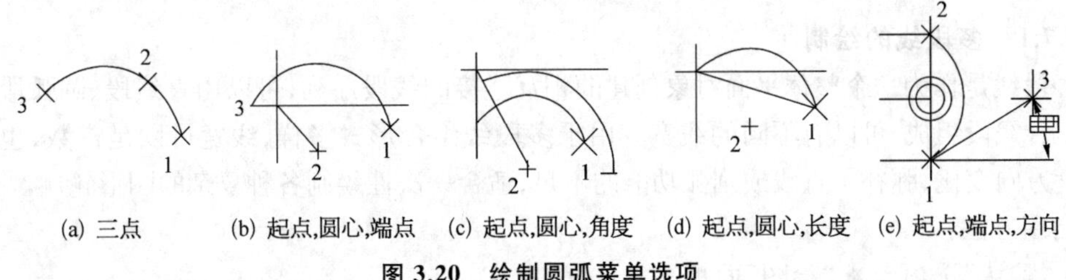

图 3.20　绘制圆弧菜单选项

【选项说明】

※ 三点：使用三个指定点绘制圆弧，如图 3.20a 所示。

※ 起点，圆心，端点：使用起点，圆心，端点绘制圆弧。起点与圆心之间的距离决定半径。圆弧的另一端点在通过圆心和第三点的假想直线上。圆弧不一定经过第三点。如图 3.20b 所示，该方法始终从起点向端点逆时针绘制圆弧。

※ 起点，圆心，角度：使用起点，圆心，角度绘制圆弧。起点与圆心之间的距离决定半径。从起点按指定的圆心角逆时针绘制圆弧。如果角度为负，将顺时针绘制圆弧。如图 3.20c 所示。

※ 起点，圆心，长度：使用起点，圆心，弦长绘制圆弧。起点与圆心之间的距离决定半径。从起点按指定的弦长逆时针绘制小于等于半圆的劣弧，如图 3.20d 所示。如果长度为负，将逆时针绘制大于等于半圆的优弧。

※ 起点，端点，角度：使用起点，端点，角度绘制圆弧。圆弧起点和端点之间的夹角确定圆弧的圆心和半径。角度为正时逆时针绘制圆弧，角度为负时顺时针绘制圆弧。

※ 起点，端点，方向：指定起点，端点和起点处的切线方向绘制圆弧。可以通过指定切线上一点或输入切线的绝对角度来确定切线方向，如图 3.20e 所示。

※ 起点，端点，半径：使用起点，端点，半径绘制圆弧。从起点向终点逆时针绘制一条劣弧。如果半径为负，将逆时针绘制一条优弧。

※ 圆心，起点，端点：使用圆心，起点，端点绘制圆弧。此选项始终从起点向端点逆时针绘制圆弧。

※ 圆心，起点，角度：使用圆心，起点，角度绘制圆弧。从起点按指定的圆心角逆时针绘制圆弧。如果角度为负，将顺时针绘制圆弧。

※ 圆心，起点，长度：使用圆心，起点，长度绘制圆弧。从起点按指定的弦长逆时针绘制小于等于半圆的劣弧。如果按住【Ctrl】键，将逆时针绘制大于等于半圆的优弧。

※ 连续：绘制与上一段线段或圆弧相切的圆弧，也可在圆弧命令“指定起点”的提示下按【Enter】键，绘制与上一段相切的弧，只须提供端点。

3.7 绘制多段线和样条曲线

3.7.1 多段线的绘制

多段线是作为一个整体平面对象创建的相互连接的线段序列,可以由直线段、圆弧段或两者的组合线段组成,可以有不同的线宽。由于多段线组合形式多样,线宽可以是常数,也可以沿长度方向变化,弥补了直线或圆弧功能的不足,适合一次性绘制各种复杂的图形轮廓。

启用方法:

- "默认"选项卡➤"绘图"面板➤单击按钮。

【例 3.9】 在图 3.21a 中,用多段线命令绘制如图 3.21b 所示的图形。

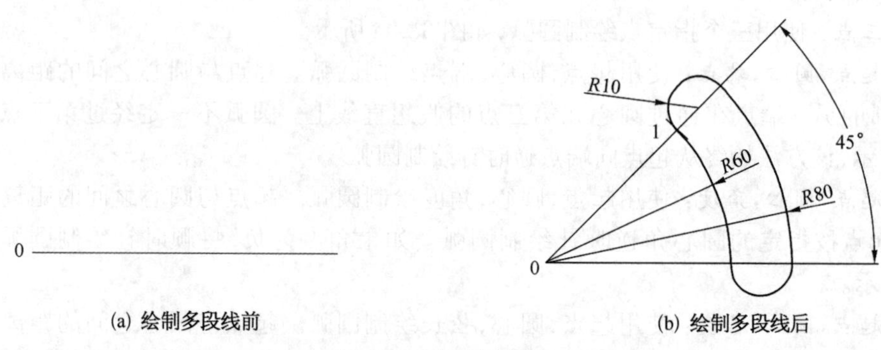

图 3.21 多段线绘图

单击"多段线"按钮,系统将会在命令行提示:

命令:_pline

指定起点:捕捉点 0

当前线宽为 0.0000

指定下一个点或[圆弧(A)/半宽(H)/长度(L)/放弃(U)/宽度(W)]:<极轴开>60↙极轴追踪 45°输入 60 得到点 1

指定下一个点或[圆弧(A)/半宽(H)/长度(L)/放弃(U)/宽度(W)]:a↙输入圆弧选项

指定圆弧的端点或[角度(A)/圆心(CE)/方向(D)/半宽(H)/直线(L)/半径(R)/第二个点(S)/放弃(U)/宽度(W)]:a↙输入角度选项

指定包含角:−180↙输入负值,顺时针绘制圆弧

指定圆弧的端点或[圆心(CE)/半径(R)]:20↙将鼠标放置在极轴追踪 45°方向后输入 20

指定圆弧的端点或[角度(A)/圆心(CE)/闭合(CL)/方向(D)/半宽(H)/直线(L)/半径(R)/第二个点(S)/放弃(U)/宽度(W)]:ce↙输入圆心选项

指定圆弧的圆心:捕捉点 0

指定圆弧的端点或[角度(A)/长度(L)]:a↙输入角度选项

指定包含角:−45↙输入负值,顺时针绘制圆弧

指定圆弧的端点或[角度(A)/圆心(CE)/闭合(CL)/方向(D)/半宽(H)/直线(L)/半径

(R)/第二个点(S)/放弃(U)/宽度(W)]：20↙将鼠标放置在左侧0°方向后输入20

指定圆弧的端点或[角度(A)/圆心(CE)/闭合(CL)/方向(D)/半宽(H)/直线(L)/半径(R)/第二个点(S)/放弃(U)/宽度(W)]：捕捉点1

指定圆弧的端点或[角度(A)/圆心(CE)/闭合(CL)/方向(D)/半宽(H)/直线(L)/半径(R)/第二个点(S)/放弃(U)/宽度(W)]：↙退出命令

命令：_.erase 找到 1 个删除线段01

【选项说明】

※ 圆弧(A)：输入圆弧(A)选项后，系统会提示：

指定圆弧的端点或[角度(A)/圆心(CE)/闭合(CL)/方向(D)/半宽(H)/直线(L)/半径(R)/第二个点(S)/放弃(U)/宽度(W)]：

绘制圆弧的操作与"圆弧"命令类似。

※ 闭合(C)：从最后一点到起点绘制圆弧，从而创建闭合的多段线。必须至少指定两个点才能使用该选项。

※ 半宽(H)：指定从多段线线宽的中心到其一边的宽度。起点半宽与端点半宽可以不一致。端点半宽在再次修改半宽之前将作为所有后续线段的统一半宽。宽线线段的起点和端点位于宽线的中心，如图3.22所示。

※ 直线(L)：退出"圆弧"选项并返回初始命令提示。

※ 放弃(U)：删除最近一次添加到多段线上的圆弧。

※ 宽度(W)：指定下一圆弧的宽度，如图3.23所示。

注意：绘制的多段线属于一个图形对象，用"分解"命令可将其分解成多个直线和圆弧对象。

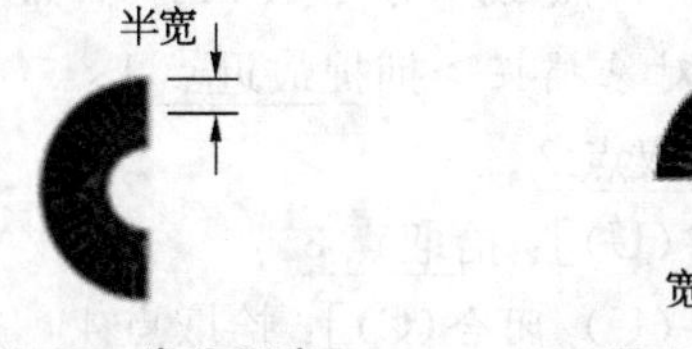

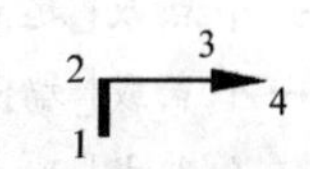

图3.22 半宽示意　　图3.23 宽度示意　　图3.24 剖切符号的绘制

【例3.10】 绘制如图3.24所示的剖切符号。

命令：_pline

指定起点：

当前线宽为0.0000

指定下一个点或[圆弧(A)/半宽(H)/长度(L)/放弃(U)/宽度(W)]：w↙设置线宽选项

指定起点宽度<0.0000>：1↙设置起点线宽为1

指定端点宽度<1.0000>：↙设置端点线宽为1

指定下一个点或[圆弧(A)/半宽(H)/长度(L)/放弃(U)/宽度(W)]：5↙绘制5 mm长度线段12

指定下一点或[圆弧(A)/闭合(C)/半宽(H)/长度(L)/放弃(U)/宽度(W)]：w↙设置线宽选项

指定起点宽度<1.0000>：0.25↙设置起点线宽为0.25

指定端点宽度<0.2500>：↙设置端点线宽为0.25

指定下一点或[圆弧(A)/闭合(C)/半宽(H)/长度(L)/放弃(U)/宽度(W)]:10↙以10 mm长度绘制23

指定下一点或[圆弧(A)/闭合(C)/半宽(H)/长度(L)/放弃(U)/宽度(W)]:w↙设置线宽选项

指定起点宽度<0.2500>:2↙设置起点线宽为2

指定端点宽度<2.0000>:0↙设置端点线宽为0

指定下一点或[圆弧(A)/闭合(C)/半宽(H)/长度(L)/放弃(U)/宽度(W)]:5↙以5 mm长度绘制34

指定下一点或[圆弧(A)/闭合(C)/半宽(H)/长度(L)/放弃(U)/宽度(W)]:↙结束命令

3.7.2 样条曲线的绘制

样条曲线是一系列数据点拟合而成的光滑曲线。拟合公差越小,样条曲线离拟合点越接近。绘制工程图时,样条曲线命令常用来绘制断裂线及地形外貌轮廓线等。

启用方法:

● "默认"选项卡➤"绘图"面板➤单击"绘图"按钮 绘图 ▾ ➤展开的下拉菜单,单击"样条曲线"按钮➤。

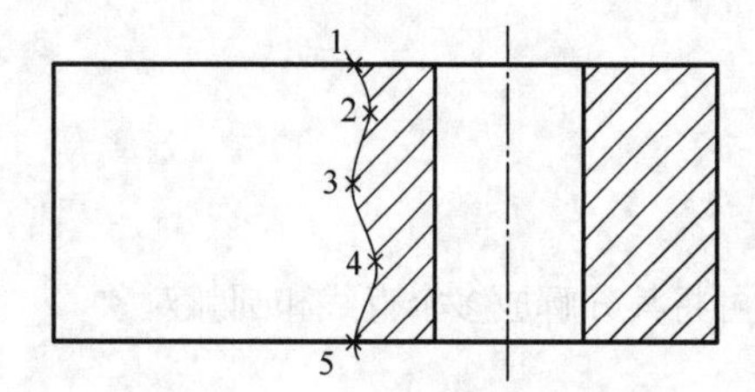

图3.25 用样条曲线绘制断裂线

【例3.11】 绘制如图3.25所示的样条曲线。

单击按钮"样条曲线"按钮,系统将会在命令行提示:

命令:_spline

当前设置:方式=拟合 节点=弦

指定第一个点或[方式(M)/节点(K)/对象(O)]:<打开对象捕捉>捕捉最近点1

输入下一个点或[起点切向(T)/公差(L)]:拾取点2

输入下一个点或[端点相切(T)/公差(L)/放弃(U)]:拾取点3

输入下一个点或[端点相切(T)/公差(L)/放弃(U)/闭合(C)]:拾取点4

输入下一个点或[端点相切(T)/公差(L)/放弃(U)/闭合(C)]:捕捉最近点5

输入下一个点或[端点相切(T)/公差(L)/放弃(U)/闭合(C)]:↙回车确认,结束命令

【选项说明】

※ 方式(M):选择使用拟合点或控制点来创建样条曲线。系统提示:输入样条曲线创建方式[拟合(F)/控制点(CV)]<拟合>:

※ 节点(K):指定节点参数化方式,指的是算法,用来确定样条曲线中连续拟合点之间的曲线如何过渡。

※ 对象(O):将二维或三维的二次或三次样条拟合多段线转换为等价的样条曲线。

※ 闭合(C):将样条曲线最后一点与第一点重合,并确定在连接处的切线方向,绘制闭合的样条曲线。

※ 拟合公差(F):修改当前样条曲线的拟合公差,拟合公差是样条曲线与拟合点之间距离所允许的偏移范围。

※ 起点切向(T):定义样条曲线的起点的切向。

※ 端点相切(T):定义样条曲线的终点的切向。

3.8　绘制椭圆和椭圆弧

3.8.1　绘制椭圆

启用方法：

● “默认”选项卡➤“绘图”面板➤单击“椭圆”按钮。

【例3.12】　绘制如图3.26所示的椭圆。

单击“椭圆”按钮，系统将会在命令行提示：

命令：ellipse

指定椭圆的轴端点或[圆弧(A)/中心点(C)]：鼠标拾取点1或输入点1的坐标↙

指定轴的另一个端点：＜正交 开＞100↙与上一点确定第一根轴的位置和长度

指定另一条半轴长度或[旋转(R)]：25↙输入第二根轴的半轴长度

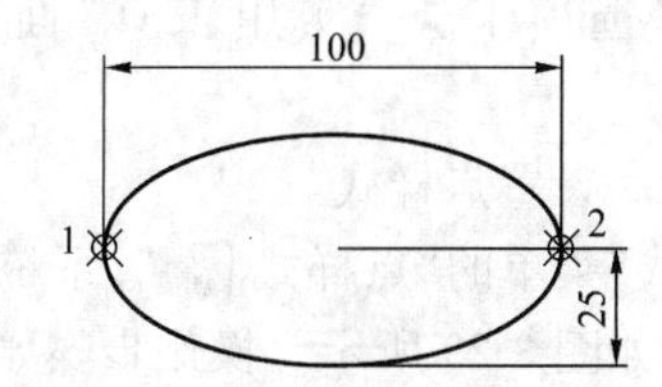

图3.26　指定椭圆的轴端点选项

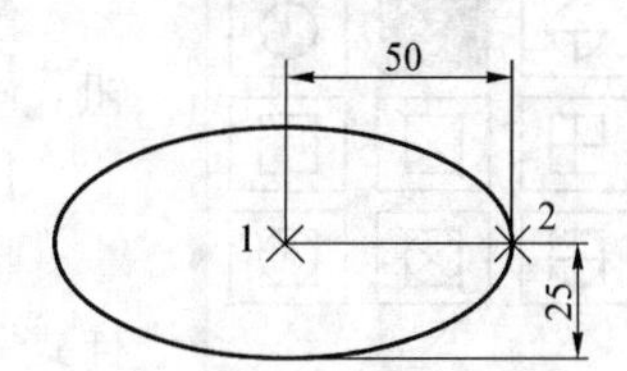

图3.27　中心点(C)选项

【选项说明】

※ 圆弧(A)：创建一段椭圆弧，与点击椭圆弧工具效果相同。

※ 中心点(C)：用指定的中心点创建椭圆，如图3.27所示。

※ 旋转(R)：指通过绕第一条轴旋转定义椭圆的长轴短轴比例来创建椭圆。该值(从0°～89.4°)越大，短轴对长轴的比例就越大。89.4°～90.6°的值无效，因为此时椭圆将显示为一条直线。

3.8.2　绘制椭圆弧

椭圆弧是椭圆的一部分，系统绘制椭圆弧时是先画椭圆，再由起始角度和终止角度确定需要的椭圆弧。

启用方法：

● “默认”选项卡➤“绘图”面板➤单击“椭圆弧”按钮。

【例3.13】　如图3.28所示，绘制椭圆弧。

单击“椭圆弧”按钮，系统将会在命令行提示：

命令：_ellipse

指定椭圆的轴端点或[圆弧(A)/中心点(C)]：_a

指定椭圆弧的轴端点或[中心点(C)]：鼠标拾取点1或输入点1的坐标↙

指定轴的另一个端点：＜极轴 开＞100↙沿极轴追踪方向输入第一根轴长度得到点2

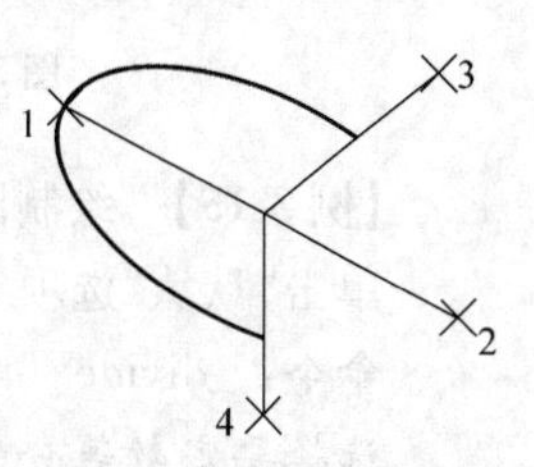

图3.28　圆弧(A)选项

指定另一条半轴长度或[旋转(R)]：25↙输入第二根轴的半轴长度
指定起始角度或[参数(P)]：沿极轴追踪角度拾取追踪线上的任意点 3
指定终止角度或[参数(P)/包含角度(I)]：沿极轴追踪角度拾取追踪线上的任意点 4

3.9 绘制点

绘制点通常用来做突出显示，等分圆弧或线段并作为捕捉对象的节点等。AutoCAD 2017 提供了单点、多点、定数等分点和定距等分点四种绘制方法。

一般情况下所绘制的点，系统默认是一个小黑点，不便于观察，因此需要强调点的时候，绘制前要进行点样式的设置。

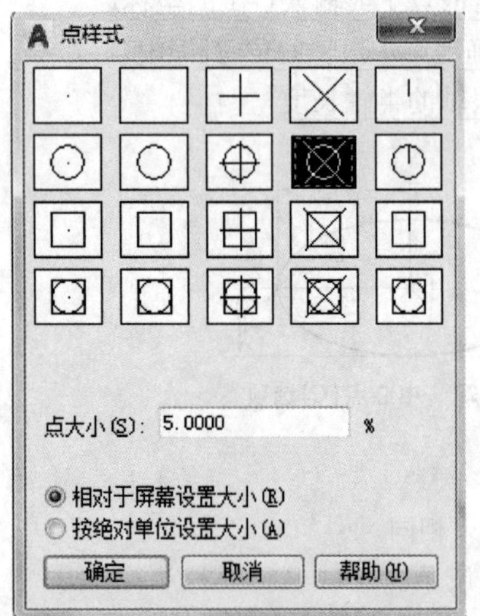

图 3.29 "点样式"对话框

3.9.1 设置点的样式

启用方法：

● "默认"选项卡 ➤ "实用工具"面板 ➤ 单击按钮。

【例 3.14】 设置点样式。

单击"格式"菜单的"点样式"，系统将会弹出"点样式"对话框，如图 3.29 所示。操作步骤如下：

① 根据需要选择点样式。

② 在"点大小"文本框中输入指定数值。

③ 点选"相对于屏幕设置大小"或"按绝对单位设置大小"。

④ 单击确定按钮完成点样式的设置。

3.9.2 点的绘制

启用方法：

● "默认"选项卡 ➤ "绘图"面板 ➤ 单击按钮 之一；

● "绘图"菜单下拉 ➤ 单击"点(O)" ➤ 右侧弹出下拉子菜单，如图 3.30 所示。

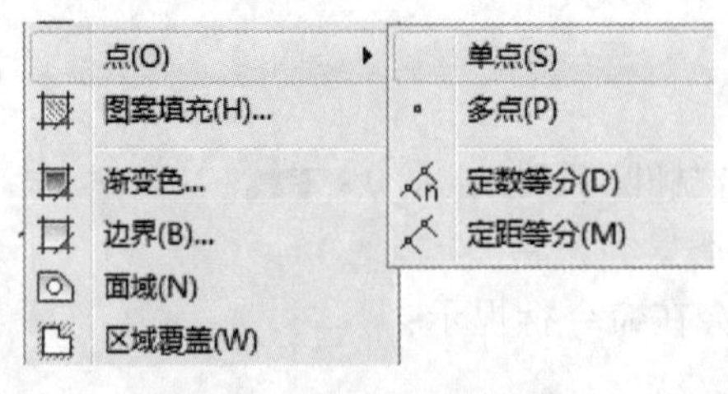

图 3.30 "点"下拉子菜单

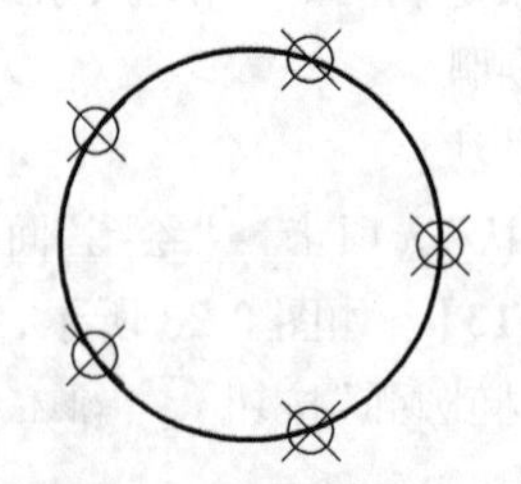

图 3.31 绘制定数等分点

【例 3.15】 绘制圆的 5 等分点。

单击"默认"选项卡"定数等分点"按钮，系统将会在命令行提示：

命令：_divide

选择要定数等分的对象：点选对象圆

输入线段数目或[块(B)]：5↙指定等分数，如图 3.31 所示

【选项说明】

※ 单点：执行一次命令只能输入一个点。

※ 多点：执行一次命令可连续输入多个点。

※ 定数等分：对指定的直线、圆弧、多段线和样条曲线等对象按一定的数量进行等分。在等分点处绘制点。等分数目的范围为 2～32 767。圆的定数等分从圆心右侧的象限点开始，如图 3.31 所示。在提示“输入线段数目或[块(B)]：”时如果选择“块(B)”选项，需输入图块名，将在等分点处插入指定的图块。

※ 定距等分：对指定的直线、圆弧、多段线和样条曲线等对象按指定间隔进行等分。在等分点处绘制点。绘制时，总是从最靠近指定对象时的拾取点开始。闭合多段线的定距等分从它们的初始点开始。定距等分法的最后一段的长度不一定等于指定的分段长度，如图 3.32 所示。

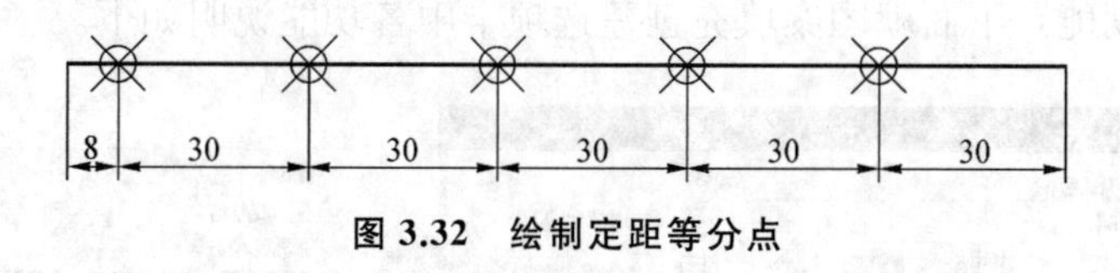

图 3.32　绘制定距等分点

3.10　图案填充

图案填充是指用某种图案填充图形的某个封闭区域。机械制图中，用于表达剖切区域，以表达不同的零件及其材质等特征。

启用方法：

● “默认”选项卡➤“绘图”面板➤单击按钮 。

【例 3.16】　填充如图 3.33a 所示图形中间的三角形，填充后如图 3.33b 所示。

“绘图”面板➤单击按钮 ➤，系统弹出“图案填充创建”选项卡，如图 3.34 所示。系统将会在命令行提示：

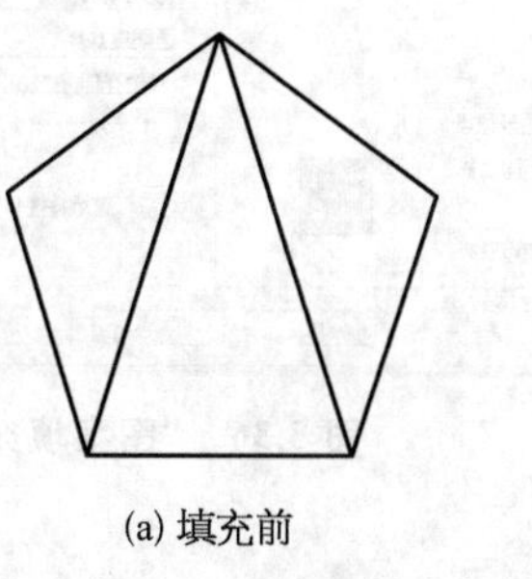

(a) 填充前

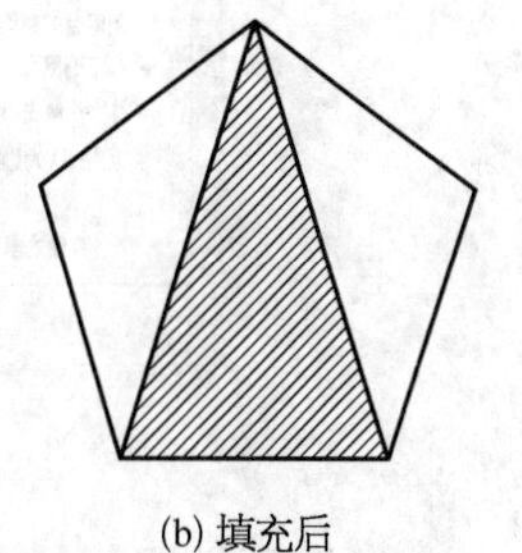

(b) 填充后

图 3.33　图案填充

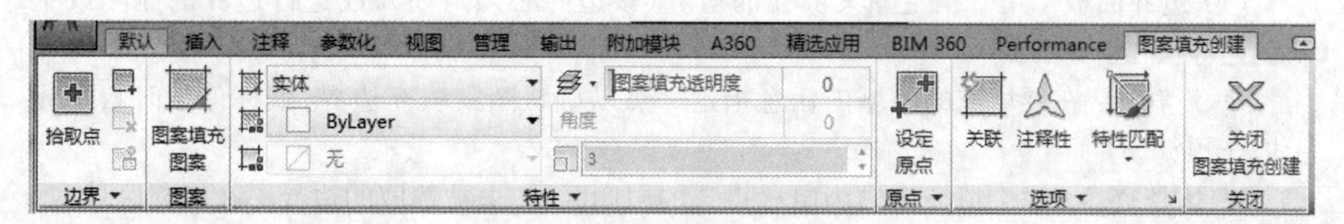

图 3.34　“图案填充创建”选项卡

命令：_hatch

拾取内部点或[选择对象(S)/放弃(U)/设置(T)]：在图案面板中选择 ANSI31，如图

3.35a 所示在特性面板中更改比例为 3,如图 3.35b 所示点选图案中间三角形内的任意一点

拾取内部点或[选择对象(S)/放弃(U)/设置(T)]:↙回车确认,结束命令,如图 3.33(b)所示

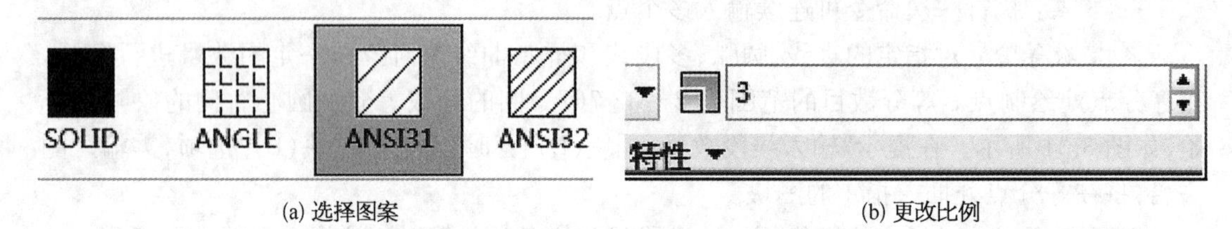

(a) 选择图案　　(b) 更改比例

图 3.35　图案填充设置

"图案填充创建"选项卡包含了边界、图案、特性、原点和选项面板。点击选项面板的右下角箭头,可以打开图案填充和渐变色对话框如图 3.36 所示,该对话框具有和图案填充创建选项卡相同的功能。下面就图案填充创建选项卡中各功能说明如下。

图 3.36　"图案填充和渐变色"对话框

【选项说明】

(1) 边界面板　用于指定图案填充的边界(该边界必须封闭),或进行边界的删除或重新创建等操作。

※ 拾取点:在要填充的区域内任意指定一点以确认图案填充边界,鼠标停留时自动显示填充预览。

※ 选择边界对象:填充区域为鼠标点选的封闭区域,未被选取的边界不在填充区域内。

※ 删除边界:删除边界是重新定义边界的一种方式,可以取消系统自动选取或用户选取的边界,从而形成新的填充区域。

※ 重新创建边界:为删除边界的填充图案重新创建填充边界。

(2) 图案面板　列出可用的预定义图案的预览图像,供图案填充时选择,如图 3.37 所示。

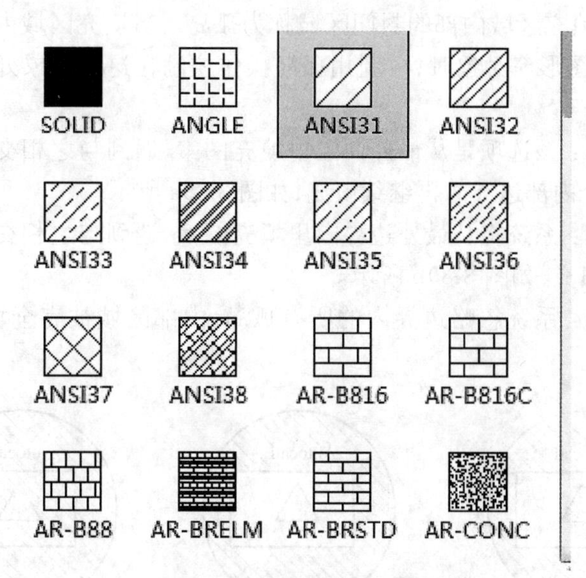

图 3.37　图案的预览图像

(3) 特性面板　用于指定图案填充的方式和图案样式。

※ **图案填充类型**：用于设置填充图案的类型。包括实体、渐变色、图案和用户定义选项;用户定义选项表示用自定义文件中的图案填充。

※ **图案填充颜色和背景色**：可分别设定图案填充颜色、渐变色和填充区域背景的颜色。

※ **角度**：设置填充图案的角度,默认填充角度为0。

※ **比例**：设置填充图案的比例值,放大或缩小预定义或自定义图案。

(4) 原点面板　用于设置图案填充的原点,控制填充图案生成的起始位置。例如砖块图案要与图案填充边界上的一点对齐。

※ **使用当前原点**：使用当前的默认图案填充原点。

※ **设定原点**：用于自定义设置图案填充原点,使填充图案与指定的原点对齐。

※ **原点位置** ▦ ▦ ▦ ▦ ▦：分别为将图案填充的原点设置为图案填充矩形范围的左下、右下、右上、左上、正中五种类型。

(5) 选项面板　用于设置图案填充的关联性、填充形式、边界的显示效果等附属功能。

※ **关联**：用于设定图案与边界的关联性,即修改图形边界时,是否自动更新图案填充。关联的填充图案会随边界的变化而自动更新。关联与非关联图案填充的区别如图3.38所示。

※ **创建独立的图案填充**：用于控制当指定了几个单独的闭合边界时,是创建单个图案填充对象,还是创建多个图案填充对象。

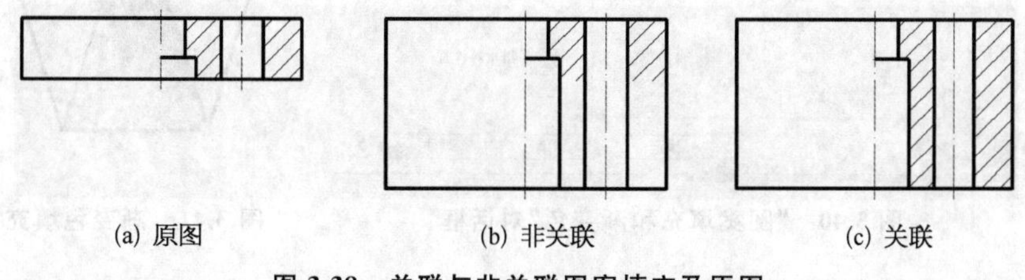

图 3.38　关联与非关联图案填充及原图

(6) 孤岛检测　填充区域内部的封闭区域称为孤岛。当填充区域内有文字、尺寸数字、公式以及孤立的封闭图形等对象时,可利用孤岛操作控制在这些对象处的填充形式。填充形式有以下三种:

※ **普通孤岛检测**:该选项是从最外面向里填充图案,遇到与之相交的内部边界时断开填充图案,遇到下一个内部边界时再继续填充,如图 3.39a 所示。

※ **外部孤岛检测**:系统将从最外边界向里填充图案,遇到与之相交的内部边界时断开填充图案,不再向里填充,如图 3.39b 所示。

※ **忽略孤岛检测**:系统忽略边界内的所有孤岛,内部区域被完全填充图案覆盖,如图 3.39c 所示。

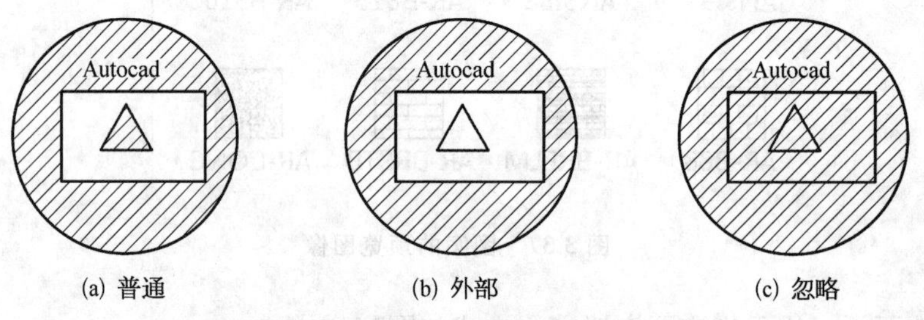

(a) 普通　　(b) 外部　　(c) 忽略

图 3.39　不同孤岛检测形式的填充效果

(7) 渐变色填充　图形在填充时使用一种或两种颜色形成渐变色。渐变色填充能产生光的立体视觉效果。点击选项面板的右下角箭头,弹出图案填充和渐变色对话框,点击渐变色选项卡,对话框如图 3.40 所示。渐变色填充效果如图 3.41 所示。

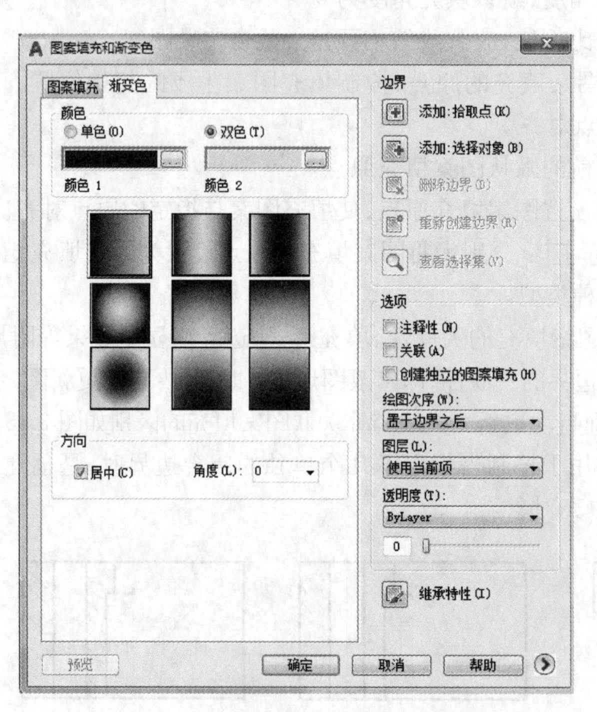

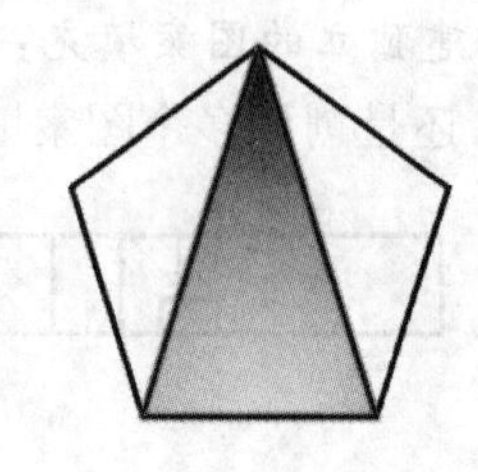

图 3.40　"图案填充和渐变色"对话框　　**图 3.41　渐变色填充**

第4章　文字与表格

在工程图样中,诸如尺寸标注、技术要求、标题栏、明细表等内容均需要用到文字注写,其中标题栏、明细表等若用表格进行绘制会更加简单快捷,本章就介绍文字和表格的相关内容。

4.1　文　　字

4.1.1　文字样式的设置

文字样式用于控制文字的外观特征,由于在不同的场合会使用到不同的文字样式,所以设置不同的文字样式是文字注写的首要任务,当设置好文字样式后,就可以利用该文字样式注写文字。

启用方法:

- “默认”选项卡➤“注释”面板下拉➤单击按钮 ;
- 下拉菜单“格式”下“文字样式”➤单击按钮 。

执行上述操作均会弹出“文字样式”对话框,如图4.1所示。

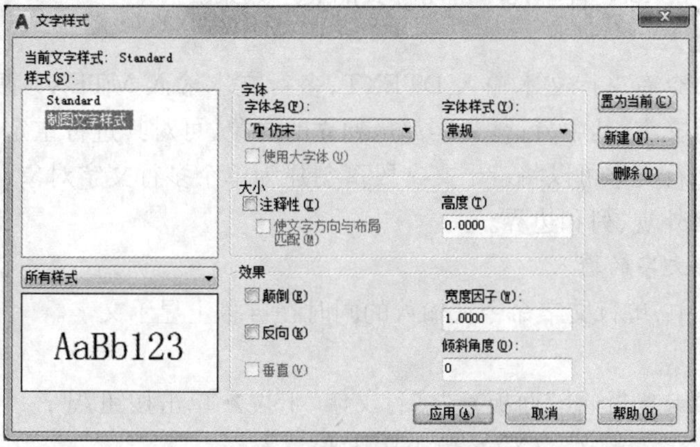

图4.1　“文字样式”对话框

在“文字样式”对话框中,可以创建、修改或设置命名文字样式。

【选项说明】

※ 当前文字样式:列出当前文字样式名。

※ 样式:显示图形中的样式列表。列表包括已定义的样式名并默认显示选择的当前样式。

※ 新建:创建新的文字样式,单击该按钮会弹出“新建文字样式”对话框,如图4.2所示,设置“制图文字样式”,按“确定”按钮回到“文字样式”对话框。

※ 置为当前:将在“样式”下选定的样式设置为当前,图中将“制图文字样式”置为当前。

※ 字体:更改样式的字体名和字体样式,如图 4.1 所示按制图标准设置字体为“仿宋”。

※ 使用大字体:指定亚洲语言的大字体文件。只有 SHX 文件可以创建“大字体”。

※ 大小:用于设置文字的大小,此处一旦设定文字大小,将应用于所有使用该文字样式的文字,由于图中文字大小不一致,所以此处一般不予设置文字大小,保留默认值“0”即可。

※ 效果:修改字体的特性,例如高度、宽度因子、倾斜角以及是否颠倒显示、反向或垂直对齐,可从预览图中观察是否符合要求,图中该项保留默认。

※ 样式列表过滤器:下拉列表指定所有样式还是仅使用中的样式显示在样式列表中。

※ 预览:显示随着字体的改变和效果的修改而动态更改的样例文字。

※ 删除:删除文字样式。

※ 应用:将对话框中所做的样式更改应用到当前样式和图形中具有当前样式的文字。

设置好后单击“确定”按钮完成设置。

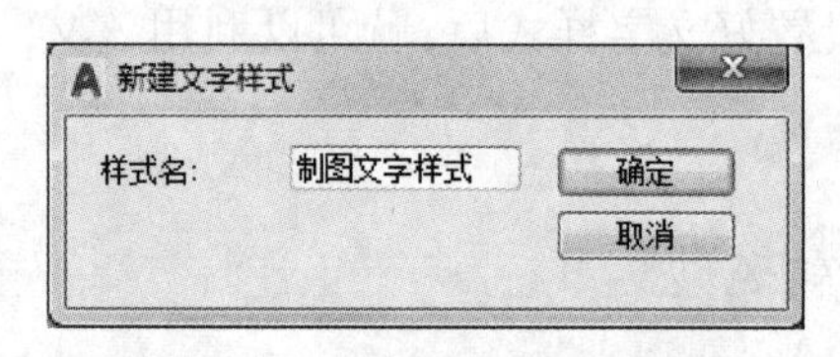

图 4.2 “新建文字样式”对话框

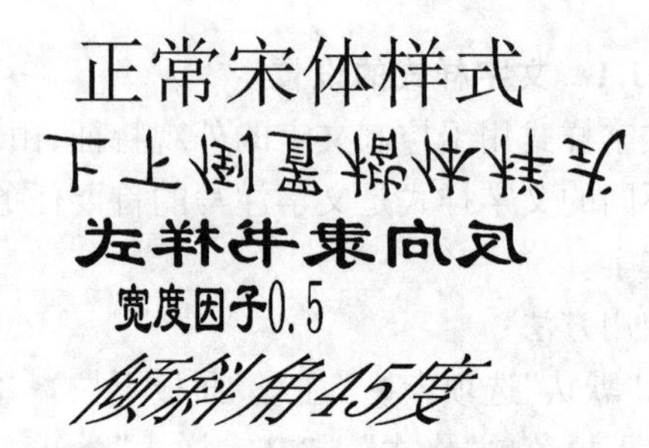

图 4.3 文字样式设置的不同效果

【例 4.1】 如图 4.3 设置了几种不同样式的文字效果。

4.1.2 文字输入

文字的注写命令有单行文本输入 DTEXT、多行文本输入 MTEXT 两种。单行文字用于创建一行或多行文字,其中,每行文字都是独立的对象,可对其进行重定位、调整格式或进行其他修改。而多行文字可以将若干文字段落创建为单个多行文字对象,使用内置编辑器,还可以格式化文字外观、列和边界。

4.1.2.1 单行文字的输入

在 AutoCAD 中,单行文字命令在输入的同时在屏幕上显示文字。

启用方法:

- “默认”选项卡➤“注释”面板➤“多行文字”下拉➤单击按钮 AI;
- 下拉菜单“绘图”➤文字(X)➤单击按钮 AI。

执行上述操作,系统提示:

当前文字样式:“制图文字样式” 文字高度:3.0000 注释性:否

指定文字的起点或[对正(J)/样式(S)]:指定文字起点或输入选项重新设定文字对正方式和文字样式

指定高度<3.0000>:指定字高

指定文字的旋转角度<0>:指定文字旋转角

【选项说明】

※ 指定文字起点:指定书写文字的起点。

※ **对正(J)**：控制文字的对正方式，选择该项系统会列出所有的对正方式供用户选择，对正方式有“对齐(A)/调整(F)/中心(C)/中间(M)/右(R)/左上(TL)/中上(TC)/右上(TR)/左中(ML)/正中(MC)/右中(MR)/左下(BL)/中下(BC)/右下(BR)”等若干种，也可在“指定文字的起点”提示下输入这些选项。

※ **样式(S)**：指定文字样式，创建的文字使用当前文字样式，选择该项系统会提示：**输入样式名或[?]＜当前＞**：用户可直接输入需要的样式名，或输入“?”在列出的文字样式中选取。

※ **指定高度**：仅在当前文字样式不是注释性且没有固定高度时，才显示“指定高度”提示。

※ **指定文字的旋转角度**：指定角度或按↙键取默认值。

当设置好后将直接进入输入文字状态，每输入完一行文字按↙键进入下一行文字输入，若连续两次按↙键将结束命令。

4.1.2.2　**多行文字的输入**

启用方法：

- “默认”选项卡➤“注释”面板➤“多行文字”下拉➤单击按钮A；
- 下拉“绘图”菜单➤文字(X)➤单击按钮A。

执行上述操作，系统提示：

命令：_mtext 当前文字样式：“制图文字样式”　文字高度：3.0000　注释性：否

指定第一角点：<u>指定第一角点</u>

指定对角点或[高度(H)/对正(J)/行距(L)/旋转(R)/样式(S)/宽度(W)/栏(C)]：<u>指定对角点或选项设置</u>

【选项说明】

※ **指定第一角点和指定对角点**：由两个角点确定一个矩形以显示多行文字对象的位置和尺寸，指定矩形后进入文字输入状态，这时界面将显示“文字编辑器”，如图4.4所示。

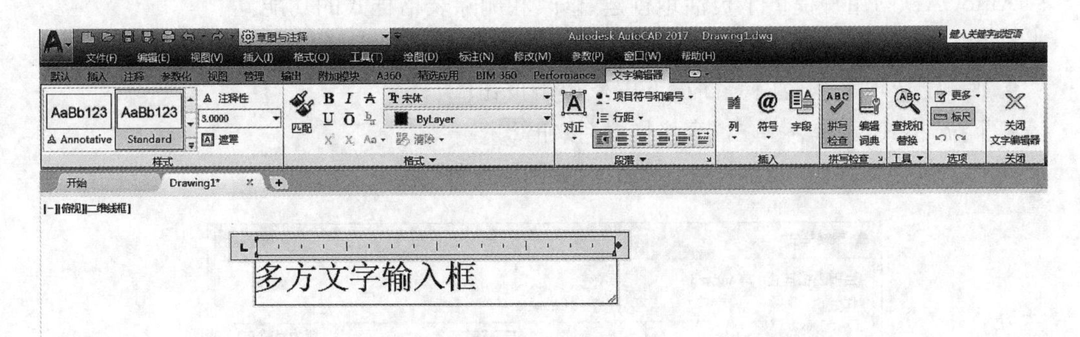

图4.4　显示“文字编辑器”

其余选项含义与单行文字中对应选项相同，不再赘述。这些选项均可在“文字编辑器”中设置，当输入完文字内容后单击“关闭文字编辑器”按钮或在文字输入框外按鼠标左键可结束该命令。

4.1.3　文字编辑

4.1.3.1　**文字样式的修改**

要修改文字样式可如前述文字样式设置的方法进入文字样式对话框去修改，当文字样式修改后，对于单行文字会自动更新，但对于多行文字，如果在输入时是在编辑器中进行的独立设置,这些独立的设置并不会受到影响,如图 4.5 所示。

【例 4.2】 图 4.5 所示为文字样式修改对文本的影响。

单行文字:文字样式standard(字体“宋体”, 字号“10”)
多行文字:文字样式zhitu(字体“楷体”, 字号“10”)
多行文字:文字样式zhitu,单独设置字体为“幼圆”

(a) 修改文字样式前

单行文字:文字样式改为zhitu
多行文字:文字样式改为standard
多行文字单独设置字体:文字样式改为standard

(b) 修改文字样式后

图 4.5　文字样式修改对文本的影响

4.1.3.2　文字内容的编辑

启用方法:

- “文字”工具条➤单击“编辑”按钮➤进入文字编辑中;
- 双击要编辑的文字➤直接进入文字编辑中;
- 选择要编辑的文字对象➤单击鼠标右键➤在弹出的快捷菜单中选择编辑文字;
- 在“特性”选项板中对文字的相关内容进行编辑修改。

在编辑多行文字对象时,将显示文字编辑器,以修改选定多行文字对象的格式或内容,而在编辑单行文字时,缺省设置不显示文字编辑器,若要编辑单行文字的特性则可通过修改文字样式来达到目的。

4.2　表　　格

4.2.1　表格样式的设置

AutoCAD 向用户提供了灵活地创建、修改和删除表格样式的功能。

启用方法:

- “默认”选项卡➤“注释”面板下拉➤单击按钮;
- 下拉“格式”菜单➤单击“表格样式”按钮。

执行上述操作弹出“表格样式”对话框,如图 4.6 所示。

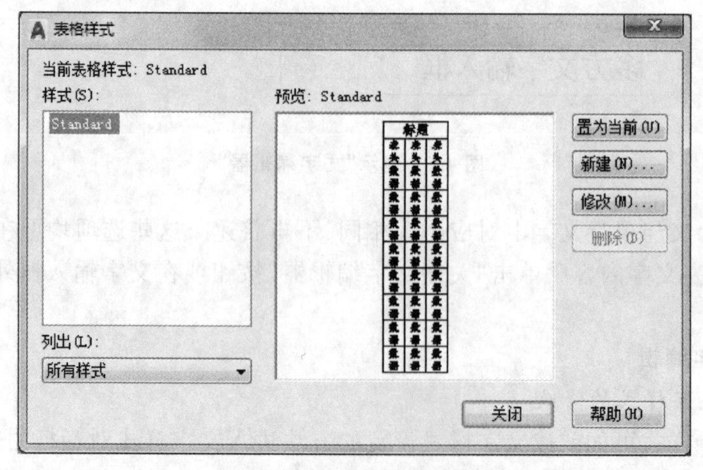

图 4.6　“表格样式”对话框

【选项说明】

※ **当前表格样式**：显示当前表格样式的名称。

※ **样式**：显示表格样式列表，当前样式被亮显。

※ **列出**：控制"样式"列表的内容，有"所有样式"和"正在使用的样式"两种列表方式。

※ **预览**：显示"样式"列表中选定表格样式的预览图像。

※ **置为当前**：将选定的表格样式设置为当前样式。

※ **新建**：显示"创建新的表格样式"对话框，从中可以定义新的表格样式，如图4.7所示，设置表格样式名为"标题栏"，之后单击"继续"按钮，弹出"新建表格样式：标题栏"对话框，如图4.8所示。

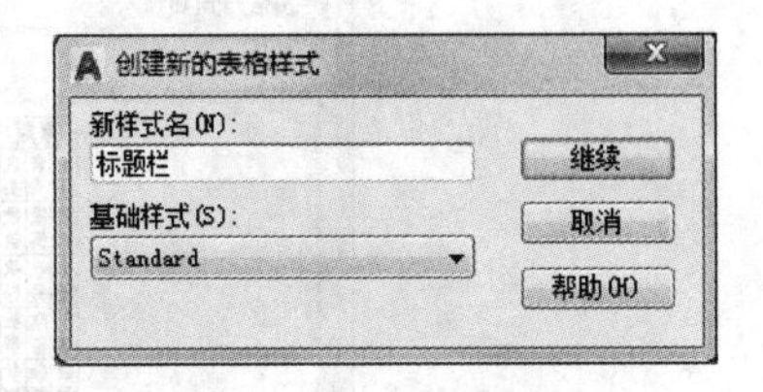

图4.7　"创建新的表格样式"对话框

※ **修改**：显示"修改表格样式"对话框，该对话框与"新建表格样式"对话框内容相同，从中可修改已有表格的样式。

※ **删除**：删除已有的表格样式，但不能删除置为当前的表格样式。

【选项说明】

※ **起始表格**：指定一个表格用作样例来设置此表格样式的格式。使用"删除表格"图标，可以将表格从当前指定的表格样式中删除。

※ **表格方向**：设置表格方向，有"向上"和"向下"两种，选择"向下"标题行位于表格的顶部；选择"向上"标题行位于表格的底部。

※ **预览、单元样式预览**：显示当前表格样式设置和单元设置的样例效果。

※ **单元样式**：定义新的单元样式或修改现有单元样式。单元样式包括"常规""文字"和"边界"三个选项卡，从中可以设置数据单元、单元文字和单元边界的外观。

※ **"常规"选项卡**：设置表格单元的背景颜色、文字的对正和对齐方式、数据的类型和格式等特性以及设置单元边界和单元内容之间的间距，如图4.8所示。

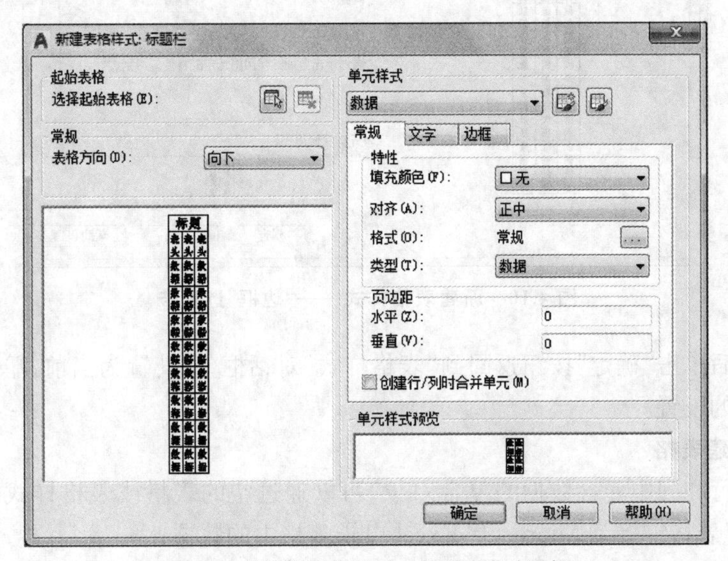

图4.8　"新建表格样式：标题栏"对话框

※ “文字”选项卡：如图 4.9 所示，设置文字样式、字高、颜色、角度等文字特性。

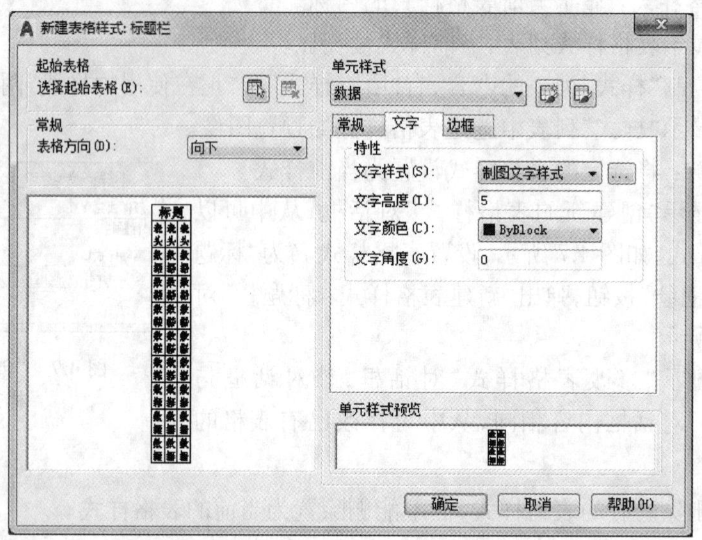

图 4.9 新建表格样式——“文字”选项卡

※ “边框”选项卡：控制单元边界的外观、栅格线的线宽、线型、颜色等边框特性，如图 4.10 所示。

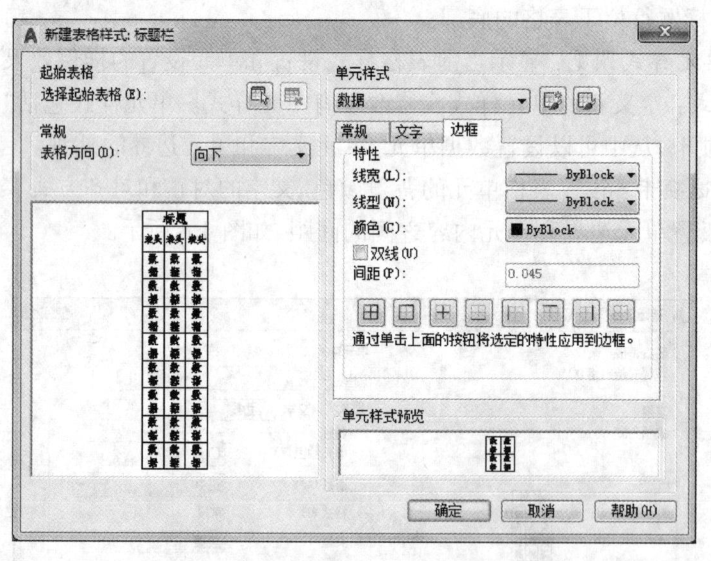

图 4.10 新建表格样式——“边框”选项卡

设置完成后单击“确定”按钮返回到“表格样式”对话框，将其置为当前，单击“关闭”按钮完成表格样式的设置。

4.2.2 创建表格

表格是在行和列中包含数据的复合对象，可以通过空的表格或表格样式创建空的表格对象，还可以将表格链接至 Microsoft Excel 电子表格中的数据。

启用方法：

- “默认”选项卡➤“注释”面板➤单击按钮；
- 下拉“绘图”菜单➤单击按钮。

执行上述操作均会弹出“插入表格”对话框，如图 4.11 所示。

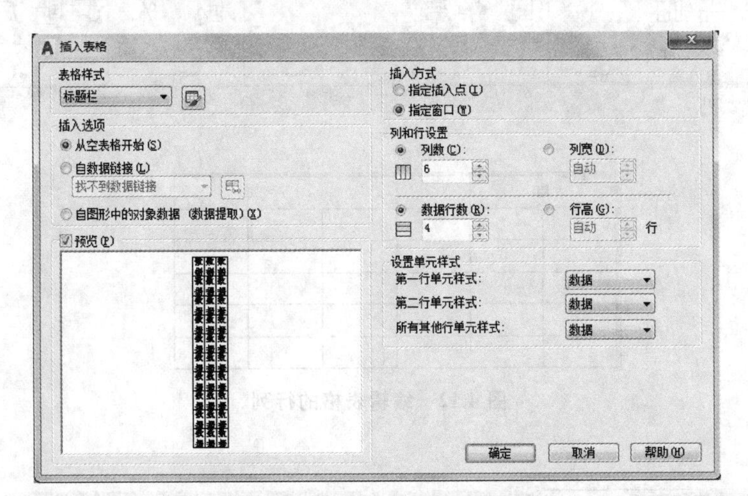

图 4.11　“插入表格”对话框

【选项说明】

※ *表格样式*：选择表格样式。也可通过单击下拉列表旁边的按钮，创建新的表格样式。

※ *插入选项*：指定插入表格的方式。

※ *预览*：控制是否显示预览。如果从空表格开始，则预览将显示表格样式的样例。如果创建表格链接，则预览将显示结果表格。处理大型表格时，清除此选项以提高性能。

※ *插入方式*：指定表格位置。通过“指定插入点”或“指定窗口(即指定表格大小和位置)”来插入表格。

※ *列和行设置*：设置列和行的数目和大小，行数不包括“表头”和“标题”两行。

※ *设置单元样式*：指定新表格中行的单元格式。

设置完成后单击“确定”按钮，进入图中插入表格，系统会进入输入单元内容的模式，此时用户若对表格的格式不满意，可在表格外面单击鼠标左键，退出命令，再重新对表格的行列、内容进行编辑。

4.2.3　编辑表格

编辑表格包括表格行列的增删或合并，以及编辑表格单元中的文字。表格行列的增删与合并方法与 Microsoft Excel 电子表格的行列增删与合并方法相同，只要在表格中通过单击和拖动选择要处理的行列，就会显示“表格单元”编辑器，如图 4.12 所示，在其中对行列进行编辑即可。

编辑表格内容方法也可如 Microsoft Excel 电子表格操作，即在表格单元内双击，会显示如图 4.13 所示的“文字编辑器”，从中输入文字内容，输完一格内容单击↙键或上下左右键(↑、↓、←、→)进入下一格内容输入中，若不需输入只须在表格外面单击鼠标左键即可退出命令。

【例 4.3】　创建如图 4.14 所示“标题栏”表格。

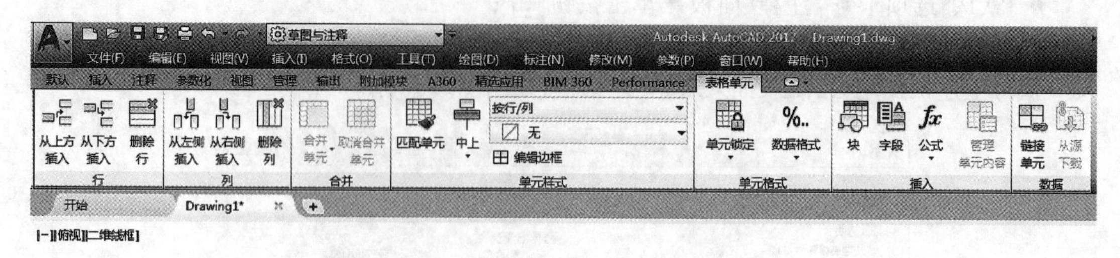

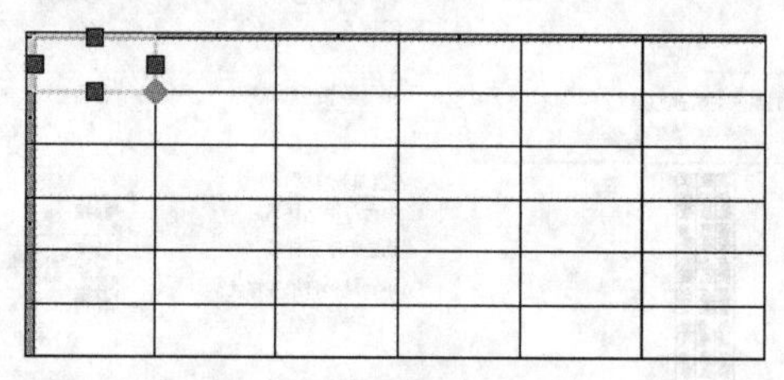

图 4.12　编辑表格的行列

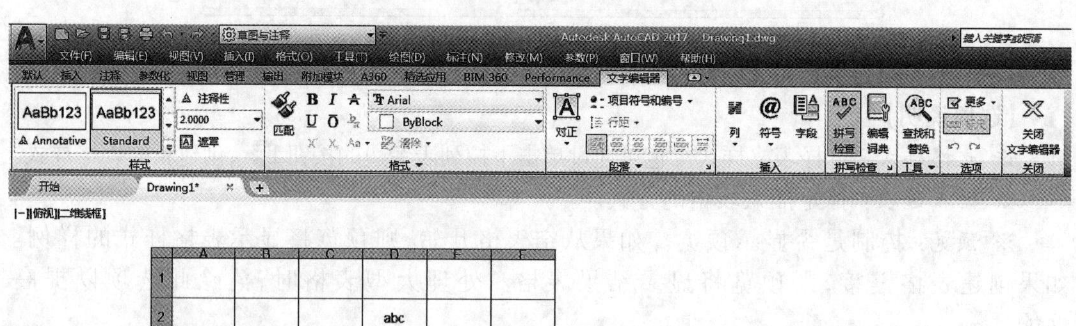

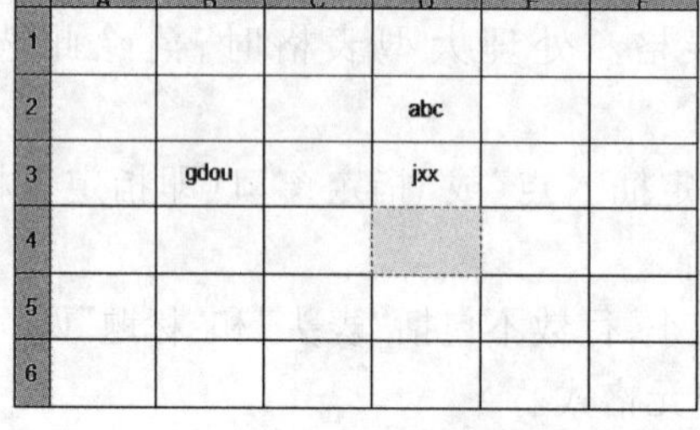

图 4.13　编辑表格内容

<table>
<tr><td colspan="3" rowspan="3"></td><td>比例</td><td></td><td rowspan="3">(图号)</td></tr>
<tr><td>数量</td><td></td></tr>
<tr><td>材料</td><td></td></tr>
<tr><td>制图</td><td></td><td></td><td colspan="3" rowspan="3">单位：</td></tr>
<tr><td>审核</td><td></td><td></td></tr>
<tr><td>描图</td><td></td><td></td></tr>
</table>

图 4.14　用表格绘制的“标题栏”

① 新建“标题栏”表格样式，如图 4.8、图 4.9 所示进行设置。

② 启用“创建表格命令”，在“插入表格”对话框中设置如图 4.11 所示；单击“确定”按钮，在屏幕中给定窗口大小尺寸，结束命令得到空白表格如图 4.15 所示。

③ 编辑表格,进行行列合并,得到图 4.16 所示的表格。

④ 填写表格内容,双击要填写文字的框格,填写文字,结果如图 4.14 所示,完成创建。

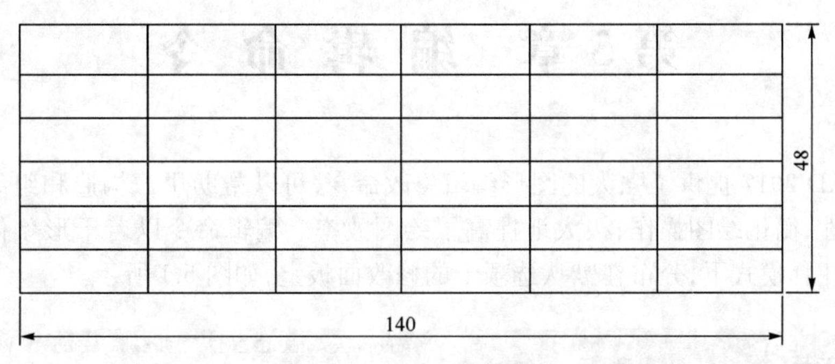

图 4.15　标题栏表格尺寸

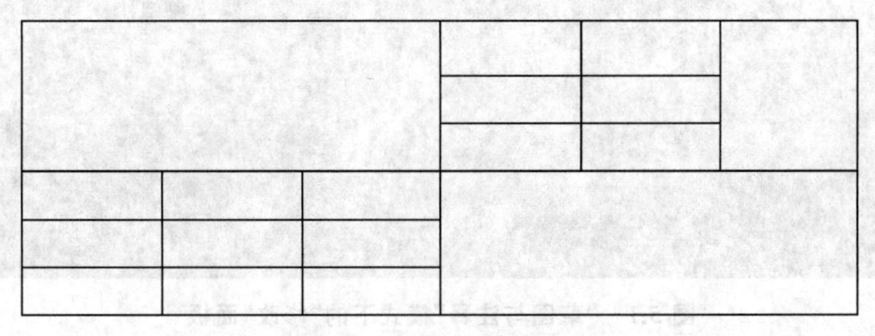

图 4.16　表格合并行列后

第 5 章　编 辑 命 令

AutoCAD 2017 提供了强大的图形编辑修改命令，可以帮助用户构造和组织图形，保证绘图的准确性，简化绘图操作，极大地提高了绘图效率。编辑命令以若干形象化的按钮，出现在草图与注释模式下，分布在默认选项卡的修改面板上，如图 5.1 所示。

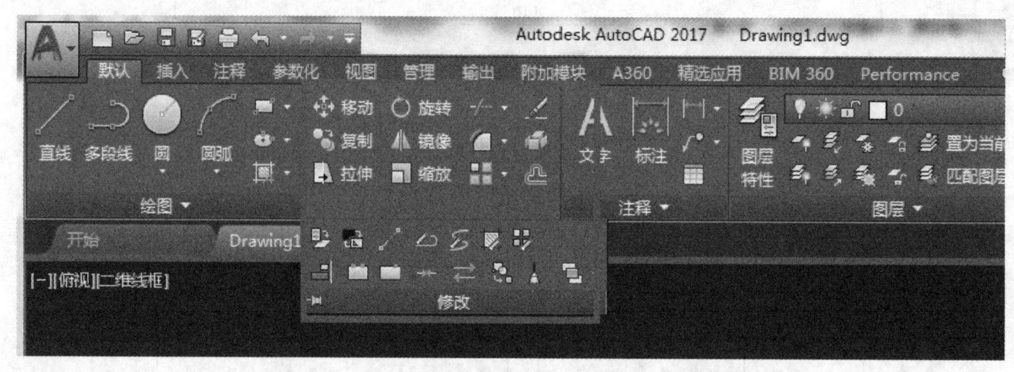

图 5.1　“草图与注释”模式下的“修改”面板

5.1　选 择 对 象

在对图形进行编辑修改操作时，用户首先要选择要编辑的对象，然后再进行编辑。AutoCAD 2017 提供了多种选择对象的方法，如单击选择对象、用选择窗口选择对象、用选择线条选择对象、用对话框选择对象等，还能把多个对象编组后进行整体编辑和修改。选择后的对象呈亮显的线，这些对象就构成选择集。启动选择对象的方法：

① 命令行输入“SELECT”。在命令行输入“SELECT”，界面如图 5.2 所示。十字光标将变成一个拾取框，移动拾取框来选择一个或多个对象。

② 点击默认选项卡下的“修改”面板、修改菜单等相应按钮。

当执行修改的命令后，命令行提示：选择对象。十字光标将变成一个拾取框，移动拾取框来选择一个或多个对象，如图 5.3 所示。

③ 选择对象模式。AutoCAD 2017 提供了很多选择对象方法，当命令窗口中[选择对象]的提示出现后，输入下列大写字母即可以指定对象选择模式，各选项功能如下：

命令：SELECT ↙➤

命令行提示：选择对象：? ↙(输入“?”，按【Enter】键，系统将显示所有可用的选择模式)

需要点或窗口(W)/上一个(L)/窗交(C)/框(BOX)/全部(AAL)/栏选(F)/圈围(WP)/圈交(CP)/编组(G)/添加(A)/删除(R)/多个(M)/前一个(P)/放弃(U)/自动

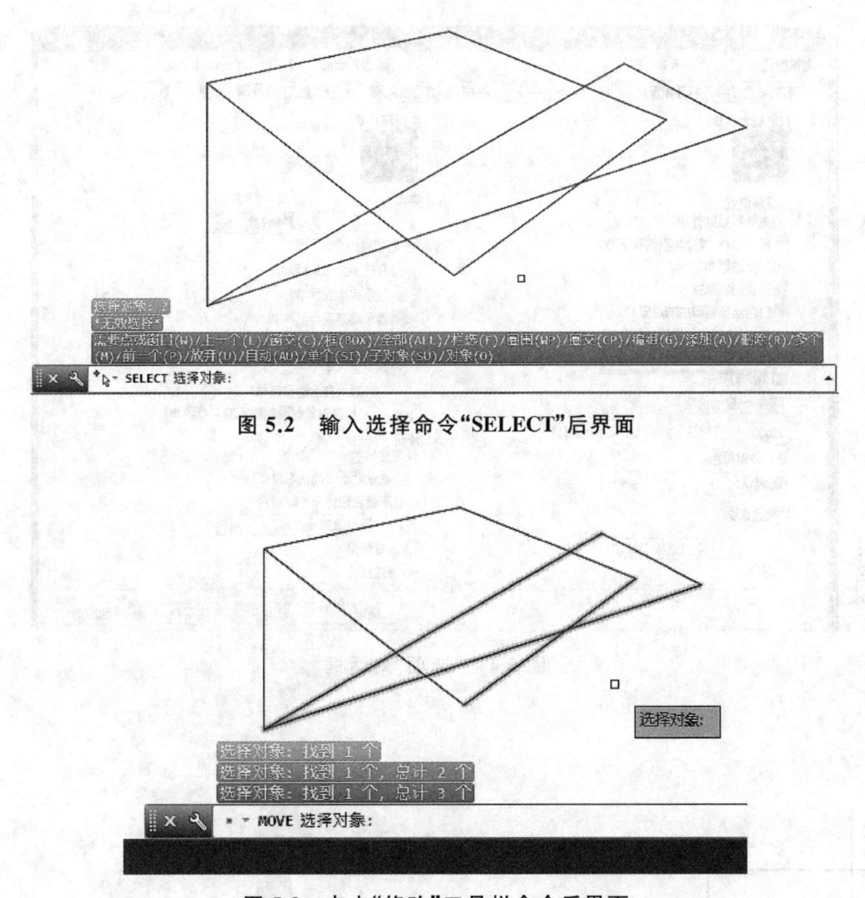

图 5.2　输入选择命令“SELECT”后界面

图 5.3　点击“修改”工具栏命令后界面

(AU)/单个(SI)/子对象(SU)/对象(O)：

【选项说明】

※ *需要点*：需要点是软件的默认直接选择对象方式，用鼠标移动拾取框，使其覆盖在被选对象上，然后单击鼠标左键，对象变为亮显；如果继续移动拾取框，使其覆盖在第二个所选对象上，然后单击鼠标左键，既可选择到第二个对象，以此类推可以选择多个对象，这种方法适合选择少量或分散的对象，如图 5.3 所示。

※ *窗口(W)*：AutoCAD 2017 默认是套索，将套索选择对象模式改为矩形选择框方法：

● 不需要做任何修改，在 AutoCAD 2017 默认的套索选择对象模式下，点击鼠标左键后松开拖动即为矩形框选择框。

● 输入快捷键 OP 回车，打开选项对话框中的选择集，将允许按住并拖动套索前面的“√”去掉，如图 5.4 所示。

在矩形选择框的模式下，通过两个角点 A、B 绘制一个矩形区域来选择对象，区域内的对象被选中，区域外的对象则不被选中，如图 5.5 所示。

※ *窗交(C)*：使用交叉窗口选择对象，与用窗口选择对象类似，通过两个角点 *A*、*B* 绘制一个矩形区域来选择对象，全部位于窗口之内或与窗口边界相交的对象全被选中，并以虚线显示矩形窗口，以此区别窗口选择，如图 5.6 所示。

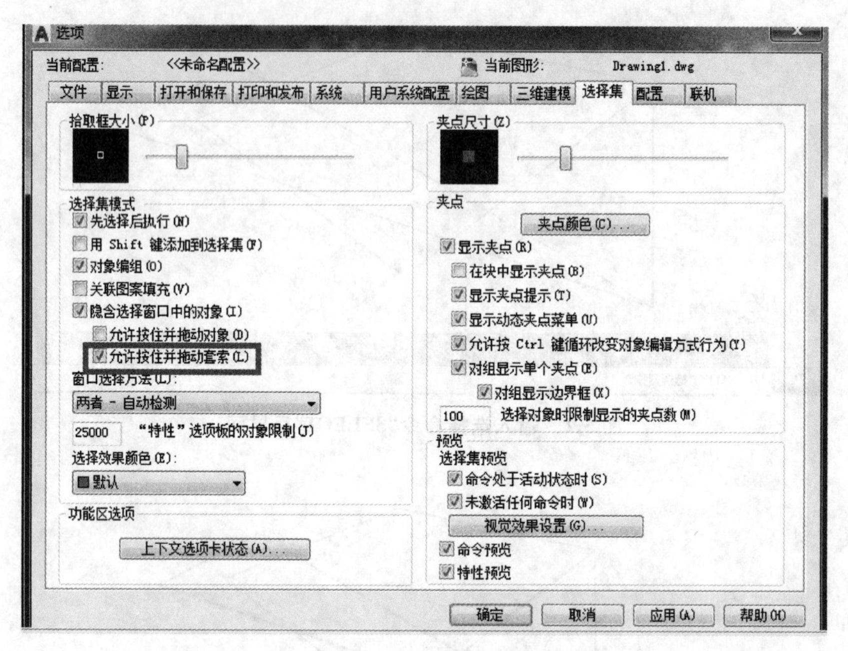

图 5.4 "选项"对话框

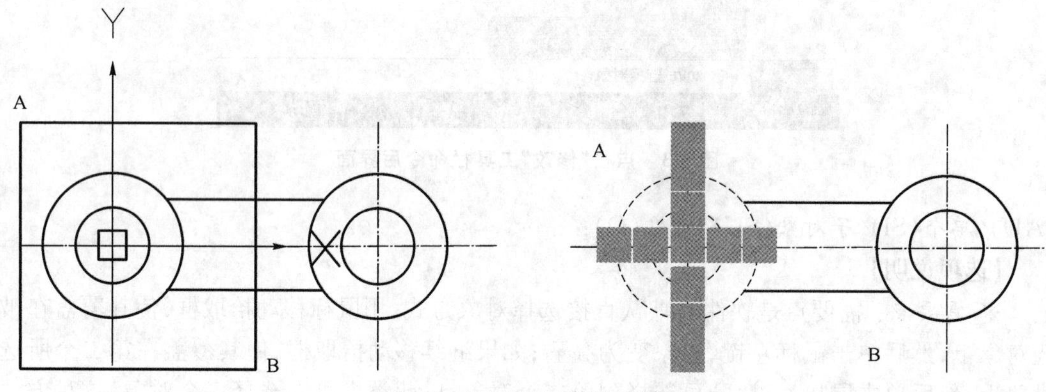

图 5.5 使用"窗口"选择对象

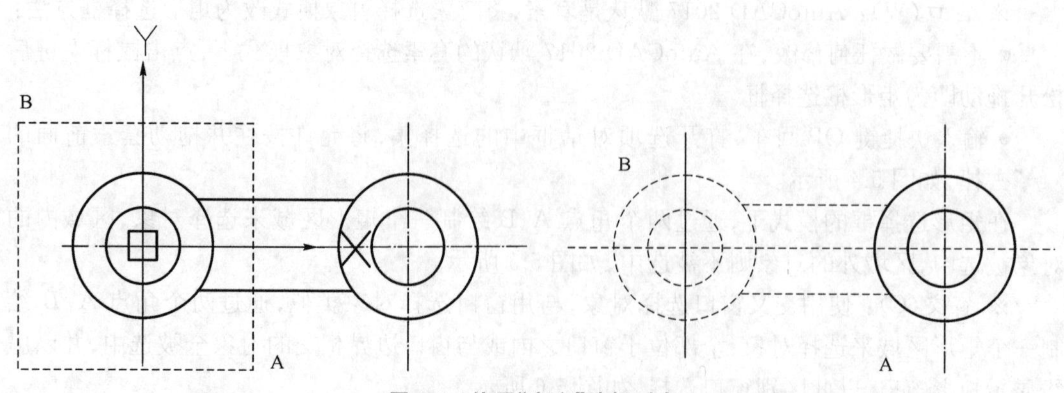

图 5.6 使用"窗交"选择对象

※ 圈围(WP)：AutoCAD 2017 默认长按鼠标左键拖动选择框为套索，鼠标从左侧通过套索窗口画出选择区域，区域内的对象被选中，区域外的对象则不被选中，如图 5.7 所示。

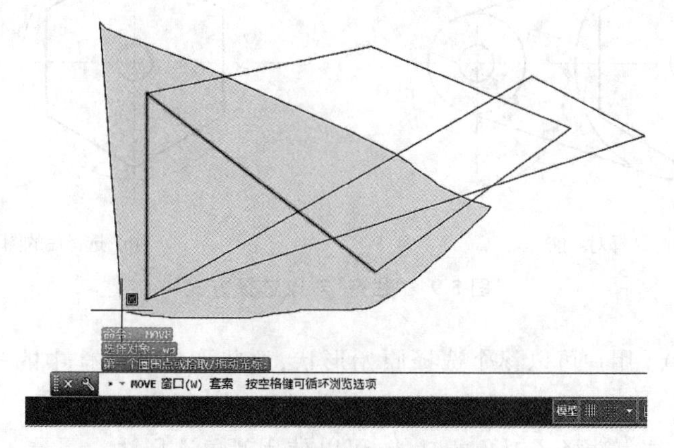

图 5.7　圈围选择对象界面

※ 圈交(CP)：鼠标从右侧向左侧通过套索窗口画出选择区域，凡完全落在该套索窗口内及与窗口线相交的图形对象均被选中，如图 5.8 所示。

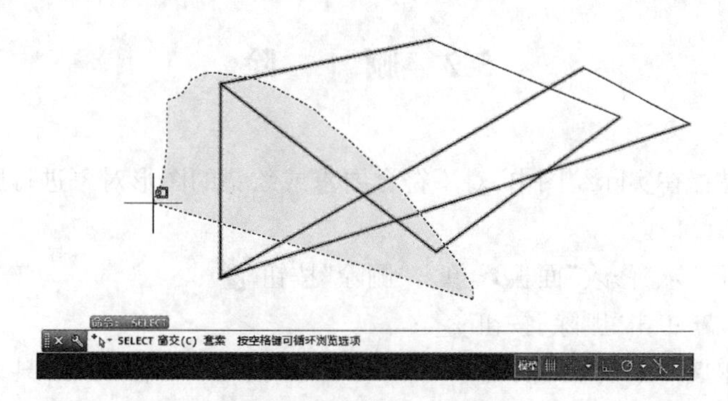

图 5.8　圈交选择对象界面

※ 上一个(L)：系统会自动选择最近一次创建的可见对象。

※ 框(BOX)：此种方法与“窗口方式”一样。

※ 全部(AAL)：选取图面上非冻结图层上的所有对象。

※ 栏选(F)：用户绘制一条任意的折线作为选择栏，并以虚线的形式显示在屏幕上，凡是与这条直线相交的对象均被选中。图 5.9b 所示为操作结果。

※ 编组(G)：用户事先将若干个对象编成组，用对其所命名的组名调用。

※ 添加(A)：添加下一个对象到事先已编组好的选择集中。

※ 删除(R)：按住【Shift】键，可以从选择集中移除已选取的对象。

※ 多个(M)：指定多次选择而不高亮显示对象，从而加快对复杂对象的选择过程。

※ 前一个(P)：选择最近创建的选择集。如果图形中删除对象后将清除该选择集。

※ 放弃(U)：用于取消选择最近加到选择集中的对象。

※ 自动(AU)：自动选择对象。

※ 单个(SI)：在该模式下，可选择指定的一个或一组对象，而不是连续提示进行更多选择。

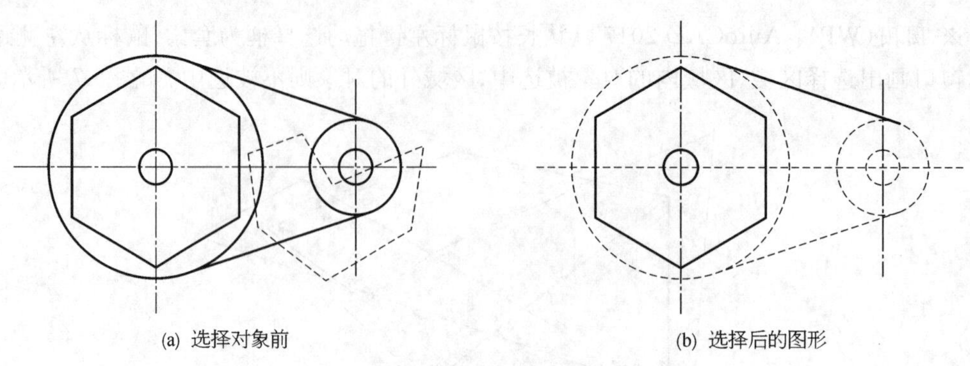

(a) 选择对象前　　(b) 选择后的图形

图 5.9 “栏选”对象选择方式

※ 子对象(SI):用户可以逐个选择原始形状,这些形状是实体中的一部分或三维实体上的顶点、边和面。用户可以选择或创建多个子对象的选择集。

※ 对象(O):结束选择子对象的功能,可以使用对象选择法。

使用中当系统提示“选择对象”时常常不需输入“?”只须直接在图中选择对象即可,系统会一直提示选择对象,此时只须按下“↙”键即可退出选择而进行后续操作。

5.2 删　　除

“删除”命令是指在实际绘图中,对不符合要求或绘错的图形对象进行删除清理的操作。

启用方法:

- “默认”选项卡➤“修改”面板➤单击“删除”按钮 ;
- “修改”菜单➤单击“删除”按钮 ;
- “工具”菜单➤“工具栏”按钮➤“AutoCAD”按钮➤“修改”工具条按钮 ,如图 5.10 所示。

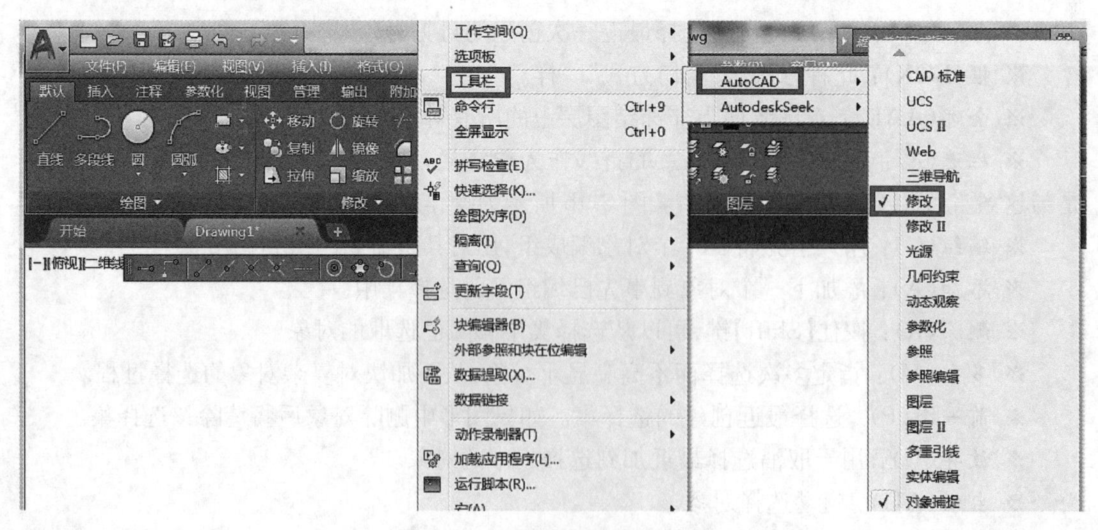

图 5.10 “修改”工具条的调用

进入系统提示：

erase 选择对象：选择要删除的对象↙

如果要删除图形对象，可以先选择对象后调用删除命令，也可以先调用删除命令后选择对象。此外，还可以使用键盘上的快捷键【Delete】来实现操作。

5.3 复制和偏移

5.3.1 复制对象

“复制”命令可以从已有的图形对象中复制出对象副本，并放置到指定的位置。对选择的对象做一次或多次复制。

启用方法：

- “默认”选项卡➤“修改”面板➤单击“复制”按钮；
- “修改”菜单➤单击“复制”按钮 ➤进入系统提示。

【例 5.1】 如图 5.11 所示，复制对象步骤如下。

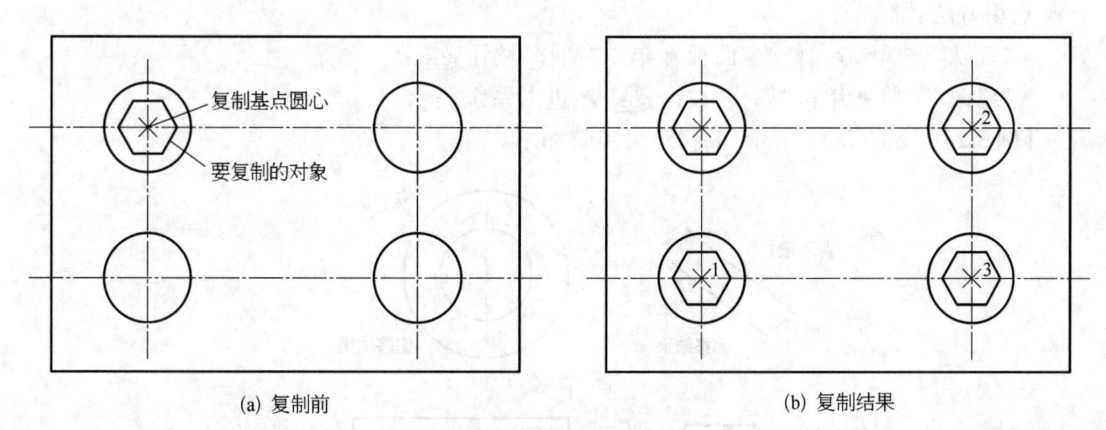

(a) 复制前　　(b) 复制结果

图 5.11 复制对象

单击“复制”按钮，进入系统提示：

Copy 选择对象：选择要复制的六边形↙

当前设置：复制模式＝单个

指定基点或[位移(D)/模式(O)]<位移>：o↙选择复制模式选项

输入复制模式选项[单个(S)/多个(M)]<单个>：m↙选择复制模式为多个

注：若当前复制模式为“多个”时，则不需进行复制模式的选项设置。

指定基点或[位移(D)/模式(O)]<位移>：用鼠标选择圆心为复制基点

指定第二个点或[阵列(A)]<使用第一个点作为位移>：用鼠标选择圆心点 1 为第一个复制对象定位点

指定第二个点或[阵列(A)/退出(E)/放弃(U)]<退出>：用鼠标选择圆心点 2 为第二个复制对象定位点

指定第二个点或[阵列(A)/退出(E)/放弃(U)]<退出>：用鼠标选择圆心点 3 为第三

个复制对象定位点

指定第二个点或[阵列(A)/退出(E)/放弃(U)]<退出>:↙结束命令

【选项说明】

※ 指定基点:指定要复制对象的定位点,可以准确将对象复制到指定位置。

※ 位移(D):用两点来确定复制对象和源对象的位移大小和方向。

※ 模式(O):复制模式有"单个"和"多个"两种,单个模式下复制完一个图形即结束复制,多个模式下系统会一直提示用户继续复制,直到按下"↙"方能结束复制。

※ 阵列(A):指定两点作为对象之间的距离和方向,将对象进行直线阵列复制,当对象有多个等距排列时,此选项特别好用。

此外,也可以不用"复制"按钮,先选择对象后,在绘图区单击右键调出快捷菜单,从快捷菜单上选择"复制选择"命令,同时也可以采用快捷键【Ctrl+C】和【Ctrl+V】来实现对象的复制和粘贴。

5.3.2 对象偏移

偏移对象是指对直线、圆、矩形等图形对象作同心偏移复制,对于直线因其圆心为无穷远,其偏移复制即为平行偏移复制。

启用方法:

- "默认"选项卡➤"修改"面板➤单击"偏移"按钮;
- "修改"菜单➤单击"偏移"按钮➤进入系统提示。

【例 5.2】 如图 5.12 所示,偏移对象步骤如下。

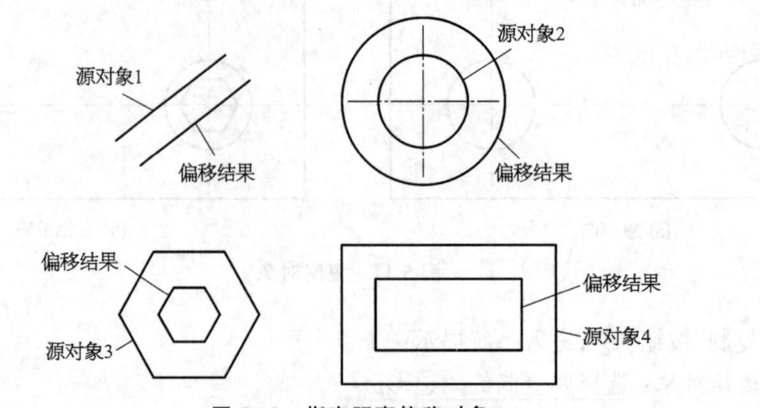

图 5.12 指定距离偏移对象

单击"偏移"按钮,进入系统提示:

当前设置:删除源=否 图层=源 OFFSETGAPTYPE=0

指定偏移距离或[通过(T)/删除(E)/图层(L)]<通过>:40↙指定偏移距离 40

选择要偏移的对象,或[退出(E)/放弃(U)]<退出>:点选源对象 1

指定要偏移的那一侧上的点,或[退出(E)/多个(M)/放弃(U)]退<出>:点选源对象下侧

选择要偏移的对象,或[退出(E)/放弃(U)]<退出>:点选源对象 2

指定要偏移的那一侧上的点,或[退出(E)/多个(M)/放弃(U)]<退出>:点选圆外一点

选择要偏移的对象,或[退出(E)/放弃(U)]<退出>:点选源对象 3

指定要偏移的那一侧上的点,或[退出(E)/多个(M)/放弃(U)]<退出>: 点选六边形内一点

选择要偏移的对象,或[退出(E)/放弃(U)]<退出>: 点选源对象4

指定要偏移的那一侧上的点,或[退出(E)/多个(M)/放弃(U)]<退出>: 点选矩形内一点

选择要偏移的对象,或[退出(E)/放弃(U)]<退出>: ↙结束偏移命令

【选项说明】

※ 指定偏移距离: 输入一个距离值作为源对象与新对象之间的距离。

※ 通过(T): 指定对象偏移的通过点,复制出的对象将经过该点。

※ 删除(E): 用于设置偏移后是否将源对象删除。

※ 图层(L): 选择将偏移对象创建在当前图层上还是源对象所在图层上。

5.4 镜像和阵列

5.4.1 镜像

绘图过程中经常会遇到一些复杂的对称图形,如某些底座、支架等,这时只须画出对称图形的一半,然后通过“镜像”命令将另一半图形以对称轴为镜像线进行对称复制,所以镜像命令是一个非常快捷方便的工具。

启用方法:

- “默认”选项卡➤“修改”面板➤单击“镜像”按钮;
- “修改”菜单➤单击“镜像”按钮 ➤进入系统提示。

【例5.3】 如图5.13所示,镜像图形步骤如下。

单击“镜像”按钮,系统将会在命令行提示:

选择对象: 以窗口选择方式选择要镜像的对象↙

指定镜像线的第一点: 左键捕捉镜像线的第一点1

指定镜像线的第二点: 左键捕捉镜像线的第二点2

要删除源对象吗? [是(Y)/否(N)]<否>: ↙确定不用删除源对象

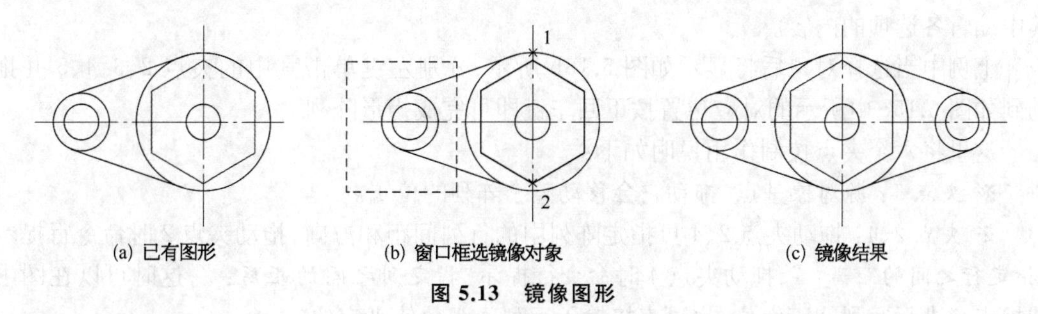

(a) 已有图形　　(b) 窗口框选镜像对象　　(c) 镜像结果

图5.13 镜像图形

5.4.2 阵列

“阵列”是指按照一定的规律均匀复制对象,一般有三种阵列复制形式: 生成成行成列的矩形阵列图形、生成在圆周上均匀分布的环形阵列图形、生成沿一定路径等距分布的路径

阵列图形。

启用方法:

● “默认”选项卡➤“修改”面板➤下拉“阵列”按钮➤单击相应阵列方式按钮(、或)➤进入系统提示,如图 5.14 所示。

图 5.14 三种阵列方式

● “修改”菜单➤单击“阵列”按钮,下拉➤单击相应阵列方式按钮(、或)。

下面通过实例操作来说明各种阵列命令的用法。

【例 5.4】 如图 5.15 所示,矩形阵列图形的步骤如下。

单击“矩形阵列”按钮,系统将会在命令行提示:

选择对象:选择小圆作为阵列源对象↙

类型=矩形 关联=是

选择夹点以编辑阵列或[关联(AS)/基点(B)/计数(COU)/间距(S)/列数(COL)/行数(R)/层数(L)/退出(X)]<退出>:以夹点操作方式在图中直接编辑完成后↙

提示中各选项是用来指定行列数和其间距的,若用键盘进行选项操作反而降低了绘图速度,这里直接在图中拖动夹点操作,同样可以确定行列数和间距,且非常快捷方便。或选择完阵列对象后,绘图区上方会出现“阵列创建”选项编辑器,如图 5.16 所示,也可以直接在其中编辑各选项的内容。

上例中当选择对象后将显示如图 5.15b 所示,分别左键单击其中的夹点 2、3、4、5 并拖动到如图 5.15c 中所示的对应位置按下回车键即可完成矩形阵列。

这里将六个夹点控制作用说明如下:

※ 夹点 1:源对象基点,拖动它会移动整个阵列的位置。

※ 夹点 2、4:拖动夹点 2、4 可指定阵列中的行列间距和方向,拖动夹点 2 时命令行提示“指定行之间的距离:”,拖动夹点 4 时命令行提示“指定列之间的距离:”,这时可以在图中捕捉点来进行行列间距定位,也可直接输入行列间距数值来定位。

※ 夹点 3、5:拖动夹点 3、5 可确定阵列的行列数,同样可以提供拖动定位或输入行列数来确定。

※ 夹点 6:拖动夹点 6 可以同时编辑行列数和行列方向,若用夹点 2、3、4、5 已经编辑好

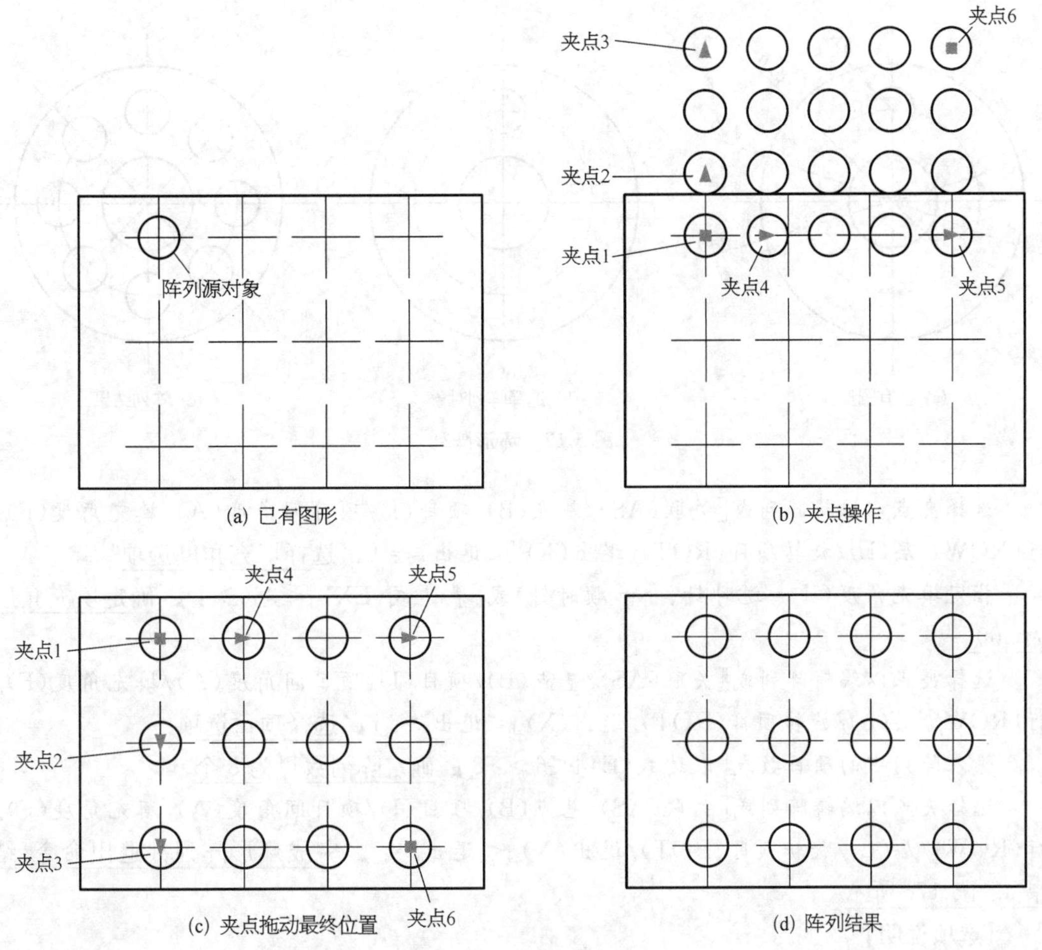

图 5.15 矩形阵列图形

图 5.16 创建矩形阵列选项卡

阵列图形则不需拖动夹点 6。

【例 5.5】 如图 5.17 所示,环形阵列图形的步骤如下。

单击"环形阵列"按钮 ,系统将会在命令行提示:

选择对象:指定对角点:找到 2 个<u>选择小圆 $\phi10$ 和垂直轴线作为环形阵列对象</u>

选择对象:↙<u>完成选择如图 5.17b 所示</u>

类型=极轴 关联=是

指定阵列的中心点或[基点(B)/旋转轴(A)]:<u>鼠标捕捉 $\phi20$ 圆心作为阵列中心点</u>

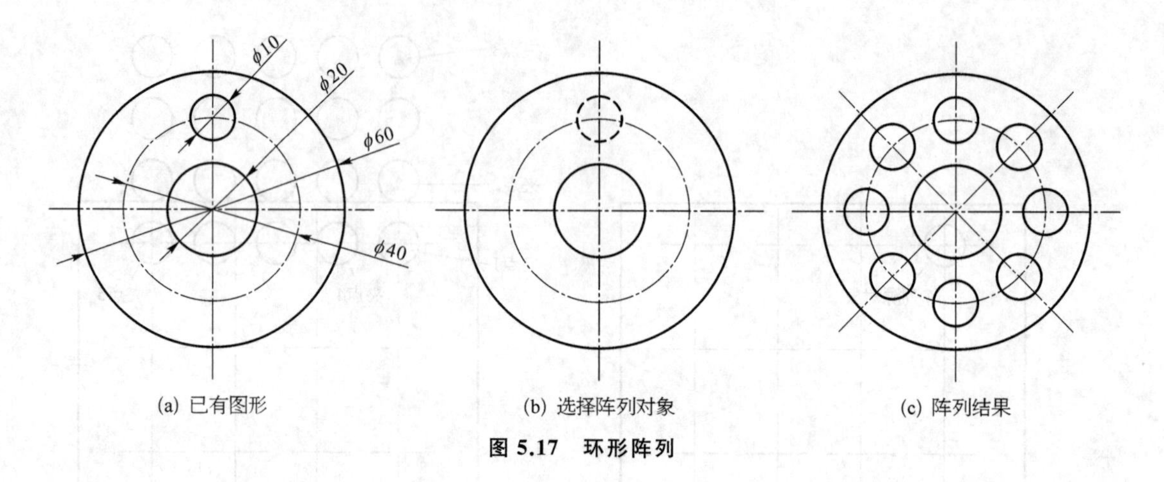

(a) 已有图形　　(b) 选择阵列对象　　(c) 阵列结果

图 5.17　环形阵列

选择夹点以编辑阵列或[关联(AS)/基点(B)/项目(I)/项目间角度(A)/填充角度(F)/行(ROW)/层(L)/旋转项目(ROT)/退出(X)]<退出>：f↙选择填充角度选项

指定填充角度(＋＝逆时针、－＝顺时针)或[表达式(EX)]<360>：↙确定填充角度为 360°

选择夹点以编辑阵列或[关联(AS)/基点(B)/项目(I)/项目间角度(A)/填充角度(F)/行(ROW)/层(L)/旋转项目(ROT)/退出(X)]<退出>：i↙选择项目选项

输入阵列中的项目数或[表达式(E)]<6>：8↙确定阵列数目为 8 个

选择夹点以编辑阵列或[关联(AS)/基点(B)/项目(I)/项目间角度(A)/填充角度(F)/行(ROW)/层(L)/旋转项目(ROT)/退出(X)]<退出>：↙完成环形阵列并退出命令，结果如图 5.17c 所示

【选项说明】

※ 基点：指定用于确定项目间角度的基准点。

※ 中心点：指定环形阵列的圆心。

※ 填充角度：设置阵列中第一个和最后一个元素的基点之间的包含角，默认值为 360。不允许值为 0。

※ 项目：设置在填充角度内阵列对象的数目。

※ 项目间角度：设置阵列相邻对象的基点之间的夹角。

※ 行：指定环形阵列的圈数。

※ 旋转项目：设置是否旋转阵列对象，旋转与否只在对非圆类图形对象进行阵列时有区别。

此例中，当指定阵列中心点之后，会自动弹出“创建阵列”选项编辑器，如图 5.18 所示。上述各选项内容均可直接在“创建阵列”选项编辑器中进行编辑，也可以拖动夹点进行操作。

【例 5.6】　如图 5.19 所示，路径阵列图形的步骤如下。

单击“路径阵列”按钮，系统将会在命令行提示：

选择对象：找到 1 个选择小圆作为阵列对象

选择对象：↙完成选择

类型＝路径　关联＝是

图 5.18 创建环形阵列选项卡

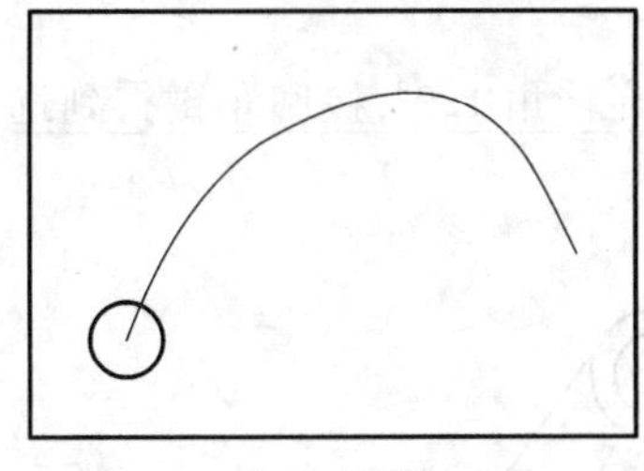

(a) 已有图形

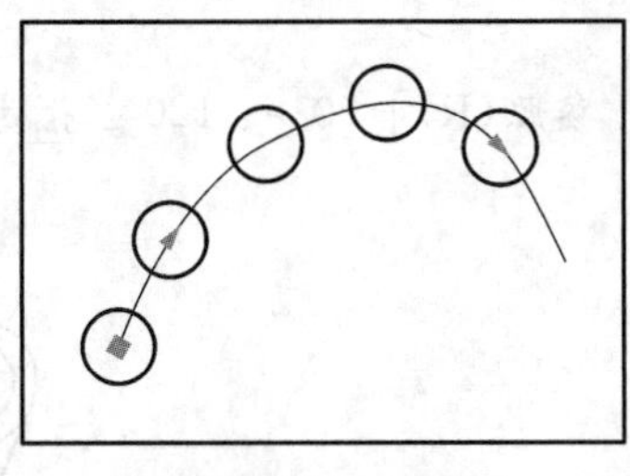

(b) 选项编辑或夹点操作

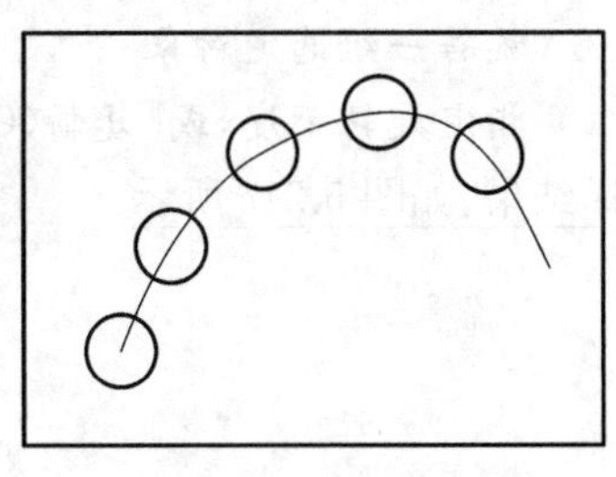

(c) 阵列结果

图 5.19 路径阵列

选择路径曲线：选择曲线作为路径曲线

选择夹点以编辑阵列或[关联(AS)/方法(M)/基点(B)/切向(T)/项目(I)/行(R)/层(L)/对齐项目(A)/Z方向(Z)/退出(X)]<退出>：各选项在图5.20所示的“阵列创建”选项卡中进行编辑，项数为5个，项目间距为9.118 9

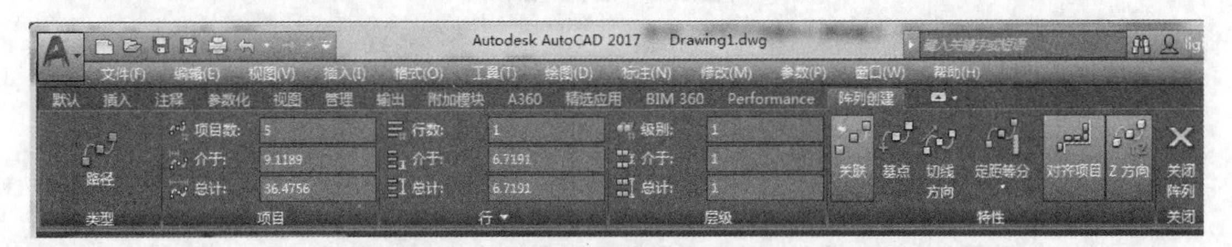

图 5.20 创建路径阵列选项卡

选择夹点以编辑阵列或[关联(AS)/方法(M)/基点(B)/切向(T)/项目(I)/行(R)/层(L)/对齐项目(A)/Z方向(Z)/退出(X)]<退出>：↙完成路径阵列，结果如图5.19c所示

上述操作也可以在图5.19b中拖动夹点进行操作。

5.5 旋转和平移

5.5.1 旋转

“旋转”命令能将图形对象围绕指定的基点旋转一定的角度。

启用方法：

- “默认”选项卡➤“修改”面板➤单击“旋转”按钮；

● “修改”菜单➤单击“旋转”按钮。

【例 5.7】 如图 5.21 所示,“旋转”图形对象的步骤如下。

启用“旋转”命令,系统将会在命令行提示:

UCS 当前的正角方向:ANGDIR=逆时针 ANGBASE=0

选择对象:指定对角点:找到 6 个选择旋转对象如图 5.21b 虚线所示

选择对象:↙完成选择

指定基点:鼠标指定图中 *A* 点为旋转中心

指定旋转角度,或[复制(C)/参照(R)]<0>:c↙选择“复制”选项,以保留源对象

旋转一组选定对象

指定旋转角度,或[复制(C)/参照(R)]<0>:120↙指定旋转角 120°,按回车键得到选择结果,如图 5.21c 所示

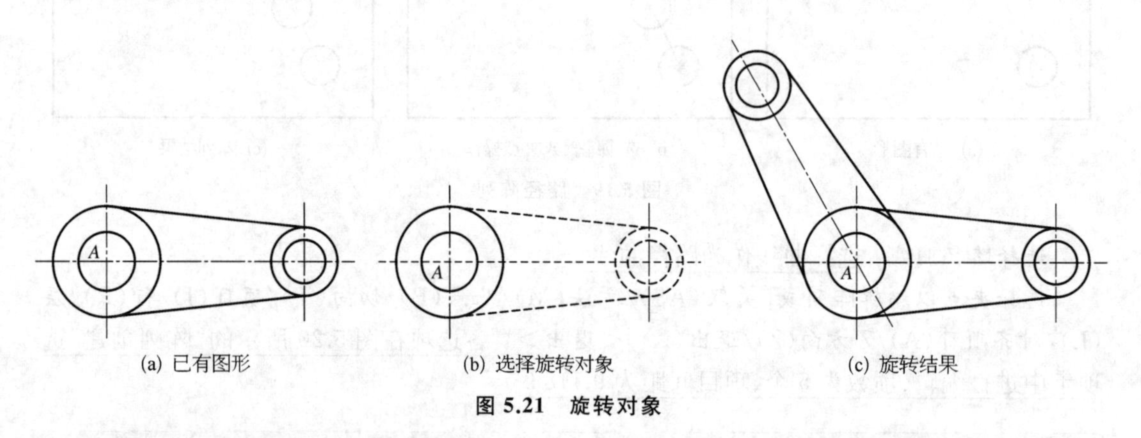

(a) 已有图形 (b) 选择旋转对象 (c) 旋转结果

图 5.21 旋转对象

【选项说明】

※ 基点:指对象的旋转中心。

※ 旋转角度:图形对象绕基点旋转的角度,逆时针旋转为正,顺时针旋转为负。

※ 复制(C):选择该选项时在创建所要旋转对象的副本时将保留源对象。

※ 参照:采用参考方向旋转对象,选择此项时系统会有如下提示:

指定参照角<20>:0↙输入参照角

指定新角度或[点(P)]<70>:−50↙输入新角度或指定两点来确定新的角度,对象最终的旋转角等于新角度减去参照角,如此处为顺时针选择 50°

此外,除了上述方法之外,用户还可以通过采用拖动鼠标的方法来旋转图形对象。选择图形对象之后,指定旋转基点,这时从基点到当前光标位置会出现一条连线,移动鼠标,选择的对象会动态地随着该连线与水平方向的夹角变化而旋转,此时只要调整到所需要的旋转位置,回车确认即可。

5.5.2 移动

“移动”是指将图形对象在指定的方向上移动指定的距离,只是图形对象的位置发生变化,但图形本身的大小和方向不改变。

启用方法:

● “默认”选项卡➤“修改”面板➤单击“移动”按钮;

- “修改”菜单➤单击“移动”按钮。

【例 5.8】 如图 5.22 所示图形,“移动”图形对象的步骤如下。

启用“移动”命令,系统将会在命令行提示:

选择对象:指定对角点:找到 3 个选择小圆及其中心线为移动源对象

选择对象:↙完成选择

指定基点或[位移(D)]<位移>:鼠标单击捕捉点 A 为基点

指定第二个点或<使用第一个点作为位移>:鼠标捕捉点 B 为移动目标点,单击完成移动,结果如图 5.22b 所示

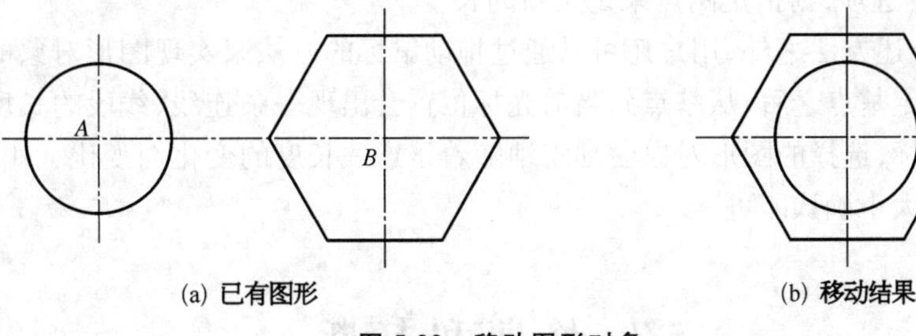

图 5.22 移动图形对象

5.6 缩　放

“缩放”可以将对象按照指定比例放大或者缩小,输入的比例因子大于 1 时放大图形对象,输入比例因子介于 0 和 1 之间时缩小对象,缩放图形对象时也需要指定基点。

启用方法:

- “默认”选项卡➤“修改”面板➤单击“比例”按钮;
- “修改”菜单➤单击“比例”按钮。

【例 5.9】 如图 5.23 所示,“缩放”命令的操作步骤如下。

启用“缩放”命令,系统将会在命令行提示:

选择对象:指定对角点:找到 2 个选择要缩放的图形对象,如图 5.23b 虚线所示

选择对象:↙完成选择

指定基点:鼠标捕捉如图 5.23b 所示的点 A 作为缩放的基点

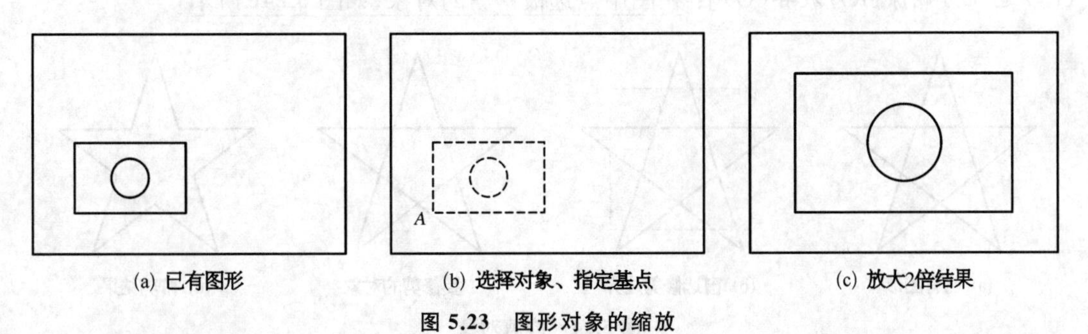

图 5.23 图形对象的缩放

指定比例因子或[复制(C)/参照(R)]：2↙输入比例因子 2,回车结束缩放,结果如图 5.23c 所示

【选项说明】

※ 复制(C)：该选项可以复制缩放对象,即在缩放对象的同时,保留源对象。

※ 参照(R)：采用参考方向缩放对象时,系统会有如下提示：

指定参照长度<1>：输入参考长度值↙

指定新的长度或[点(P)]<1.0000>：输入新的长度值↙

若新长度值大于参考长度值,则表现为放大图形对象,反之则表现为缩小图形对象。如果选择“[点(P)]”选项,则指定两点来定义新的长度。

此外,除了上述方法之外,用户还可以通过拖动鼠标的方法来实现图形对象的缩放。在选择对象并已指定基点之后,从基点到当前光标位置会出现一条连线,线段的长度即为比例的大小。拖动鼠标,选择的图形对象会动态地随着该连线长度的变化而变化大小,这时只要调整好所需缩放大小确认即可。

5.7 修剪和打断

5.7.1 修剪

“修剪”命令用来修剪图形对象,先选定一条图形对象作为剪切边,即作为剪刀,剪掉另一图形对象,被剪图形与剪切边可以时直接相交,也可以是与剪切边的延伸段相交。

启用方法：

- “默认”选项卡➤“修改”面板➤单击“修剪”按钮 -/--；
- “修改”菜单➤单击“修剪”按钮 -/--。

【例 5.10】 如图 5.24 所示,“修剪”命令的操作过程如下。

启用修剪命令后,系统进入提示：

选择剪切边...

选择对象或<全部选择>：指定对角点：找到 5 个如图 5.24b 所示,以窗选方式选中 5 条边作剪刀

选择对象：↙完成选择

选择要修剪的对象,或按住【Shift】键选择要延伸的对象,或[栏选(F)/窗交(C)/投影(P)/边(E)/删除(R)/放弃(U)]：在图中点选被修剪的对象,如图 5.24c 所示

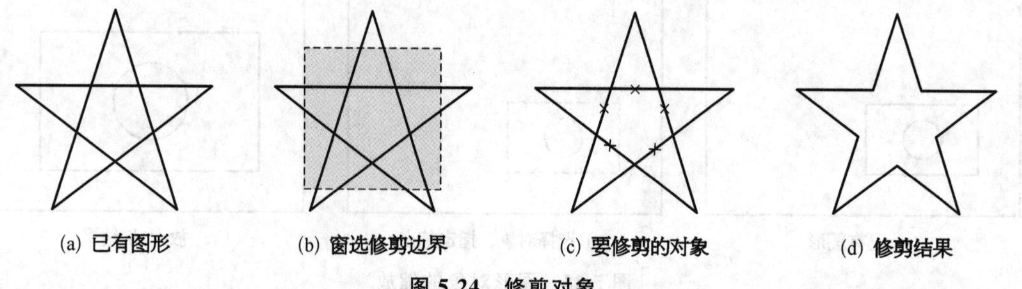

(a) 已有图形　(b) 窗选修剪边界　(c) 要修剪的对象　(d) 修剪结果

图 5.24 修剪对象

选择要修剪的对象,或按住【Shift】键选择要延伸的对象,或[栏选(F)/窗交(C)/投影(P)/边(E)/删除(R)/放弃(U)]:↙完成修剪,结果如图 5.24d 所示

【选项说明】

※ 剪切边:是指作为修剪边界即剪刀的图形对象,可以选择多个。

※ 要修剪的对象:是指要修剪的图形对象,可以选择多个修剪对象。

※ 按住【Shift】键选择要延伸的对象:配合【Shift】键进行操作,延伸选定对象而不是修剪选定对象,该选项便于在修剪命令和延伸命令之间切换。

※ 栏选(F):系统以栏选的方式来选择被修剪对象。

※ 窗交(C):系统以窗交的方式来选择被修剪对象。

※ 投影(P):该选项主要用于指定执行修剪的空间,通常主要应用于三维空间中两个对象的修剪。

※ 边(E):选择此选项时系统将提示"输入隐含边延伸模式[延伸(E)/不延伸(N)]<当前>:"信息,如果选择"延伸(E)"选项,当剪切边太短而且没有与被修剪对象相交时,可延伸修剪边,然后进行修剪;如果选择"不延伸(N)"时,只有当剪切边与被剪对象真正相交时,才能进行修剪。

※ 删除(R):此选项用于删除选定的图形对象。

※ 放弃(U):选择此选项,将撤销"修剪"命令中所做的最近一次选择操作。

5.7.2 打断

"打断"是指以给定的两点将一个图形对象分解成两部分,并将两点之间的部分删除。

启用方法:

- "默认"选项卡➤"修改"面板➤单击"打断"按钮;
- "修改"菜单➤单击"打断"按钮。

【例 5.11】 如图 5.25 所示,"打断"命令的操作过程如下。

启用"打断"命令,命令行提示:

选择对象:选择要打断的图形对象,选择点在如图 5.25b 所示的点 A,系统将默认此点为第一断点

指定第二个打断点或[第一点(F)]:选择如图 5.25b 所示的点 B 作为第二断点,完成打断命令,结果如图 5.20b 所示

对于圆或矩形等封闭图形使用打断命令时,系统将沿逆时针方向把第一断点和第二断点之间的部分删除,如图 5.25c 与 5.25b 的不同。

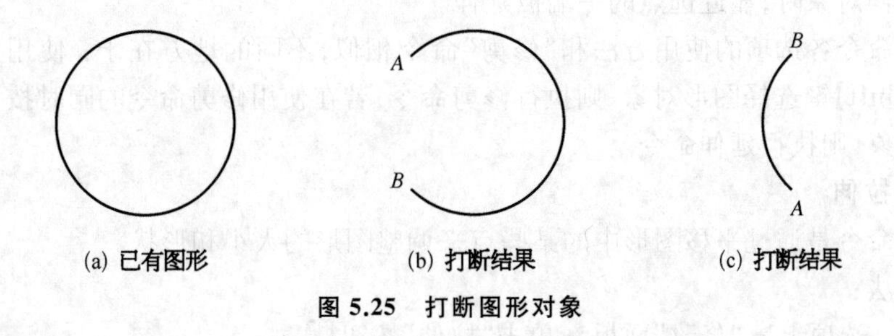

(a) 已有图形　(b) 打断结果　(c) 打断结果

图 5.25　打断图形对象

【选项说明】

※ 第一点(F):用于准确指定第一断点。

AutoCAD 2017 还提供了一种“打断于点”的命令,其按钮为 ,此命令与“打断”命令的区别在于断点只有一个,以断点为分界点,图形对象被一分为二,但完整的圆无法使用此命令。

5.8　延伸、拉伸和拉长

5.8.1　延伸

“延伸”命令能使图形对象延伸至指定的边界。

启用方法:

- “默认”选项卡➤“修改”面板➤单击“延伸”按钮 ;
- “修改”菜单➤单击“延伸”按钮 。

【例 5.12】　如图 5.26 所示,“延伸”命令的操作过程如下。

启用“延伸”命令,命令行提示:

选择对象或<全部选择>:找到 1 个选择边界对象,如图 5.26a 所示

选择对象:↙完成边界选择

选择要延伸的对象,或按住【Shift】键选择要修剪的对象,或[栏选(F)/窗交(C)/投影(P)/边(E)/放弃(U)]:选择要延伸的对象,如图 5.26b 所示

选择要延伸的对象,或按住【Shift】键选择要修剪的对象,或[栏选(F)/窗交(C)/投影(P)/边(E)/放弃(U)]:↙结束命令,得到延伸结果如图 5.26c 所示

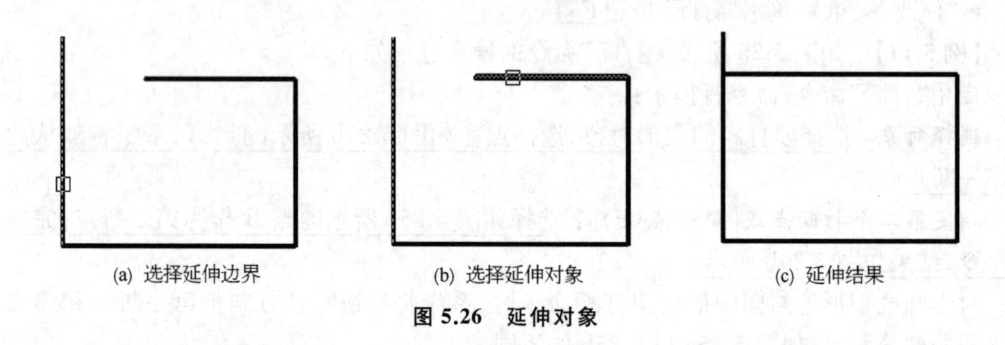
(a) 选择延伸边界　(b) 选择延伸对象　(c) 延伸结果

图 5.26　延伸对象

选择延伸对象时,靠近选点的一端被延伸。

“延伸”命令各选项的使用方法和“修剪”命令相似,不同的地方在于:使用延伸命令的同时按下【Shift】键选择图形对象,则执行修剪命令;若在使用修剪命令的同时按下【Shift】键选择图形对象,则执行延伸命令。

5.8.2　拉伸

“拉伸”命令是通过平移图形中的某些点来调整图形的大小和形状。

启用方法:

- “默认”选项卡➤“修改”面板➤单击“拉伸”按钮 ;
- “修改”菜单➤单击“拉伸”按钮 。

【例 5.13】　如图 5.27 所示,“拉伸”命令的操作过程如下。

启用拉伸命令,命令行提示:

以交叉窗口或交叉多边形选择要拉伸的对象...

选择对象:指定对角点:找到 4 个如图 5.27b 所示窗选要拉伸的对象

选择对象:↙完成选择

指定基点或[位移(D)]<位移>:指定拉伸的基点

指定第二个点或<使用第一个点作为位移>:指定拉伸的移至点,有该点和基点连线确定拉伸距离和方向,拉伸结果如图 5.27c 所示

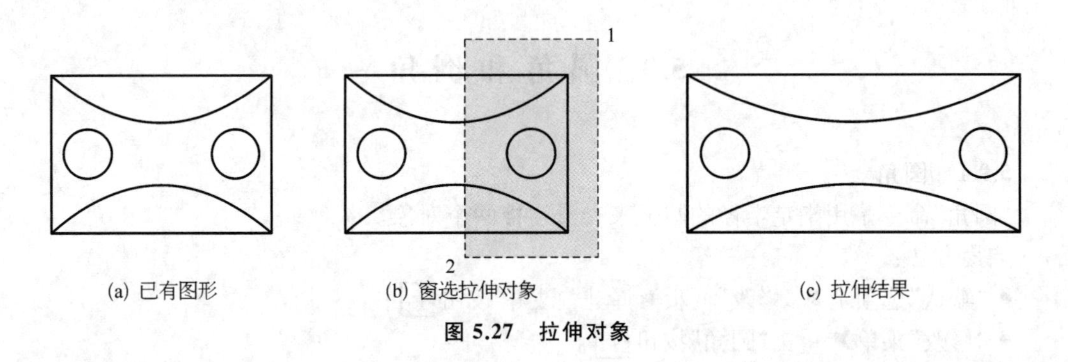

(a) 已有图形　(b) 窗选拉伸对象　(c) 拉伸结果

图 5.27　拉伸对象

选择拉伸对象时,只能用交叉窗口方式如图 5.27b 所示。完全在窗口内的实体拉伸时只作平移,如图 5.27b 中的右边小圆,完全在窗口外的实体拉伸时不作任何改变,如图 5.27b 中的左边小圆,和窗口相交的实体被拉伸或压缩,如图 5.27b 中的两段圆弧和矩形框。

直线、圆弧、区域填充和多段线等对象均可拉伸,而点、圆、椭圆、文本、图块不能拉伸。

5.8.3　拉长

"拉长"命令可以按指定的方式拉长或缩短图形对象的长度。

启用方法:

- "默认"选项卡➤"修改"面板➤单击"拉长"按钮;
- "修改"菜单➤单击"拉长"按钮。

【例 5.14】　如图 5.28 所示,"拉长"命令的操作过程如下。

启用"拉长"命令,命令行提示:

选择要测量的对象或[增量(DE)/百分比(P)/总计(T)/动态(DY)]:<总计(T)> de↙选择拉长"增量"

输入长度增量或[角度(A)]<100.0000>:500↙输入长度增量值为 500

选择要修改的对象或[放弃(U)]:图中点选圆弧靠近点 B 端

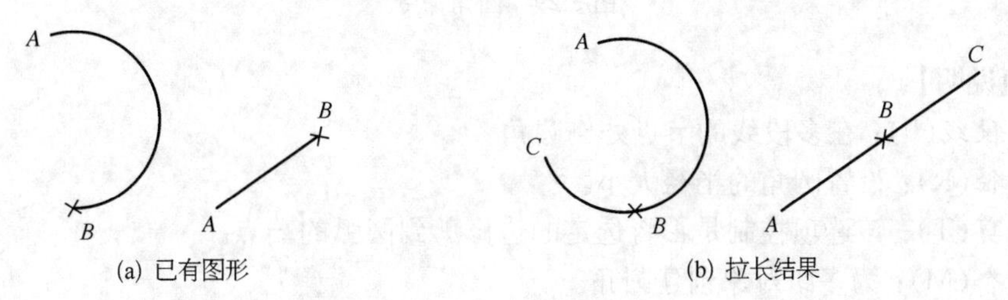

(a) 已有图形　(b) 拉长结果

图 5.28　拉伸对象

选择要修改的对象或[放弃(U)]：图中点选直线靠近点 B 端

选择要修改的对象或[放弃(U)]：↙回车结束命令，拉长结果如图 5.28b 所示

【选项说明】

※ 增量(DE)：是用指定长度增量或圆弧的包含角增量来改变图形对象的长度。

※ 百分数(P)：用指定占总长度百分比的方法改变圆弧或直线段的长度。

※ 全部(T)：用给定新的总长度或总角度值的方法来改变对象的长度或角度。

※ 动态(D)：允许用户动态的改变圆弧或者直线的长度。

5.9 圆角和倒角

5.9.1 圆角

"圆角"命令是用指定半径的圆弧来光滑连接两个对象。

启用方法：

- "默认"选项卡➤"修改"面板➤单击"圆角"按钮；
- "修改"菜单➤单击"圆角"按钮。

【例 5.15】 如图 5.29 所示，倒圆角的过程如下。

启用圆角命令，命令行提示：

选择第一个对象或[放弃(U)/多段线(P)/半径(R)/修剪(T)/多个(M)]：R 选择半径选项

指定圆角半径<50.0000>：20↙指定半径值为 20

选择第一个对象或[放弃(U)/多段线(P)/半径(R)/修剪(T)/多个(M)]：选择一条边，如图 5.29a 所示

选择第二个对象，或按住【Shift】键选择对象以应用角点或[半径(R)]：选择另一条边，如图 5.29b 所示，结束命令，倒圆角结果如图 5.29c 所示

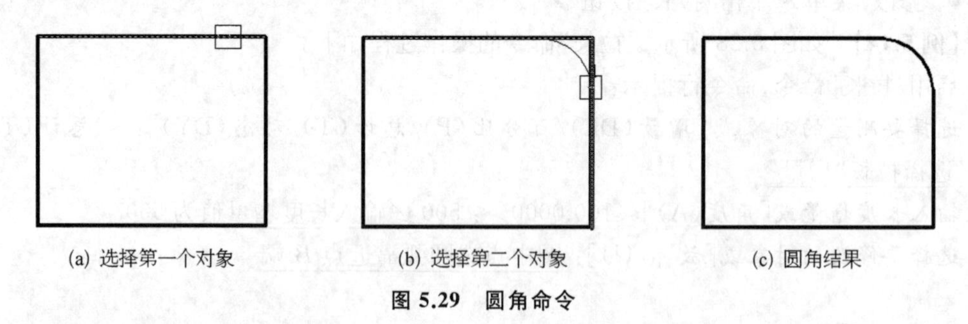

(a) 选择第一个对象　(b) 选择第二个对象　(c) 圆角结果

图 5.29 圆角命令

【选项说明】

※ 多段线(P)：在多段线的节点处倒圆角。

※ 半径(R)：设置圆角的半径大小。

※ 修剪(T)：该选项控制是否将选定的边修剪到圆弧的端点。

※ 多个(M)：为多组对象创建圆角。

此外，绘制圆角还要遵循以下规则：

① 如果圆角的半径太大，则不能修圆角。

② 对于两条平行线修圆角时，自动将圆角的半径定为两条平行线间距的一半。

③ 如果指定半径为0，则不产生圆角，只是将两个对象延长相交。

④ 如果修圆角的两个对象具有相同的图层、线型和颜色，则圆角对象也与其相同，否则圆角对象采用当前图层、线型和颜色。

5.9.2 倒角

"倒角"命令是指用斜线来连接两个对象。

启用方法：

- "默认"选项卡➤"修改"面板➤单击"倒角"按钮；
- "修改"菜单➤单击"倒角"按钮。

【例5.16】 如图5.30所示，"倒角"操作过程如下。

启用倒角命令，命令行提示：

选择第一条直线或[放弃(U)/多段线(P)/距离(D)/角度(A)/修剪(T)/方式(E)/多个(M)]：D 选择距离选项，以确定倒角距离

指定第一个倒角距离＜0.0000＞：10↙第一个倒角距离为10

指定第二个倒角距离＜10.0000＞：↙第二个倒角距离仍为10

选择第一条直线或[放弃(U)/多段线(P)/距离(D)/角度(A)/修剪(T)/方式(E)/多个(M)]：选择倒角边

选择第二条直线，或按住【Shift】键选择直线以应用角点或[距离(D)/角度(A)/方法(M)]：选择倒角边，结束命令，结果如图5.30b所示

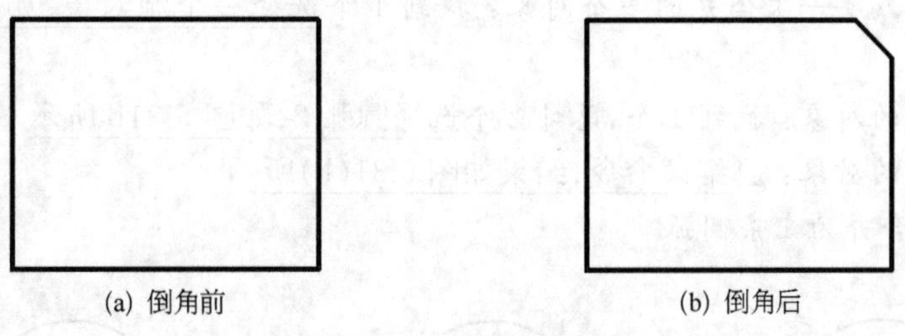

(a) 倒角前　　(b) 倒角后

图5.30 倒角命令

"倒角"和"倒圆角"命令的相应选项一样，但倒角的两条斜边长度可以不等，所以多出几个选项，说明如下：

【选项说明】

※ 距离(D)：选择倒角的两个斜线距离。这两个斜线距离可以相同也可以不同，若二者皆为0，则系统不会绘制连接，而是把两个对象延伸至相交。

※ 角度(A)：选择第一条直线的斜线距离和第一条直线的倒角角度。

※ 方式(E)：该选项用来控制是使用两个距离，还是使用一个距离和一个角度来绘制倒角。

此外，绘制倒角还要遵循下列规则：

① 绘制倒角时，倒角距离或倒角角度不能太大，否则无效。

② 如果两条直线平行或发散时不能创建倒角。

5.10 分解和合并

5.10.1 分解

"分解"命令是将一个复合对象分解成为多个相互独立的对象以便对其进行局部修改。如矩形、多段线、正多边形、图块、剖面线、尺寸、面域等均可被分解。

启用方法:

- "默认"选项卡➤"修改"面板➤单击"分解"按钮;
- "修改"菜单➤单击"分解"按钮。

启用分解命令后系统将会在命令行提示:

选择对象:选择要分解的图形对象↙

比如用矩形命令绘制的矩形是一个整体,分解后就变成单独的四条边了。

5.10.2 合并

"合并"命令和"分解"命令相反,是将独立的图形对象合并为一个对象。

启用方法:

- "默认"选项卡➤"修改"面板➤单击"合并"按钮;
- "修改"菜单➤单击"合并"按钮 。

【例 5.17】 如图 5.31a 所示图形,通过"延伸"命令将其绘制成如图 5.31c 所示图形。

启用分解命令后系统将会在命令行提示:

选择源对象或要一次合并的多个对象:找到 1 个选择一个源对象,如图 5.31b 所示圆弧 1

选择要合并的对象:找到 1 个,总计 2 个选择圆弧 2,如图 5.31b 所示

选择要合并的对象:↙结束命令,结果如图 5.31(b)所示

2 条圆弧已合并为 1 条圆弧

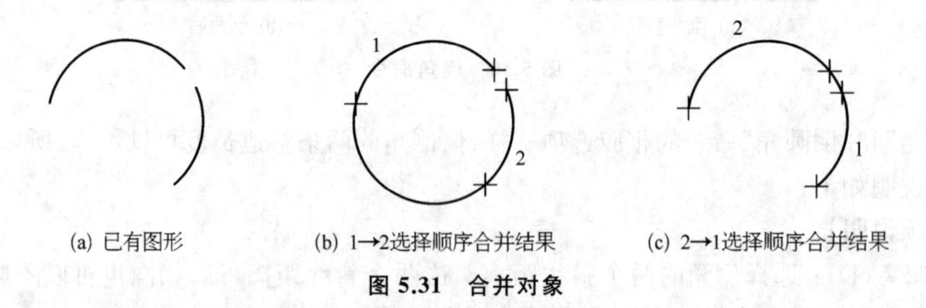

(a) 已有图形　(b) 1→2选择顺序合并结果　(c) 2→1选择顺序合并结果

图 5.31 合并对象

此外,执行合并"命令"时还要遵循下列规则:

① 在选择源对象时,只能够选择一条直线、开放的多段线、圆弧、椭圆弧或开放的样条曲线。

② 合并圆弧或椭圆弧时,将从源对象开始按逆时针方向合并,如图 5.31b 和图 5.31c 的不同。

5.11 多线编辑

在 AutoCAD 2017 中,“编辑多线”命令按钮缺省状态下工具条和选项面板中都没有,可以通过自定义把它提取出来放在工具条中,或者用如下启用方法:

- “修改”菜单➤“对象”➤单击“多线”按钮;
- 双击要编辑的多线。

执行上述任何操作,系统均会弹出“多线编辑工具”对话框,如图 5.32 所示。

图 5.32 “多线编辑工具”对话框

该对话框提供了多种类型的多线编辑工具,要使用其中的某一个工具只须在该对话框中单击该工具的图标,然后执行相应的选择操作。

【选项说明】

※ 3 个十字工具可以合并各相交线,并且该命令总是切断所选的第一条多线,并根据所选工具再切断第二条多线。

※ 使用 3 个“T”形工具和“角点结合”工具也可以合并相交线。此外,“角点结合”工具还可以消除多线一侧的延伸线,在使用时,也需要选取两条多线,用户在想保留的多线某部分上拾取参考点,系统就会将多线裁剪或者延伸到它们的相交点。

※ 使用“添加顶点”工具可以为多线增加若干顶点,使用“删除顶点”工具则可从包含顶点的多线上删除顶点,所选取的多线必须包含 3 个以上顶点,否则此工具无效。

※ 使用“剪切”工具可以切断多线,其中“单个剪切”工具用于切断多线中的一条,只须简单地拾取要切断的多线某一条上的两点,这两点中的部分将被剪切掉;“全部剪切”工具用于切断整条多线。

※ 使用"全部接合"工具可以显示所选两点间的任何切断部分。

5.12 多段线编辑

在 AutoCAD 2017 中,用户可以编辑一条多段线,也可以同时编辑多条多段线。

启用方法:

- "默认"选项卡➤"修改"面板➤单击"编辑多段线"按钮;
- "修改"菜单➤"对象"下拉➤单击"编辑多段线"按钮。

启用多段线编辑命令后命令行提示:

选择多段线或[多条(M)]: 只选择一条多段线,命令行将显示如下提示信息

输入选项[闭合(C)/合并(J)/宽度(W)/编辑顶点(E)/拟合(F)/样条曲线(S)/非曲线化(D)/线型生成(L)/反转(R)/放弃(U)]:

选择多段线或[多条(M)]: M↙选择多条多段线,命令行将显示如下提示信息

输入选项[闭合(C)/打开(O)/合并(J)/宽度(W)/拟合(F)/样条曲线(S)/非曲线化(D)/线型生成(L)/反转(R)/放弃(U)]:

如果选择的对象不是多段线,命令行将显示如下提示信息

是否将其转化为多段线? <Y>如果输入"Y",则可以将选中的对象转换为多段线再进行编辑

【选项说明】

※ 闭合(C): 用于多段线的首尾封闭。

※ 合并(J): 用于将直线段、圆弧段或者多段线合并为一个整体。

※ 宽度(W): 用于设置多段线的线宽,每段线宽首尾可以不同。

※ 编辑顶点(E): 用于编辑多段线的顶点,该选项只能对单条多段线操作。

※ 拟合(F): 采用双圆弧曲线拟合多段线的拐角。

※ 样条曲线(S): 采用样条曲线拟合多段线,且拟合时以多段线的各顶点作为样条曲线的控制点。

※ 非曲线化(D): 用于删除在执行"拟合(F)"或"样条曲线(S)"选项操作时插入的多余顶点,并拉直多段线中的所有线段,同时保留多段线顶点的所有切线信息。

※ 线型生成(L): 用于设置非连续线型多段线在各个顶点处的绘制方式。

5.13 样条曲线编辑

启用方法:

- "默认"选项卡➤"修改"面板➤单击"编辑样条曲线"按钮;
- "修改"菜单➤"对象"下拉➤单击"编辑样条曲线"按钮。

启用编辑样条曲线命令后,命令行提示:

选择样条曲线: 选择需要编辑的样条曲线

输入选项[闭合(C)/合并(J)/拟合数据(F)/编辑顶点(E)/转换为多段线(P)/反转(R)/放弃(U)/退出(X)]<退出>：选择相应的选项进行编辑，不同的选项会有不同的进一步选项提示，用户根据提示按需要操作即可

【选项说明】

※ 闭合(C)：用于首尾封闭所编辑的样条曲线。

※ 拟合数据(F)：用于编辑样条曲线所通过的某些控制点。

※ 编辑顶点(E)：用于移动样条曲线上的控制点。

※ 转换为多段线(P)：选项能将所编辑的样条曲线转换为多段线。

※ 反转(E)：用于使样条曲线的开口方向相反。

5.14 特 性 编 辑

对象特性包含常规特性和几何特性。常规特性又包括颜色、线型、图层及线宽等；几何特性包括对象的尺寸和位置等，用户可以通过“特性选项板”窗口来修改和设置对象的这些特性。

启动方法：

● “默认”选项卡➤单击“特性”面板右下角的按钮箭头，如图 5.33 所示。

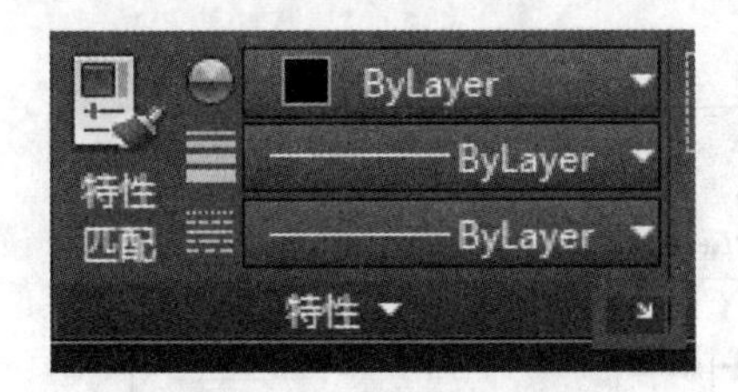

图 5.33　启动“特性”对话框

● “修改”菜单➤“特性”按钮 。

执行上述操作，系统弹出“特性”对话框，如图 5.34 所示。

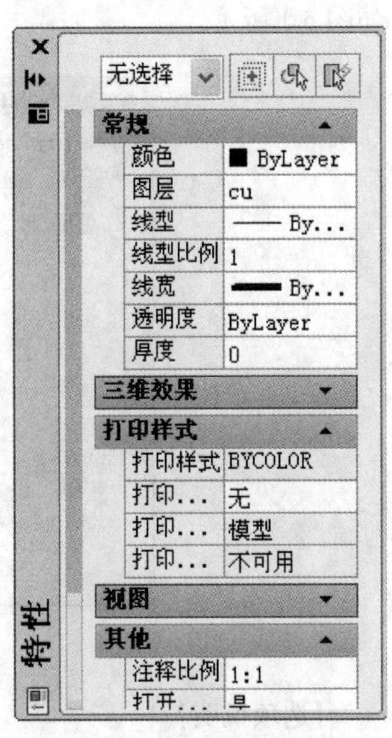

5.34　“特性”对话框

“特性”对话框中显示了当前所选择的对象的所有特性和特性值，如果用户没有选择对象，窗口显示整个图纸的特性及当前设置；若用户选择了统一类型的多个对象，则窗口内列出这些对象的共有特性和当前设置；若用户选择了不同类型的多个对象，则窗口内只列出这些对象的基本特征及其当前设置，如颜色、图层、线型、线型比例、打印样式、线宽、超链接和厚度等。用户可以对这些特性进行修改和设置，对象也将改变为新的属性。

第6章 尺 寸 标 注

AutoCAD包含了一套完整的尺寸标注命令和实用程序，以满足不同行业或不同国家的尺寸标注标准。本教程根据我国机械制图标准来讲述尺寸标注。

6.1 尺寸标注样式的设置

一个完整的尺寸由尺寸线、尺寸界线、尺寸数字和尺寸终端组成。利用标注样式管理器进行标注样式的设置，创建符合国家标准的标注样式。标注样式可用来控制标注的外观，如箭头样式、文字位置和尺寸公差等。用户可以创建标注样式，以快速指定标注的格式，并确保标注符合行业或工程标准。

启用“标注样式管理器”方法：

● “默认”选项卡➤“注释”面板下拉➤单击按钮➤弹出“标注样式管理器”对话框，如图6.1所示。

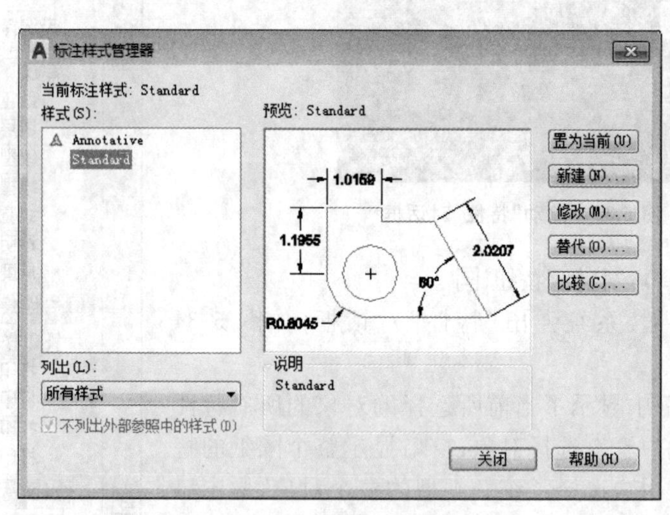

图6.1 “标注样式管理器”对话框

【选项说明】

※ 样式：框中列出所有尺寸标注样式，可选择并将其置为当前。

※ 预览：预览当前尺寸标注样式效果。

※ 列出：控制在当前图形文件中是否全部显示所有尺寸标注样式。

※ 置为当前：将“样式”列表框中选取的样式设置为当前样式。

※ 新建：用于创建一个新的尺寸标注样式。

※ **修改**：对所选的尺寸标注样式进行修改，单击此按钮，弹出“修改标注样式”对话框（其各选项与“新建标注样式”对话框相同），可对已有标注样式进行修改，修改后图形中的所有标注将自动使用修改后的标注样式。

※ **替代**：设置当前样式的替代样式，用于临时修改尺寸标注的系统变量值，此操作只对指定的尺寸对象作修改，修改后不影响原系统变量的设置，单击该按钮，弹出“替代当前样式”对话框（与“新建标注样式”对话框相同）。

※ **比较**：对比两个标注样式，或了解某一样式的全部特性。

【例 6.1】　创建标注样式名为“机械制图样式”。

① 启用“标注样式管理器”对话框，如图6.1所示。单击“新建”按钮，弹出“创建新标注样式”对话框，如图6.2所示。在“新样式名”文本框中输入样式名，“机械制图样式”；“基础样式”和“用于”“所有标注”文本框一般就用默认设置。

② 单击“继续”按钮，弹出“新建标注样式：机械制图样式”对话框，如图6.3所示。对其中的线、符号和箭头、文字、调整、主单位、公差等选项进行设置。

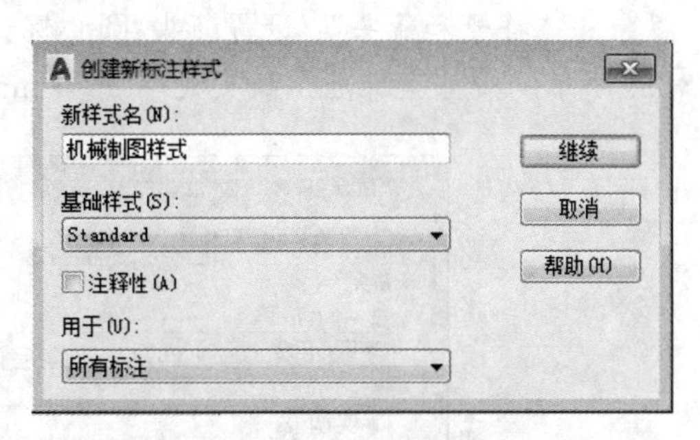

图 6.2　“创建新标注样式”对话框

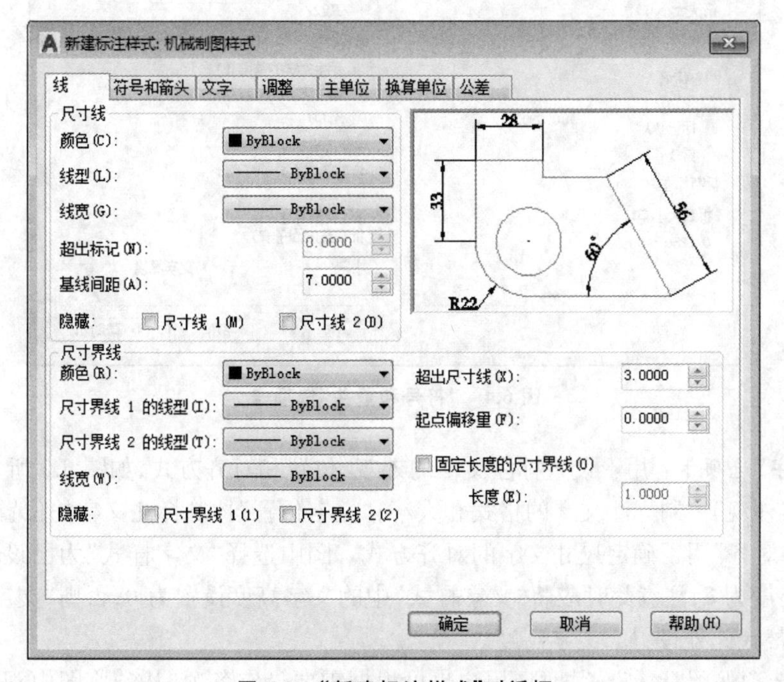

图 6.3　“新建标注样式”对话框

【选项说明】

※ **“线”选项卡**：设置尺寸线、尺寸界线的格式和属性，如图6.3所示。

尺寸线和尺寸界线的“颜色、线型、线宽”几项用于视觉效果和打印，保留默认选项。

● “基线间距”指两平行尺寸线之间的距离，根据尺寸数字的字高选取，如取尺寸数字字高为 5 mm,可设置基线间距为 7 mm。

● “超出尺寸线”指尺寸界线末端超出尺寸线的长度,按国家机械标准取值,图中设置为 3 mm。

● “隐藏”选项是控制尺寸线和尺寸界线的显示与否,可隐藏一半或全部,选中后观察右边预览图中的显示效果,按我国机械制图标准,尺寸线和尺寸界线均不隐藏,保留默认选项。

● “起点偏移量”控制尺寸界线原点和尺寸界线起点之间的距离,此处按我国机械标准设置为 0 mm。

● 固定长度界线保留默认选项。

※ **“符号和箭头”**:设置箭头、圆心标记、弧长符号和半径标注折弯的格式与位置,如图 6.4 所示。按国家标准,“箭头大小”取 4 mm,其余选项保留默认设置。

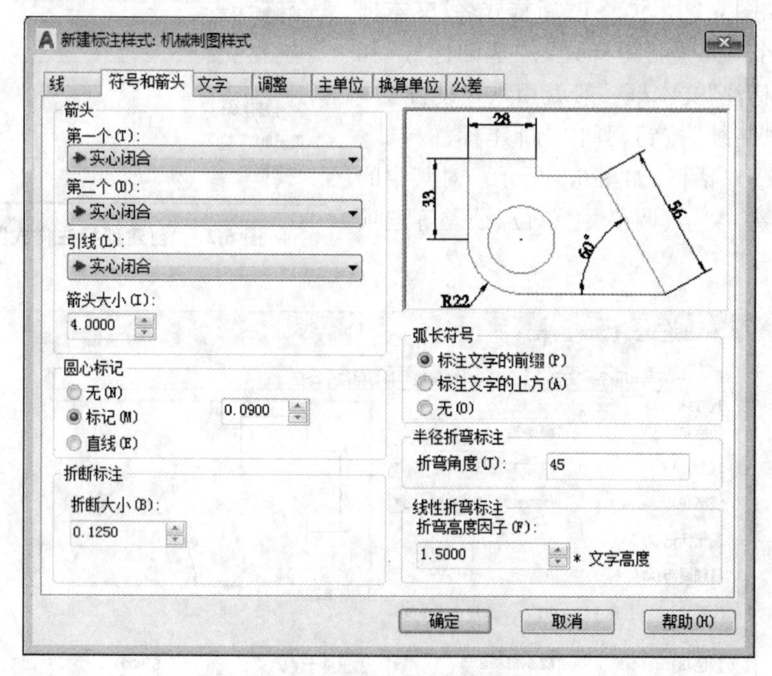

图 6.4　“符号和箭头”选项卡

※ **“文字”选项卡**:用于设置标注文字的外观、位置和对齐方式,如图 6.5 所示。

● “文字外观”控制标注文字的格式和大小;“文字位置”控制标注文字的位置。

● “文字对齐”用于确定尺寸文字的对齐方式。图中选择“文字样式”为已设好的“制图”样式;文字高度为 5,注意此时应将“文字样式”中的文字高度设置为 0,否则“文字样式”中的文字高度将替代此处设置的文字高度。

● 其余选项保留默认设置即可,用户也可根据需要设定各项,从预览图中观察设置效果是否符合自己所需。

※ **“调整”选项卡**:控制标注文字、箭头、引线和尺寸线的放置,如图 6.6 所示。

● “调整”选项控制基于延伸线之间的可用空间内的文字和箭头的位置。

● “文字位置”设置标注文字从默认位置(由标注样式定义的位置)移动时标注文字的位置;“预览”显示对标注样式设置所做更改的效果。

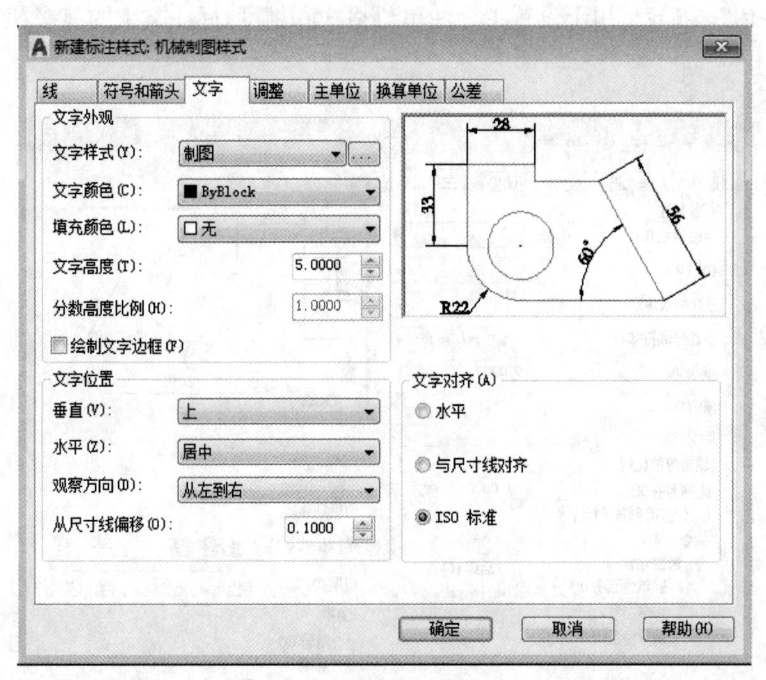

图 6.5　“文字”选项卡

● “标注特征比例”为所有标注样式设置一个比例，这些设置指定了大小、距离或间距，包括文字和箭头大小。该缩放比例并不更改标注的测量值。

● “优化”提供用于放置文字方式的选项；图中只是选中“手动放置文字”，其余保留默认设置，用户可将其他选项更改，在预览图中观察效果，以符合自己的要求为准。

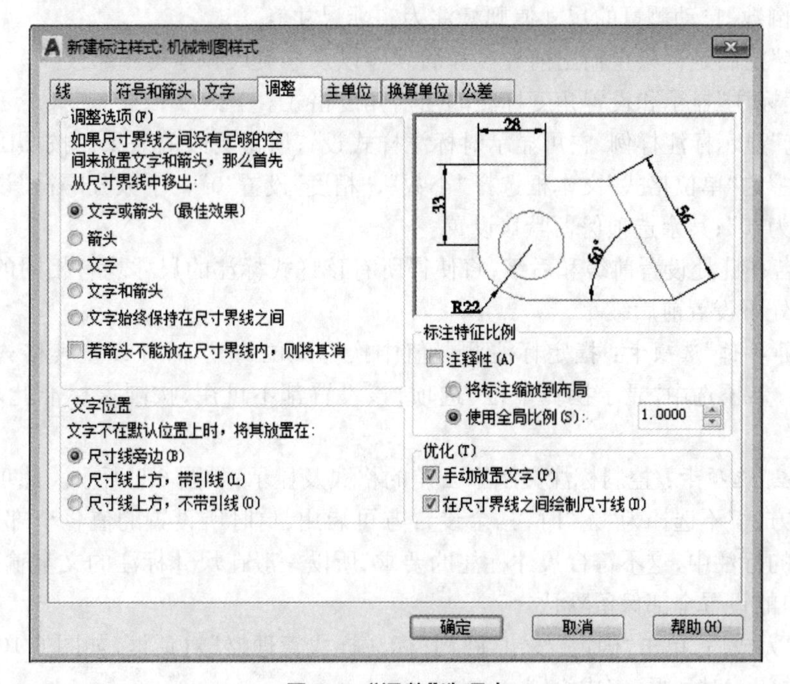

图 6.6　“调整”选项卡

※“主单位”选项卡：用于设置主标注单位格式和精度、标注文字的前缀和后缀等，如图 6.7 所示。

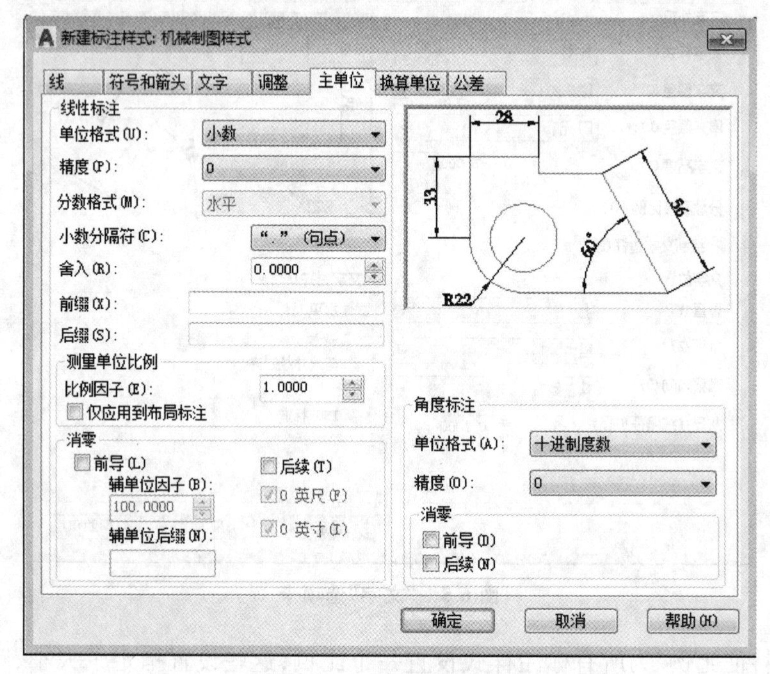

图 6.7 “主单位”选项卡

● “线性标注”设置线性标注的格式和精度。

● “测量单位比例”设置线性标注测量值的比例因子。根据绘图比例设置比例因子，取绘图比例的倒数，自动测量的尺寸值则标注为实际尺寸值。

● “消零”控制是否禁止输出前导零和后续零以及零英尺和零英寸部分。

● “角度标注”显示和设置角度标注的当前角度格式。

● “预览”显示标注样例，它可显示对标注样式设置所做更改的效果。按照国家标准，图中“线性标注”的“单位格式”文本框选择“小数”，“精度”设置“0”，“小数分隔符”设置“句点”，“舍入”设置为“0”；其余选项保留默认设置。

注意：若在此处设置前缀和后缀，将使得所有该样式标注的尺寸均有相同的前后缀，所以一般在此处不设置前后缀。

※“换算单位”选项卡：指定标注测量值中换算单位的显示，并设置其格式和精度，如图 6.8 所示。若不选中“显示换算单位”选项，该设置都不可用，按国家标准此项保留默认设置。

※“公差”选项卡：控制标注文字中公差的格式及显示，如图 6.9 所示。此项只有当“公差格式”的“方式”不选择为“无”时，其余设置方可启用，这时所设置的值将全部应用到该标注样式所有的标注中，这不符合尺寸标注的要求，所以一般在尺寸标注的文字输入中设置尺寸公差，这里的设置全部保留默认。

③ 设置完成后，单击“确定”按钮，回到“标注样式管理器”对话框，如图 6.10 所示，将其置为当前，关闭该对话框，完成设置。

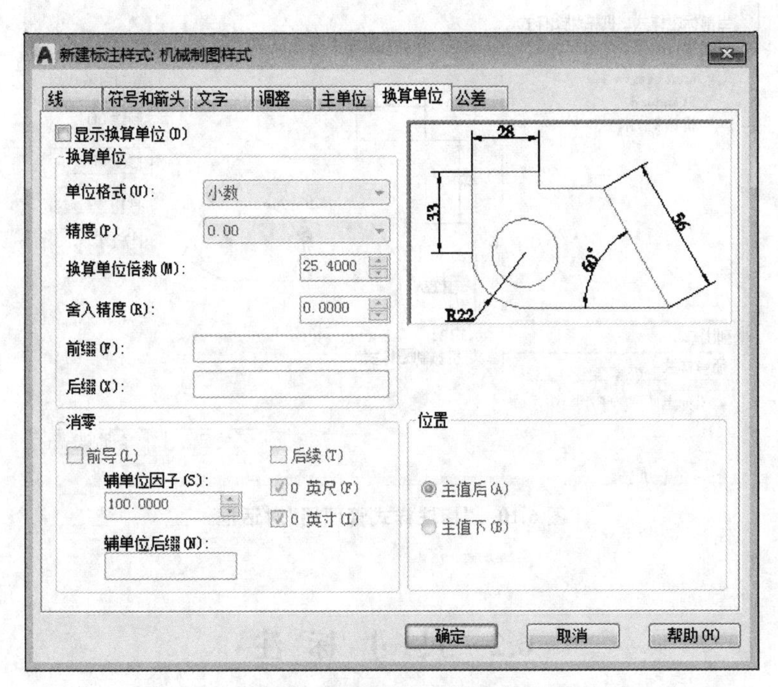

图 6.8 “换算单位”选项卡

新建标注样式: 机械制图样式

线 | 符号和箭头 | 文字 | 调整 | 主单位 | 换算单位 | 公差

公差格式

方式(M): 无

精度(P): 0

上偏差(V): 0.0000

下偏差(W): 0.0000

高度比例(H): 1.0000

垂直位置(S): 中

公差对齐

对齐小数分隔符(A)

对齐运算符(G)

消零

前导(L) 0 英尺(F)

后续(T) 0 英寸(I)

换算单位公差

精度(O): 0.00

消零

前导(D) 0 英尺(E)

后续(N) 0 英寸(C)

确定 取消 帮助(H)

图 6.9 “公差”选项卡

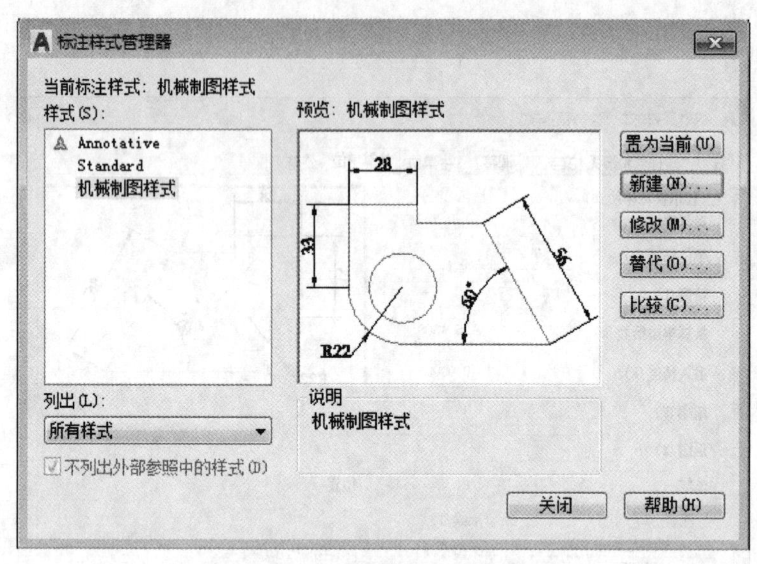

图 6.10 “标注样式管理器”对话框

6.2 尺寸标注

AutoCAD 尺寸标注有多种类型,设定好尺寸标注样式后,即可采用设定好的尺寸标注样式标注尺寸。注意在创建标注时,标注将使用当前标注样式中的设置。

6.2.1 线性尺寸标注

“线性标注”是指使用水平、竖直或指定方向的尺寸标注,如图 6.11 所示。

启用方法:

● “默认”选项卡➤“注释”面板➤单击按钮;

● “注释”选项卡➤“标注”面板➤单击按钮➤进入命令行提示。

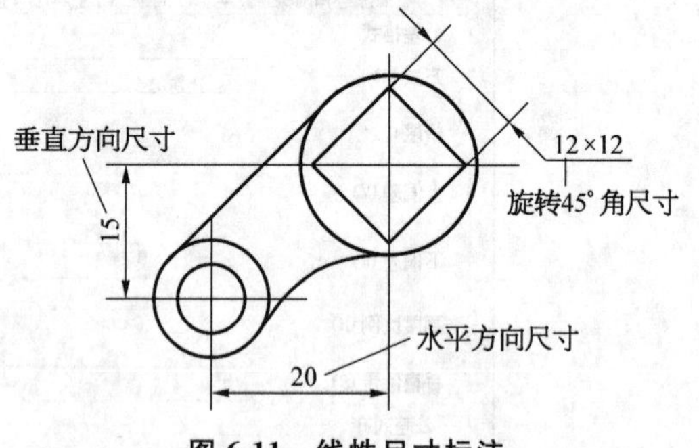

图 6.11 线性尺寸标注

指定第一条界线原点或<选择对象>: 捕捉尺寸线的起点或按↙键选择要标注的对象

指定第二条界线原点: 捕捉尺寸线的端点

指定尺寸线位置或[多行文字(M)/文字(T)/角度(A)/水平(H)/垂直(V)/旋转(R)]: 指定尺寸线摆放位置或进行选项设置

【选项说明】

※ **指定尺寸线位置:** 确定尺寸线位置。可移动鼠标选择合适的尺寸线位置,按↙键或单击鼠标左键,系统将注出相应尺寸。

※ **多行文字(M):** 用多行文字注写方式编辑尺寸文本。

键入 M↙,系统弹出如图 6.12 所示的“文字编辑器”,测量数值用深色背景显示,如图 6.12 中的“41”,用户也可根据需要编辑标注文字,比如将测量值修改或加上前后缀等,然后单击左键或点击“文字格式”编辑器中的“确定”按钮回到“指定尺寸线位置”选项提示。

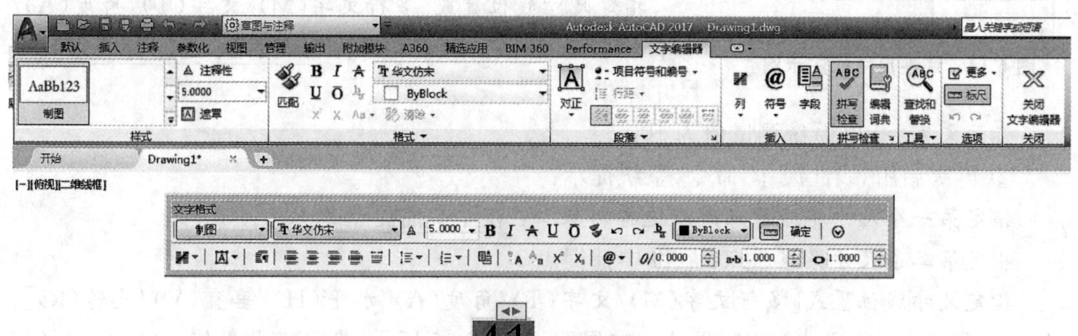

图 6.12　文字编辑器

※ 文字(T):用单行文字注写方式输入或编辑尺寸文本。

键入 T↙➤命令行提示:

输入标注文字＜测量值＞:输入标注文字,或按↙键接受生成的测量值,之后回到“指定尺寸线位置”选项提示。

※ 角度(A):修改标注文字的角度。

键入 A↙➤命令行提示:

指定标注文字的角度:输入角度或点击鼠标左键在图中指定旋转角,之后回到“指定尺寸线位置”选项提示。如下图 6.13 所示,将文字旋转 90°。

22　　22

(a) 输入角度之前　　(b) 输入角度之后

图 6.13　修改标注文字角度

※ 水平(H):创建水平线性标注。

键入 H↙➤命令行提示:

指定尺寸线位置或[多行文字(M)/文字(T)/角度(A)]:其中选项和前面一样

※ 垂直(V):创建垂直线性标注。

键入 V↙➤在命令行系统回到提示:

指定尺寸线位置或[多行文字(M)/文字(T)/角度(A)]:其中选项和前面一样

※ 旋转(R):创建尺寸线旋转的线性标注。

键入 R↙➤在命令行系统回到提示:

指定尺寸线的角度＜测量值＞:指定角度或按↙ 键接受生成的测量值,之后回到“指定尺寸线位置”选项提示。

※ 选择对象:按↙选择要标注的对象,在选择对象之后,自动确定第一条和第二条延伸线的原点。对多段线和其他可分解对象,仅标注独立的直线段和圆弧段。不能选择非统一比例缩放块参照中的对象,如果选择直线或圆弧,将使用其端点作为延伸线的原点。

【例 6.2】　用前面所设置的“机械制图样式”标注图 6.14 的尺寸。

① 启用“线性尺寸”命令,系统提示:

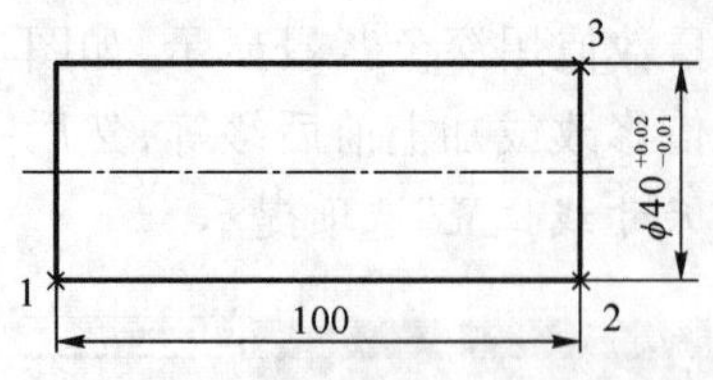

图 6.14 线性尺寸标注示例

指定第一个尺寸界线原点或＜选择对象＞：在图中捕捉点 1

指定第二条尺寸界线原点：在图中捕捉点 2

指定尺寸线位置或[多行文字(M)/文字(T)/角度(A)/水平(H)/垂直(V)/旋转(R)]：给定尺寸线位置结束长度尺寸标注

标注文字＝100 系统测量值为 100

② 再次启用“线性尺寸”命令,系统提示：

指定第一个尺寸界线原点或＜选择对象＞：在图中捕捉点 2

指定第二条尺寸界线原点：在图中捕捉点 3

指定尺寸线位置或[多行文字(M)/文字(T)/角度(A)/水平(H)/垂直(V)/旋转(R)]：M↙选项“多行文字”进入编辑尺寸文字界面,如图 6.15 所示,在系统测量值 40 前加直径符号 ϕ,在 40 后输入＋0.02^－0.01,单击编辑器中的堆叠按钮 $\frac{b}{a}$,使选中的文字按公差格式显示,单击左键回到系统提示

指定尺寸线位置或[多行文字(M)/文字(T)/角度(A)/水平(H)/垂直(V)/旋转(R)]：给定尺寸线位置结束尺寸标注

③ 标注结果如图 6.14 所示。

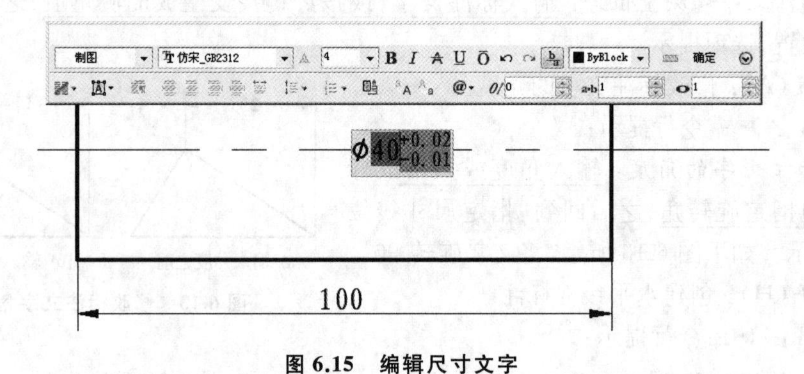

图 6.15 编辑尺寸文字

6.2.2 对齐尺寸标注

创建尺寸线与尺寸界线的原点连线平行的线性标注,这与线性尺寸标注中“旋转”选项标注结果相同,但对齐标注不需考虑尺寸的确切角度,故可以完全代替线性尺寸标注。

启用方法：

- “默认”选项卡➤“注释”面板➤标注下拉➤单击按钮；
- “注释”选项卡➤“标注”面板➤单击按钮➤进入命令行提示。

提示中各选项含义与“线性尺寸”标注相同。

【例 6.3】 标注图 6.16 中直角三角形各边的尺寸。

① 启用“对齐尺寸”命令,系统提示：

指定第一个尺寸界线原点或＜选择对象＞：在图中捕捉点 1

指定第二条尺寸界线原点：在图中捕捉点 2

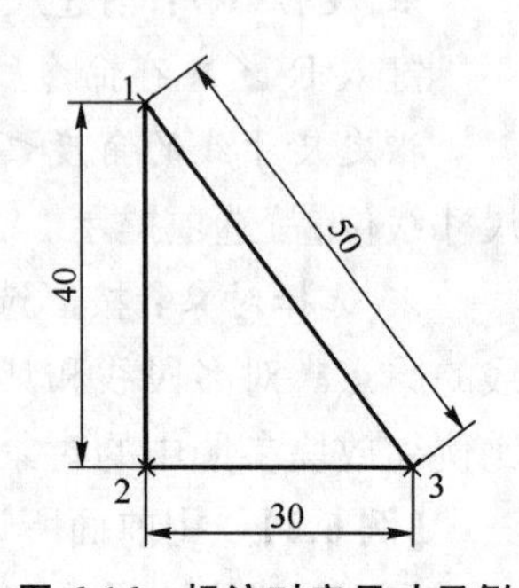

图 6.16 标注对齐尺寸示例

指定尺寸线位置或[多行文字(M)/文字(T)/角度(A)]：给定尺寸线位置结束尺寸40 的标注

② 再次启用“对齐尺寸”命令,系统提示：

指定第一个尺寸界线原点或＜选择对象＞：在图中捕捉点 2

指定第二条尺寸界线原点：在图中捕捉点 3

指定尺寸线位置或[多行文字(M)/文字(T)/角度(A)]：给定尺寸线位置结束尺寸30 的标注

③ 再次启用“对齐尺寸”命令,系统提示：

指定第一个尺寸界线原点或＜选择对象＞：在图中捕捉点 1

指定第二条尺寸界线原点：在图中捕捉点 3

指定尺寸线位置或[多行文字(M)/文字(T)/角度(A)]：给定尺寸线位置结束尺寸50 的标注

6.2.3　直径尺寸标注

为圆或圆弧创建直径标注,测量选定圆或圆弧的直径,并显示前面带有直径符号的标注文字,可以使用夹点轻松地重新定位生成的直径标注。

启用方法：

- “常用”选项卡➤“注释”面板➤“标注”下拉➤单击按钮；
- “注释”选项卡➤“标注”面板 ➤单击按钮 ➤进入命令行提示。

【例 6.4】 标注下图 6.17 中圆的直径尺寸。

启用“直径”命令,系统提示：

选择圆弧或圆：用鼠标选择待标注的圆,如图 6.17a 所示

标注文字＝40

指定尺寸线位置或[多行文字(M)/文字(T)/角度(A)]：给定尺寸线位置结束直径尺寸的标注

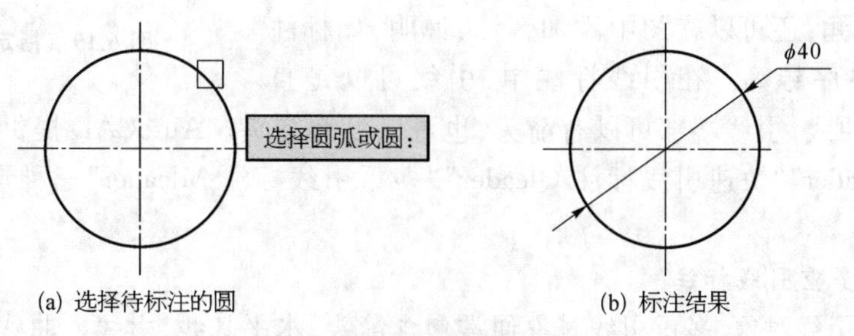

(a) 选择待标注的圆　　(b) 标注结果

图 6.17　直径标注示例

6.2.4　半径尺寸标注

为圆或圆弧创建半径标注,测量选定圆或圆弧的半径,并显示前面带有半径符号的标注文字。

启用方法：

- “默认”选项卡➤“注释”面板➤下拉“标注”菜单➤单击按钮；
- “注释”选项卡➤“标注”面板 ➤单击按钮 ➤进入命令行提示。

进入标注后的操作与直径尺寸标注完全相同，不再赘述。

6.2.5 角度标注

创建角度标注,测量选定的对象或三个点之间的角度。可以选择的对象包括圆弧、圆和直线等。

启用方法:

- "默认"选项卡➤"注释"面板➤下拉"标注"菜单➤单击按钮;
- "注释"选项卡➤"标注"面板➤单击按钮➤进入命令行提示。

启用"角度"标注命令,命令行提示:

选择圆弧、圆、直线或<指定顶点>:选角度的第一条边

选择第二条直线:选角度的第二条边

指定标注弧线位置或[多行文字(M)/文字(T)/角度(A)/象限点(Q)]:指定标注角度弧线的位置,显示的角度取决于光标位置,如图 6.18 所示

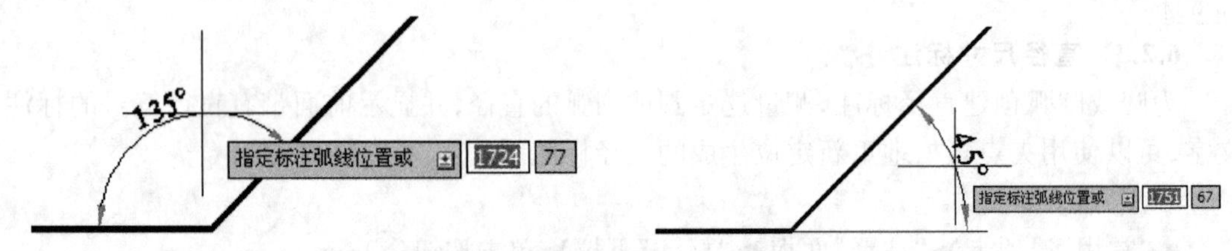

图 6.18 光标点选位置与标注角度关系

【选项说明】

※ 象限(Q):指定标注应锁定到的象限。打开象限行为后,只能标注该象限的角度,若将光标位置放指定象限外时,尺寸线会延伸超过尺寸界线,如图 6.19 所示。

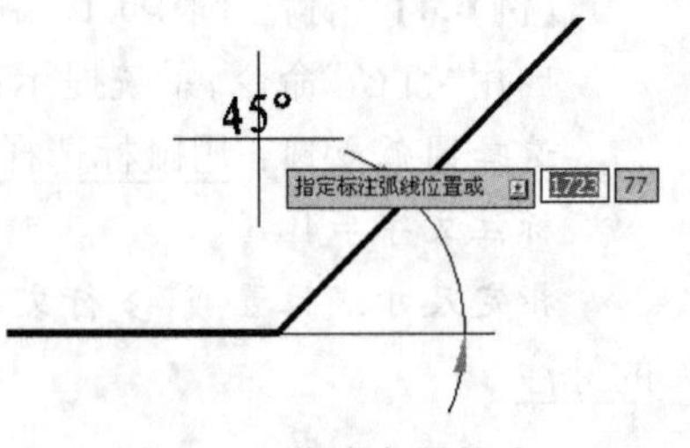

图 6.19 指定象限标注

6.2.6 引线标注

AutoCAD的引线标注功能不仅可以标注特定的尺寸,如圆角、倒角,还可以在图中添加旁注、说明,如标注装配图的零件序号等。在引线标注中,引线可以是直线,也可以是曲线,引线端部可以有箭头,也可以没有箭头。AutoCAD提供的引线标注有"引线标注 Leader""快速引线标注 Qleader""多重引线标注 Mleader"三种形式,分别说明如下。

6.2.6.1 多重引线标注

创建多重引线对象,多重引线对象通常包含箭头、水平基线、引线或曲线和多行文字对象或块。一般在创建多重引线对象之前,要先创建多重引线对象的样式。

(1) 创建多重引线对象的样式 多重引线样式可以控制多重引线外观。这些样式可指定基线、引线、箭头和内容的格式。

启用方法:

- "默认"选项卡➤"注释"面板下拉➤单击按钮;
- "注释"选项卡➤"引线"面板右下角按钮➤弹出"多重引线样式管理器"对话框,如图 6.20 所示。

【例 6.5】 创建"倒角引线标注"样式。

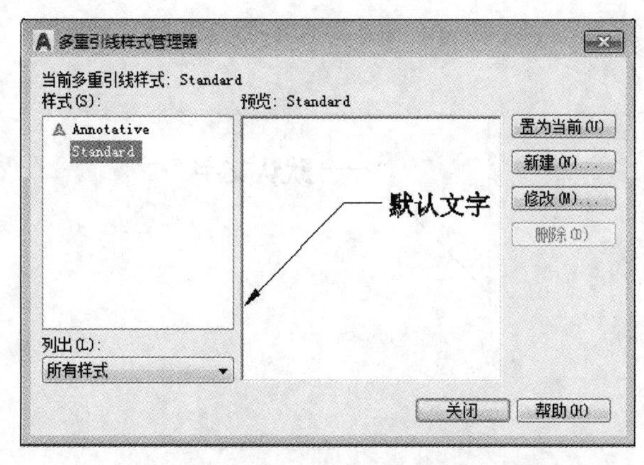

图 6.20 “多重引线样式管理器”对话框

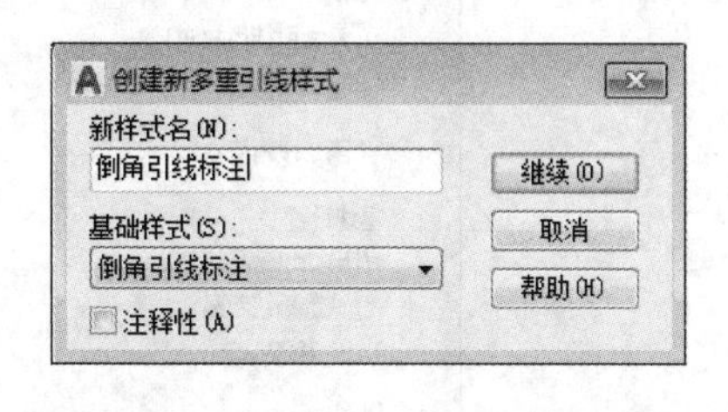

图 6.21 “创建新多重引线样式”对话框

① 启用“多重引线样式”命令,弹出“多重引线样式管理器”对话框,单击框中“新建”按钮,弹出“创建新多重引线样式”对话框,如图 6.21 所示,输入新样式名“倒角引线标注”。

② 单击“继续”按钮,弹出如图 6.22 所示的“修改多重引线样式: 倒角引线标注”对话框,可对其中“引线格式”“引线结构”“内容”选项进行一一设置。

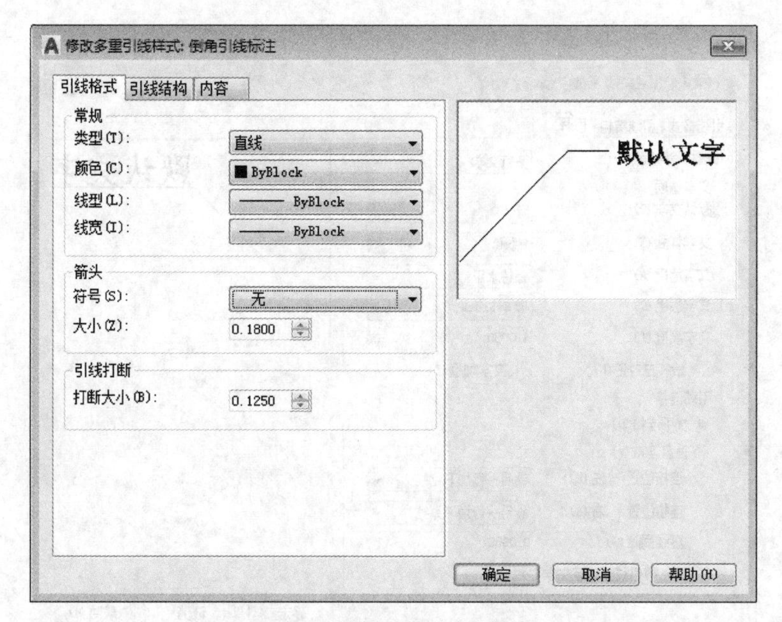

图 6.22 “引线格式”选项卡

【选项说明】

※ **“引线格式”选项卡**: 控制多重引线的常规外观。如图 6.22 所示,按国家标准规定的倒角引线标注形式,将箭头“符号”文本框中选项设为“无”,其余保留默认设置。

※ **“引线结构”选项卡**: 控制多重引线的约束、基线设置、缩放。如图 6.23 所示,按国家制图标准,设定最大点数为“2”,第一点角度为 “45°”,其余保留默认设置。

※ **“内容”选项卡**: 如图 6.24 所示,将“多重引线类型”设置为“多行文字”,其余设置见框中所示。

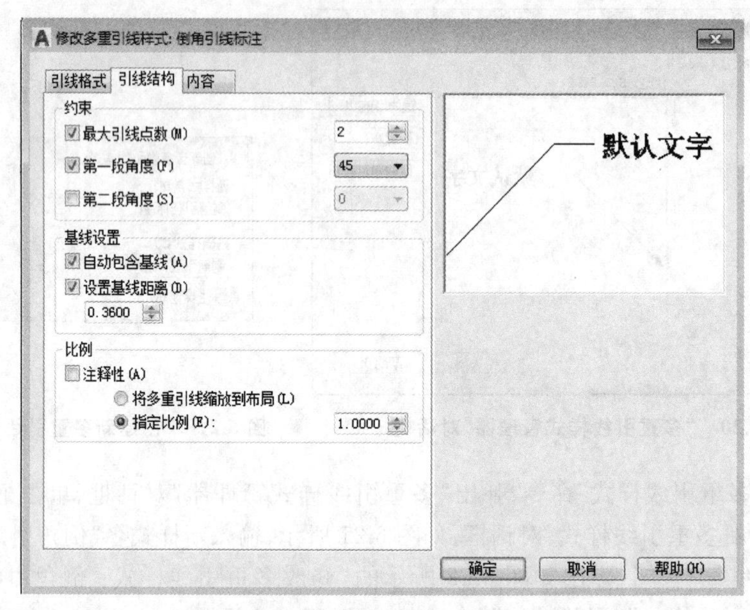

图 6.23 "引线结构"选项卡

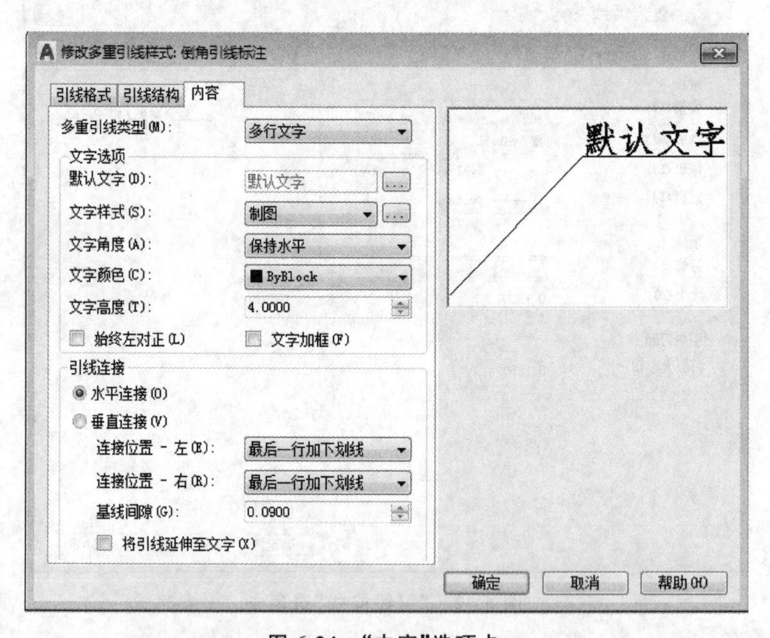

图 6.24 "内容"选项卡

另外,该选项中若将"多重引线类型"设置为"块",则对话框设置为如图 6.25 所示,用户可根据需要选择"源块",比如对装配图中的零件进行引线编号,此时设置"源块"为"圆",前面的箭头设置为"点",取消"引线结构"中第一段角度复选框,其余保留默认,从预览看到标注形式符合国标;将"多重引线类型"设置为"无",得到如图 6.26 所示的对话框,此时引线末端没有文字内容。

③ 设置完成后单击"确定"按钮,回到图 6.27 所示的对话框,关闭该对话框完成命令。

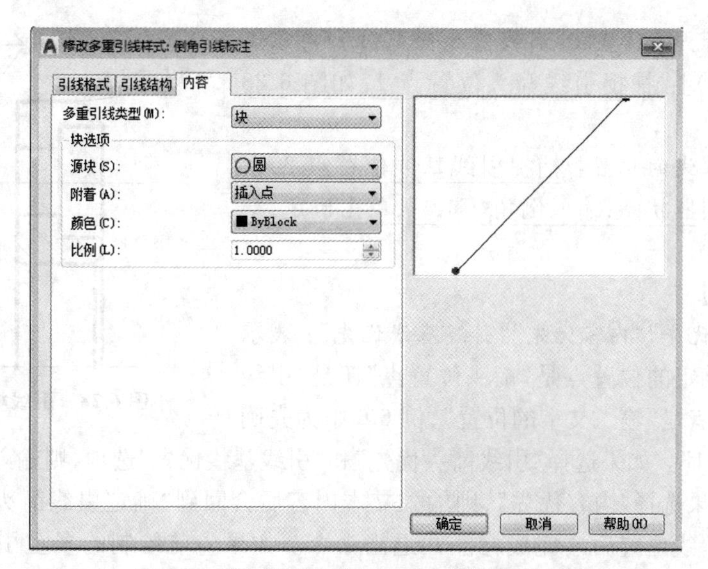

图 6.25 “多重引线类型”设置为“块”对话框

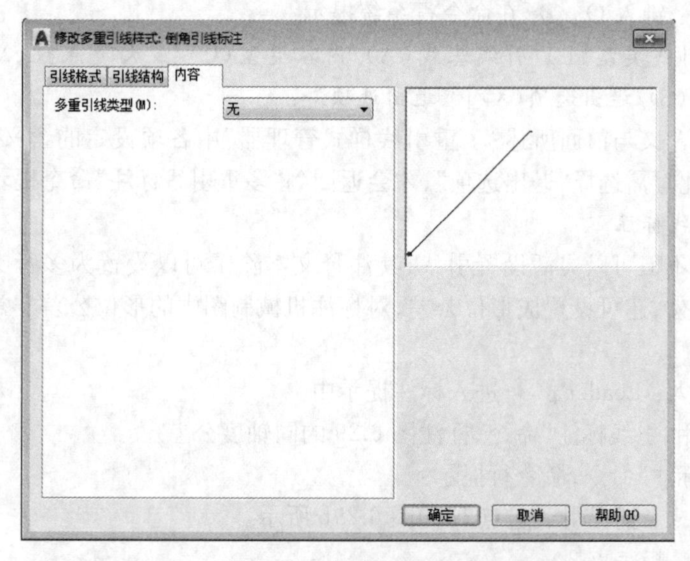

图 6.26 “多重引线类型”设置为“无”对话框

(2) 多重引线标注

启用方法:

● “默认”选项卡➤“注释”面板➤单击按钮 ;

● “注释”选项卡➤“引线”面板➤单击按钮 ➤进入标注提示中。

【例 6.6】 用前面创建的“倒角引线标注”样式,标注图 6.28 的倒角 $C1.5$。

启用“多重引线标注”命令,命令行提示:

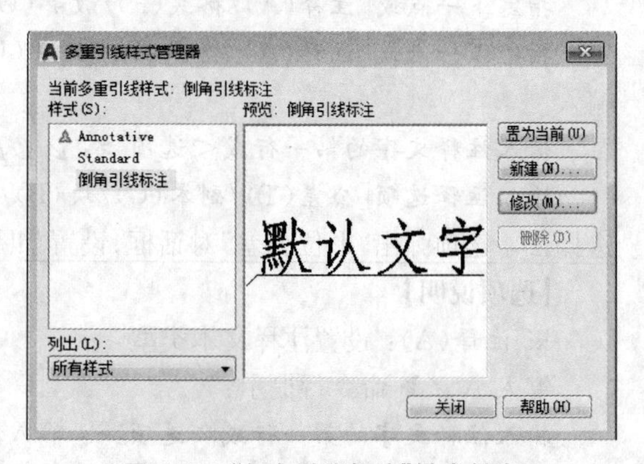

图 6.27 “倒角引线标注”样式创建

指定引线箭头的位置或[引线基线优先(L)/内容优先(C)/选项(O)]：捕捉引线箭头位置点1,如图6.28所示

指定引线基线的位置：捕捉引线基线位置点2,系统进入文字编辑器状态,输入倒角“C1.5”,单击确定,结束命令完成标注

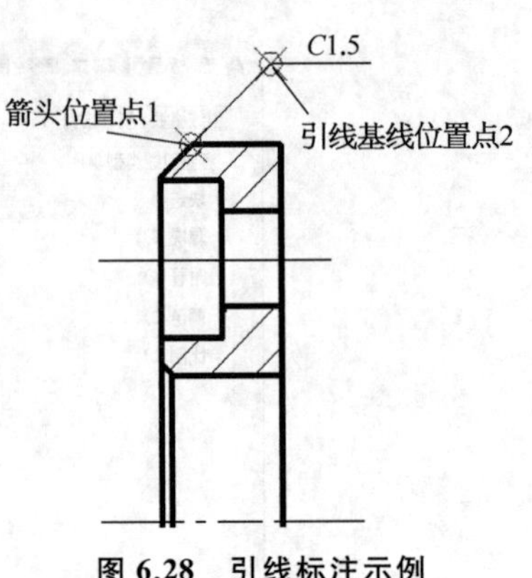

图6.28 引线标注示例

【选项说明】

“引线箭头优先”“内容优先”“引线基线优先”：表示标注时需要先确定的位置点是“箭头位置点”还是“引线基线位置点”或者是“输入文字的位置”,例6.6中为先确定“箭头位置点1”。如果选择“引线箭头优先”和“引线基线优先”选项,则输入文本内容后即可结束命令;如果选择“内容优先”,则输入文本内容后会回到“确定引线箭头位置”提示,确定箭头位置和基线位置后才完成标注并退出命令。如果先前绘制的多重引线对象确定优先,则后续的多重引线也以此优先,否则要重新设定。

※ 选项(O)：键入O↙➤在命令行系统提示：

输入选项[引线类型(L)/引线基线(A)/内容类型(C)/最大节点数(M)/第一个角度(F)/第二个角度(S)/退出选项(X)]<退出选项>：

此中选项的含义与前面所述“多重引线样式管理器”中各项设定的含义相同,可以对各样式重新设定,此时需选择“退出选项”,才会返回到“多重引线标注”命令提示下进行标注。

6.2.6.2 引线标注

“引线”命令不但可以灵活设置引线,其注释文本除了可以设置为多行文本和复制插入一个图块或副本外,还可设置成形位公差,对标注机械制图中的形位公差非常方便。

启用方法：

● 命令行输入：Leader↙➤进入标注提示中。

【例6.7】 用“引线标注”命令,标注图6.29的同轴度公差。

启用“引线标注”命令,命令行提示：

指定引线起点：捕捉引线起点1,如图6.29b所示

指定下一点：指定点2

指定下一点或[注释(A)/格式(F)/放弃(U)]<注释>：指定点3

指定下一点或[注释(A)/格式(F)/放弃(U)]<注释>：↙按↙键确定进入注释内容输入

输入注释文字的第一行或<选项>：↙按↙键确定注释内容形式

输入注释选项[公差(T)/副本(C)/块(B)/无(N)/多行文字(M)]<多行文字>：T↙选择公差选项弹出“形位公差”对话框,设置如图6.30所示,单击确定按钮完成标注

【选项说明】

※ 注释(A)：设置注释文本类型。

键入A↙➤命令行提示：

输入注释文字的第一行或<选项>：输入注释文字,输入完后按回车键确认结束标注,或直接按↙进行选项设置,如下面的提示：

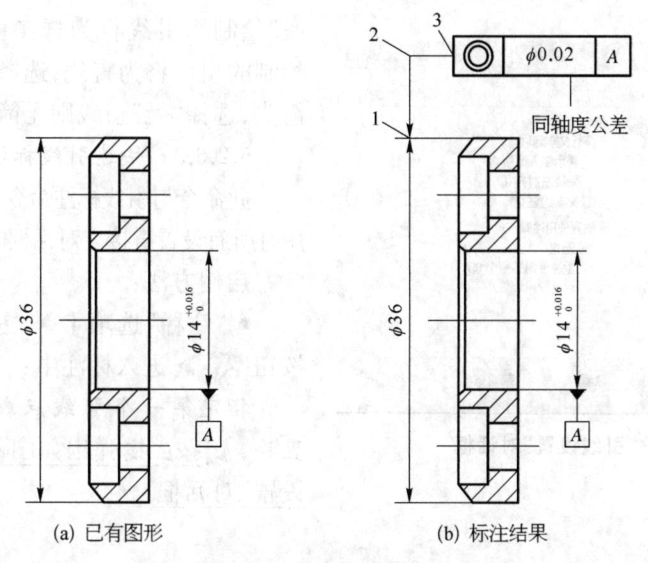

图 6.29　引线标注形位公差

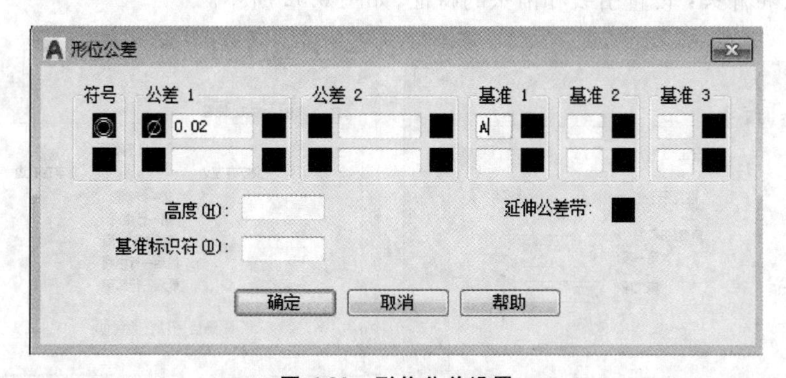

图 6.30　形位公差设置

输入注释选项[公差(T)/副本(C)/块(B)/无(N)/多行文字(M)]<多行文字>：输入选项确定注释文本类型。

※ **公差(T)**：标注形位公差。

键入 T↙➤进入“形位公差”对话框，框中各项含义见后“形位公差标注”，框中内容设定好后，按框中“确定”按钮完成标注。

※ **副本(C)**：键入 C↙，系统提示选择要复制的对象，注意选择的对象只能是多行文字、文字、块参照或形位公差对象。

※ **块(B)**：键入 B↙，系统提示输入要标注的块名，或选择“?”寻找块名，将块作为标注对象。

※ **无(N)**：键入 N↙，命令结束，选择此项将只有引线，没有注释对象。

※ **多行文字(M)**：键入 M↙，提示输入多行文本。

※ **格式(F)**：此选项可设定指引线类型及有无箭头。

键入 F↙➤在命令行系统提示：

输入引线格式选项[样条曲线(S)/直线(ST)/箭头(A)/无(N)]<退出>：选择“样条曲线”绘制的引线将为样条曲线，选择“直线”绘制的引线将为直线，选择“箭头”则引线有箭头，选择“无”引线则无箭头。

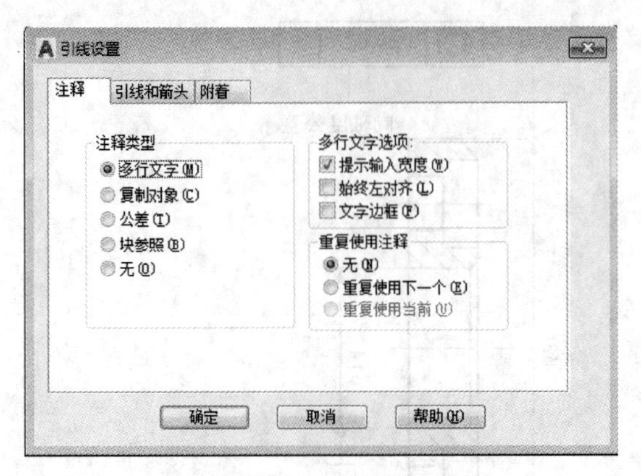

图 6.31　“引线设置”对话框

6.2.6.3　快速引线标注

此命令与引线标注命令选项内容相同，但使用时所有设置直接在对话框中进行，更为方便。

启用方法：

● “注释”选项卡 ➤ “引线”面板 ➤ 单击按钮 ➤ 进入标注中：

指定第一个引线点或[设置(S)]<设置>：↙按↙键弹出如图 6.31 所示的“引线设置”对话框

【选项说明】

※ **注释：**设置注释文本类型。

※ **引线和箭头：**设置引线和箭头的特征，如图 6.32 所示。

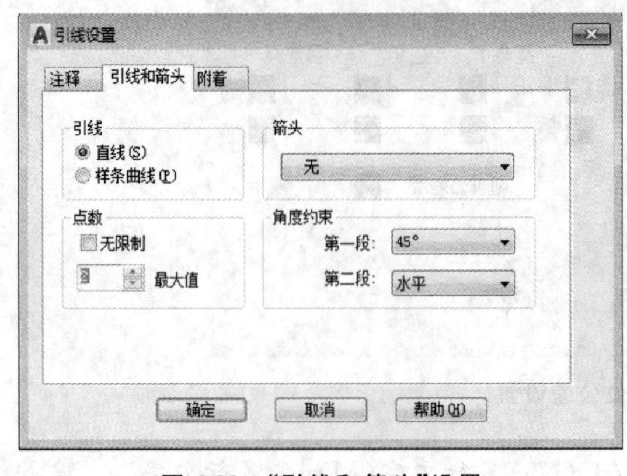

图 6.32　“引线和箭头”设置

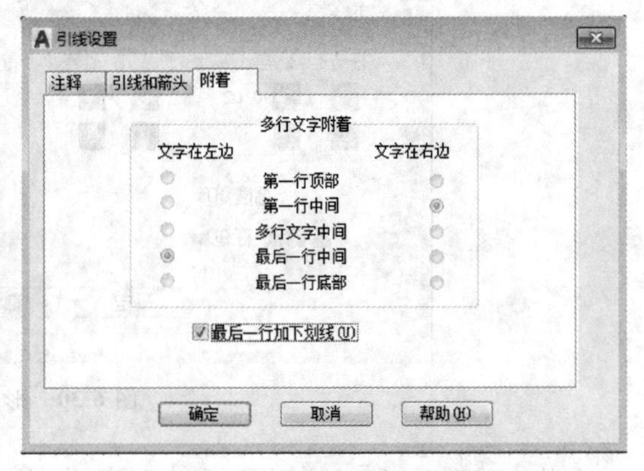

图 6.33　“附着”设置对话框

※ **附着：**设置引线和多行文字注释的附着位置。只有在“注释”选项卡上选定“多行文字”时，此选项卡才可用，如图 6.33 所示。

设置完成后按“确定”按钮，返回图中指定引线位置进行标注，标注效果与前面多重引线倒角标注一样。

如果标注几何公差，启用快速引线标注“Qleader”后在框中设置分别如图 6.34 和图 6.35 所示，设置完成后点击确定返回图中定位引线位置，最后回到图 6.30 所示对话框中设置标注。

6.2.7　连续尺寸标注

连续标注是首尾相连的多个标注，它是从上一个尺寸界线处测量的，或者从选定的界线连续创建标注，所以在创建连续标注之前，必须创建线性、对齐或角度标注，系统将自动排列尺寸线，如图 6.34 所示。

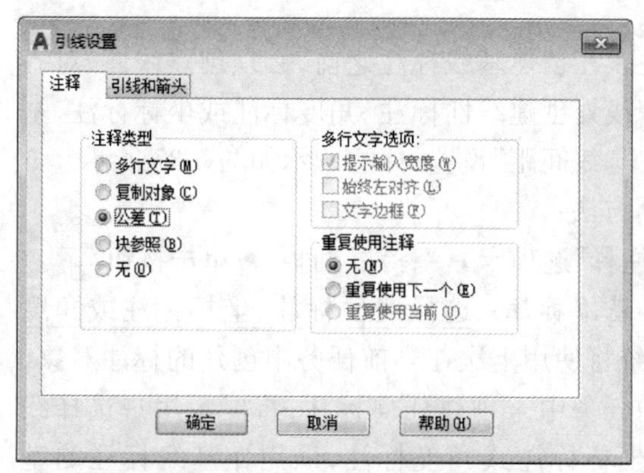

图 6.34　"快速引线标注"几何公差设置 1

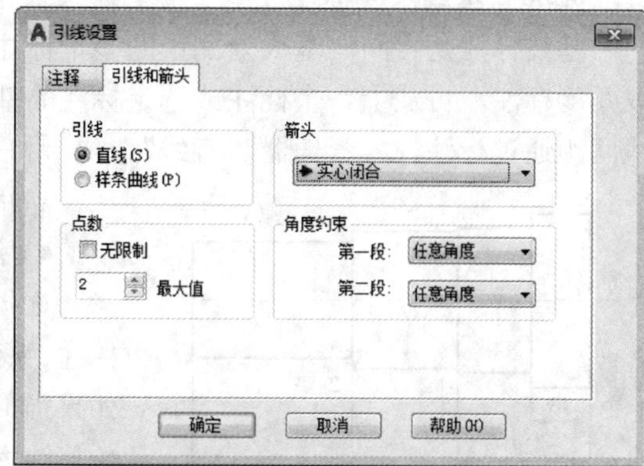

图 6.35　"快速引线标注"几何公差设置 2

启用方法:

● "注释"选项卡➤"标注"面板➤单击按钮 ➤进入标注提示中。

【例 6.8】　标注图 6.36 中的连续尺寸。

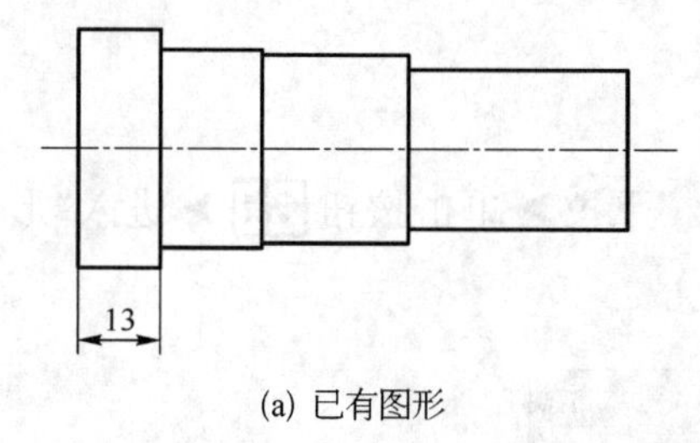

(a) 已有图形

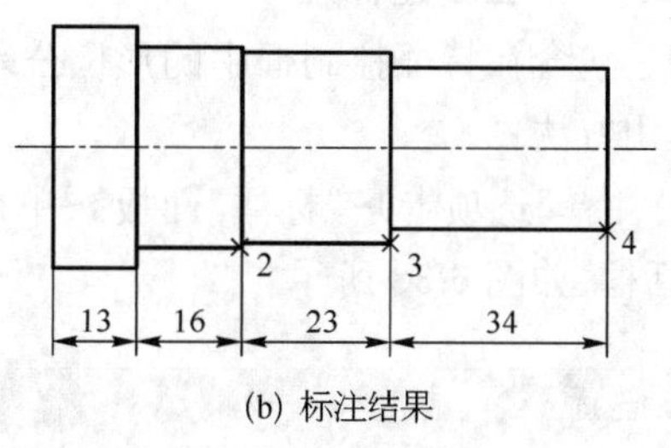

(b) 标注结果

图 6.36　连续尺寸标注

启用"连续标注"命令,命令行提示:

选择连续标注:回到图中选择尺寸 13

指定第二条尺寸界线原点或[放弃(U)/选择(S)]<选择>:捕捉点 2

标注文字=16

指定第二条尺寸界线原点或[放弃(U)/选择(S)]<选择>:捕捉点 3

标注文字=23

指定第二条尺寸界线原点或[放弃(U)/选择(S)]<选择>:捕捉点 4

标注文字=34

指定第二条尺寸界线原点或[放弃(U)/选择(S)]<选择>:↙

选择连续标注:↙连续两次按↙结束命令,标注结果如图 6.36b 所示

【选项说明】

※ 指定第二条尺寸界线原点:确定连续标注第二条界线原点,如图 6.36b 中点"2",之后系统将再次提示"指定第二条尺寸界线原点",将前一个连续标注的第二条尺寸界线原点作为下一个标注的第一条尺寸界线原点。此时若按↙键一次系统将提示"选择连续标注"以重新确定基准标注,要结束此命令须按↙键两次或按【Esc】键。

※ 选择:选择连续标注的基准标注。

6.2.8 基线尺寸标注

基线标注是自同一基线处测量的多个标注。在创建基线标注之前,必须创建线性、对齐或角度标注。可从上一个标注或选定标注的基线处创建线性标注、角度标注或坐标标注,基线间距通过标注样式管理器、“直线”选项卡和“基线间距”设置,标注所示如图 6.37 所示。

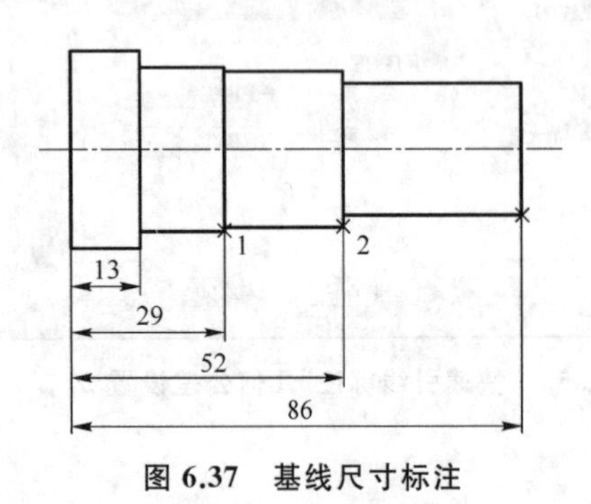

图 6.37 基线尺寸标注

启用方法:

● “注释”选项卡➤“标注”面板 ➤单击按钮。

选择基准标注:选择线性标注、坐标标注或角度标注,系统将使用上次在当前任务中创建的标注对象,如果当前任务中未创建任何标注,将提示用户选择线性标注、坐标标注或角度标注,以用作基线标注的基准。之后将显示下列提示:

指定第二条延伸线原点或[放弃(U)/选择(S)]<选择>:各选项含义与“连续尺寸标注”选项类似,不再赘述

6.2.9 形位公差标注

创建包含在特征控制框中的形位公差。

启用方法:

● “注释”选项卡➤“标注”面板➤单击“标注 ”下拉➤单击按钮 ➤进入“形位公差”对话框,如图 6.38 所示。

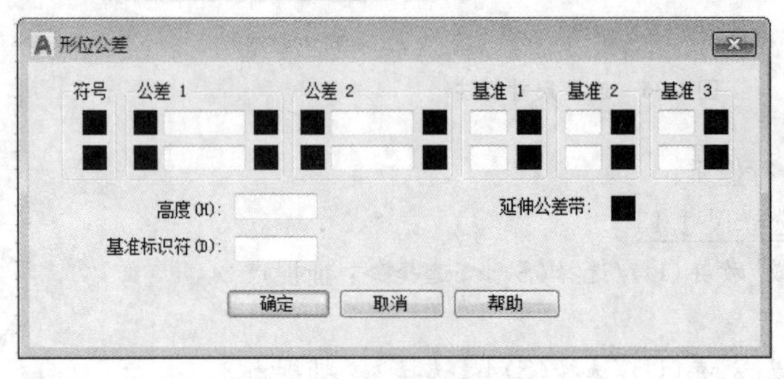

图 6.38 “形位公差”对话框

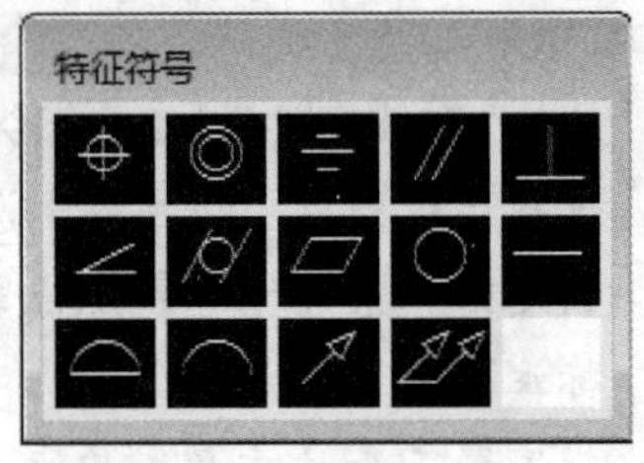

图 6.39 “特征符号”对话框

【选项说明】

※ 符号:确定形位公差的项目符号。单击“符号”下面的小黑框,弹出如图 6.39 所示的“特征符号”对话框,从中单击所需的符号返回到“形位公差”对话框,并在其中显示出该符号。

※ 公差 1、公差 2:确定公差。单击“公差”下面的小黑框确定是否在公差值前加直径符号,在其后的文本框中输入公差值,单击文本框后的小黑框回弹出如图 6.40 所示的“附加符号”对话框,从中确定“包容条件”。

※ 基准 1、基准 2、基准 3:确定基准和对应的包容条件。在基准下面的文本框中输入基准字母,单击框后小黑框弹出“附加符号”对话框,从中确定“包容条件”,“形位公差”对话框中有两行同样的设定框,可同时创建两个不同项目的形位公差,如图 6.41 所示。

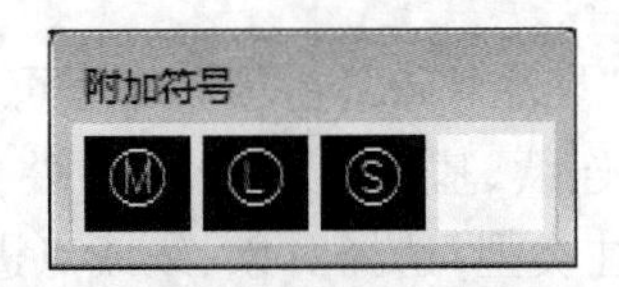

图 6.40 附加符号对话框

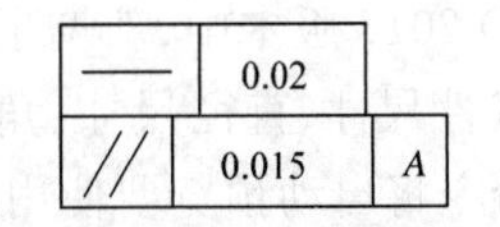

图 6.41 形位公差特征框

以上两种访问方法不能自动生成引出形位公差的指引线，需要用“多重引线标注”命令创建引线。如例 6.7 所述，形位公差还可通过“引线标注”或“快速引线标注”命令中的“公差(T)”选项进行创建。

6.2.10 快速标注

从选定对象快速创建一系列标注，创建系列基线或连续标注，或者为一系列圆或圆弧创建标注时，此命令特别有用。

启用方法：

- “注释”选项卡➤“标注”面板➤单击按钮➤进入标注中。

【例 6.9】 标注图 6.42 中的连续尺寸。

启用“快速标注”命令，命令行提示：

关联标注优先级＝端点

选择要标注的几何图形：指定对角点：找到 4 个窗选要标注的对象如图 6.42a 所示

选择要标注的几何图形：↙确认完成选择

指定尺寸线位置或[连续(C)/并列(S)/基线(B)/坐标(O)/半径(R)/直径(D)/基准点(P)/编辑(E)/设置(T)]<连续>：指定尺寸线位置结束标注，如图 6.42b 所示，此时默认为连续标注

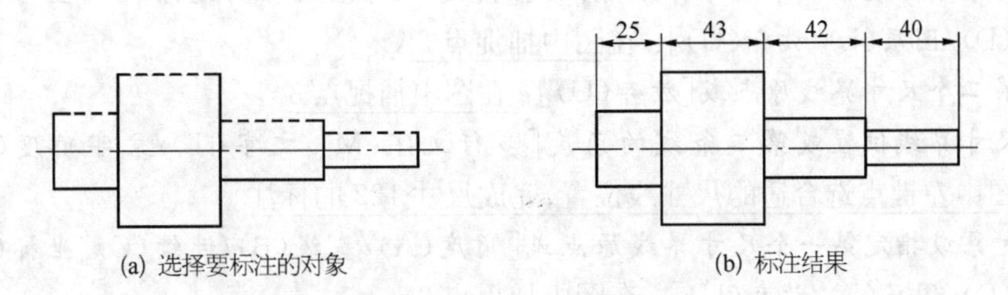

图 6.42 快速标注“连续”示例

【选项说明】

※ 连续(C)：创建一系列连续标注。

※ 并列(S)：创建一系列并列标注。

※ 基线(B)：创建一系列基线标注。

※ 坐标(O)：创建一系列坐标标注。

※ 半径(R)：创建一系列半径标注。

※ 直径(D)：创建一系列直径标注。

※ 基准点(P)：为基线和坐标标注设置新的基准点。

※ 编辑(E)：编辑一系列标注。将提示用户在现有标注中添加或删除点。

※ 设置(T)：为指定尺寸界线原点设置默认对象捕捉。

6.2.11 标注

在 AutoCAD 2017 版本中,新增了一个命令"标注 dim",在该命令下可以创建多个尺寸标注,比如标注线性尺寸、直径尺寸、角度、折弯、连续、基线标注等,只要将光标悬停在标注对象上时,dim 命令将自动预览要使用的合适标注类型,选择对象、线或点进行标注,然后单击绘图区域中的任意位置绘制标注,这大大提高了绘图速度。

启用方法:

- "默认"选项卡➤"注释"面板➤单击按钮➤进入标注中;
- "注释"选项卡➤"标注"面板➤单击按钮➤进入标注中。

【例 6.10】 标注图 6.43 中的尺寸。

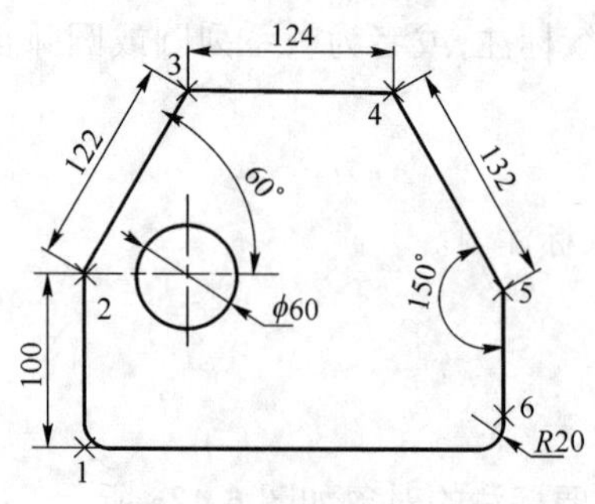

图 6.43 "dim"命令标注多种尺寸

使用前面设置的"机械制图标注样式"。

启用"标注 dim"命令,命令行提示:

选择对象或指定第一个尺寸界线原点或[角度(A)/基线(B)/连续(C)/坐标(O)/对齐(G)/分发(D)/图层(L)/放弃(U)]:

指定第一个尺寸界线原点或[角度(A)/基线(B)/继续(C)/坐标(O)/对齐(G)/分发(D)/图层(L)/放弃(U)]:在图中捕捉点 1

指定第二个尺寸界线原点或[放弃(U)]:在图中捕捉点 2

指定尺寸界线位置或第二条线的角度[多行文字(M)/文字(T)/文字角度(N)/放弃(U)]:在图中左键点选合适的尺寸线位置,完成尺寸 100 的标注

选择对象或指定第一个尺寸界线原点或[角度(A)/基线(B)/连续(C)/坐标(O)/对齐(G)/分发(D)/图层(L)/放弃(U)]:在图中捕捉点 2

指定第二个尺寸界线原点或[放弃(U)]:在图中捕捉点 3

指定尺寸界线位置或第二条线的角度[多行文字(M)/文字(T)/文字角度(N)/放弃(U)]:在图中左键点选合适的尺寸线位置,完成尺寸 122 的标注

选择对象或指定第一个尺寸界线原点或[角度(A)/基线(B)/连续(C)/坐标(O)/对齐(G)/分发(D)/图层(L)/放弃(U)]:在图中捕捉点 3

指定第二个尺寸界线原点或[放弃(U)]:在图中捕捉点 4

指定尺寸界线位置或第二条线的角度[多行文字(M)/文字(T)/文字角度(N)/放弃(U)]:在图中左键点选合适的尺寸线位置,完成尺寸 124 的标注

选择对象或指定第一个尺寸界线原点或[角度(A)/基线(B)/连续(C)/坐标(O)/对齐(G)/分发(D)/图层(L)/放弃(U)]:在图中捕捉点 4

指定第二个尺寸界线原点或[放弃(U)]:在图中捕捉点 5

指定尺寸界线位置或第二条线的角度[多行文字(M)/文字(T)/文字角度(N)/放弃(U)]:在图中左键点选合适的尺寸线位置,完成尺寸 132 的标注

选择对象或指定第一个尺寸界线原点或[角度(A)/基线(B)/连续(C)/坐标(O)/对齐(G)/分发(D)/图层(L)/放弃(U)]:将鼠标移动到直线 56 上,并点选该线段

选择直线以指定角度的第二条边:将鼠标移动到直线 45 上,并点选该线段

指定角度标注位置或[多行文字(M)/文字(T)/文字角度(N)/放弃(U)]：在图中左键点选合适的尺寸线位置，完成角度尺寸150°的标注

选择直线以指定尺寸界线原点：将鼠标移动到直线23上，并点选该线段

选择直线以指定角度的第二条边：将鼠标移动到圆的水平轴线上，并点选该轴线

指定角度标注位置或[多行文字(M)/文字(T)/文字角度(N)/放弃(U)]：在图中左键点选合适的尺寸线位置，完成角度尺寸60°的标注

选择圆以指定直径或[半径(R)/折弯(J)/角度(A)]：将鼠标移动到圆上，并点选圆

指定直径标注位置或[半径(R)/多行文字(M)/文字(T)/文字角度(N)/放弃(U)]：在图中左键点选合适的尺寸线位置，完成直径尺寸 $\phi 60$ 的标注

选择圆弧以指定半径或[直径(D)/折弯(J)/弧长(L)/角度(A)]：将鼠标移动到圆弧上，并点选圆弧

指定半径标注位置或[直径(D)/角度(A)/多行文字(M)/文字(T)/文字角度(N)/放弃(U)]：在图中左键点选合适的尺寸线位置，完成直径尺寸 $R20$ 的标注

选择对象或指定第一个尺寸界线原点或[角度(A)/基线(B)/连续(C)/坐标(O)/对齐(G)/分发(D)/图层(L)/放弃(U)]：↙确认完成全部标注，并退出此命令，标注结果如图6.43所示。

在使用该命令时，每完成一个尺寸的标注，命令行提示是动态的，会随着选择目标变化而变化，只有标注项目确定了其提示才确定。

6.3 尺寸编辑

对已经标注的尺寸可以进行编辑修改，可以修改尺寸线、尺寸界线、尺寸文本，也可以修改尺寸样式，还可通过 explode 命令将尺寸分解为文本、箭头、直线等单一对象。AutoCAD 提供的尺寸编辑命令有多种，下面介绍最简捷而常用的方法。

6.3.1 尺寸标注样式的修改

使用标注样式修改可统一修改图形中现有标注对象的标注特征，但不能修改尺寸文本内容。修改标注样式需要在“标注样式管理器”对话框中进行，在“标注样式管理器”中单击要修改的标注样式名，再选择“修改”或“替代”将显示“修改标注样式”对话框或“替代标注样式”对话框，这些对话框的内容和“新建标注样式”对话框的内容是相同的，从中将需要修改的选项重新设置即可。注意此时所有用该样式标注的尺寸其样式均被修改。如下图6.44所示，图a尺寸标注样式为“standard”，图b为修改标注样式后的标注，这里只对“standard”样式中箭头大小、文字样式、尺寸界线长短、尺寸数字的测量精度做了修改。

6.3.2 尺寸编辑

尺寸编辑命令是 dimedit，该命令可编辑标注文字的内容及旋转角度、编辑尺寸界线的倾斜角等。

启用方法：

- “注释”选项卡➤“标注”面板➤单击“编辑标注”按钮。

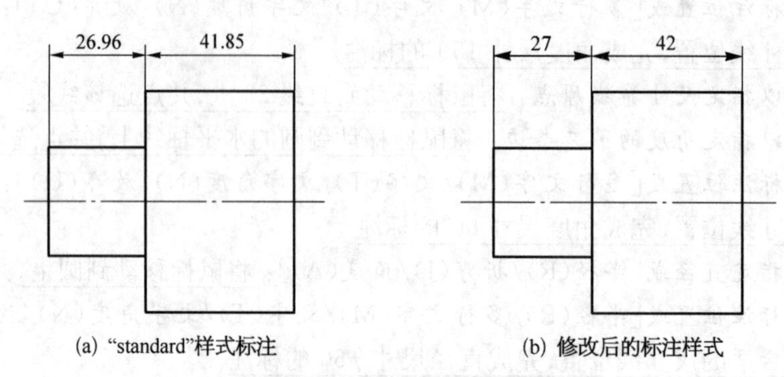

(a) “standard”样式标注　　(b) 修改后的标注样式

图 6.44　尺寸样式的修改

【例 6.11】 编辑图 6.45 中的尺寸。

启用“编辑标注”命令,命令行提示:

输入标注编辑类型[默认(H)/新建(N)/旋转(R)/倾斜(O)]<默认>: R↙选择“旋转”选项

指定标注文字的角度: 45↙输入角度 45

选择对象: 找到 1 个选择尺寸 80↙,编辑结果如图 6.45b 所示

再次启用“编辑标注”命令,命令行提示:

输入标注编辑类型[默认(H)/新建(N)/旋转(R)/倾斜(O)]<默认>: O↙选择“倾斜”选项

选择对象: 找到 1 个选择尺寸 40

选择对象: ↙结束选择

输入倾斜角度(按【Enter】键表示无): −45↙输入角度 45,编辑结果如图 6.45b 所示

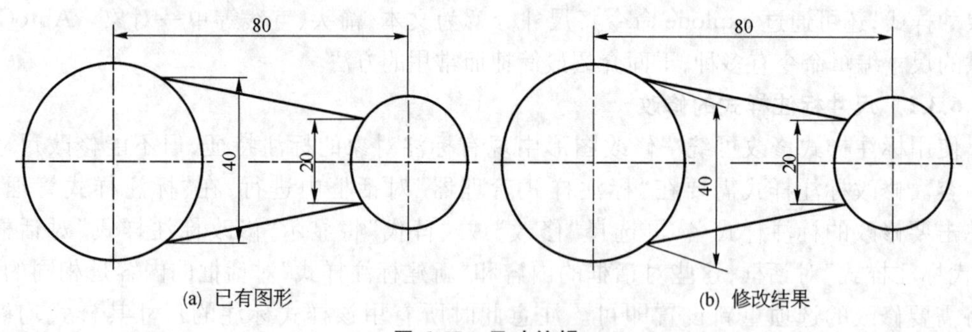

(a) 已有图形　　(b) 修改结果

图 6.45　尺寸编辑

【选项说明】

※ 默认(C): 将旋转标注文字移回到由标注样式指定的默认位置和旋转角。

※ 新建(N): 该选项用以编辑标注文字内容及其特性。此处用尖括号(< >)表示生成的测量值。要给生成的测量值添加前缀或后缀,请在尖括号前后输入前缀或后缀;要编辑或替换生成的测量值,请删除尖括号,输入新的标注文字,再单击“确定”。

※ 旋转(R): 旋转标注文字,如图 6.45b 中尺寸 80。

※ 倾斜(O): 调整线性标注尺寸界线的倾斜角度,如图 6.45b 中尺寸 40。

只想修改尺寸文本内容或调整尺寸位置时，不需启用命令按钮，只须用下面的简单方法即可。

6.3.2.1　**尺寸文本编辑**

启用方法：

- 双击要修改的尺寸➤弹出文字编辑工具栏，如图 6.46 所示。

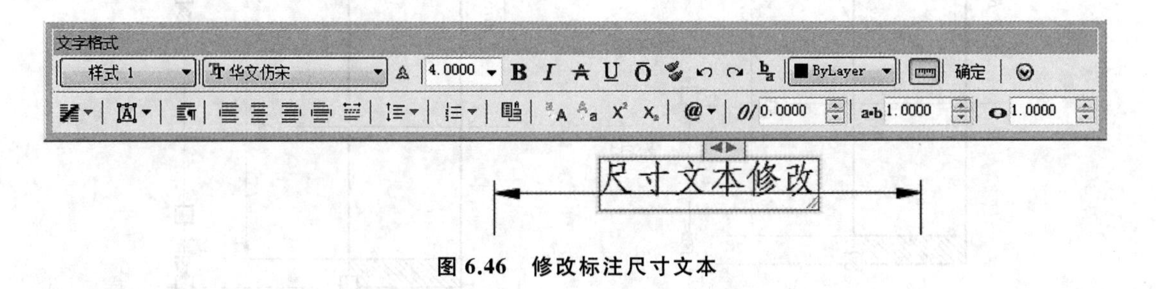

图 6.46　修改标注尺寸文本

【例 6.12】　将图 6.47a 中的尺寸"42"改为"ϕ37"。

双击尺寸"42"，弹出如图 6.46 所示的文字编辑工具栏，将 42 改为 ϕ37，单击"确定"按钮，完成修改，结果如图 6.47b 所示。

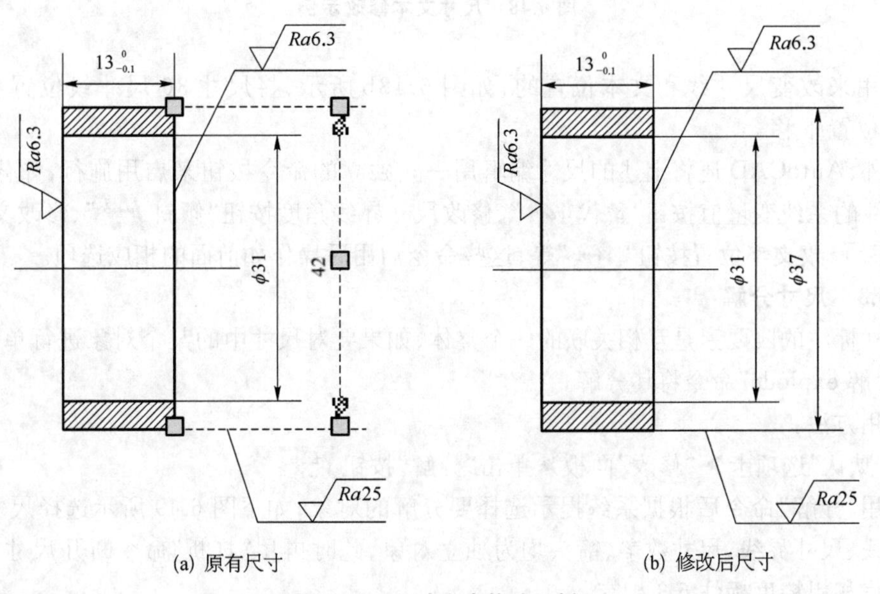

图 6.47　尺寸文本修改示例

6.3.2.2　**尺寸位置编辑**

启用方法：

- 单击要修改的尺寸➤尺寸显示蓝色控制夹点，如图 6.48a 所示。

当用户单击要修改的尺寸后，尺寸显示控制夹点，将光标放在夹点上夹点变红后拖动它以改变其位置。图 6.48a 中蓝色夹点 1、2 用来修改尺寸界线的位置，尺寸界线位置改变由系统自动测量的尺寸数值相应改变，如图 6.48b 所示，夹点 1 位置移动后，尺寸数值变为 36；但若尺寸文本是由用户给定的，则不会随着夹点拖动而改变。蓝色夹

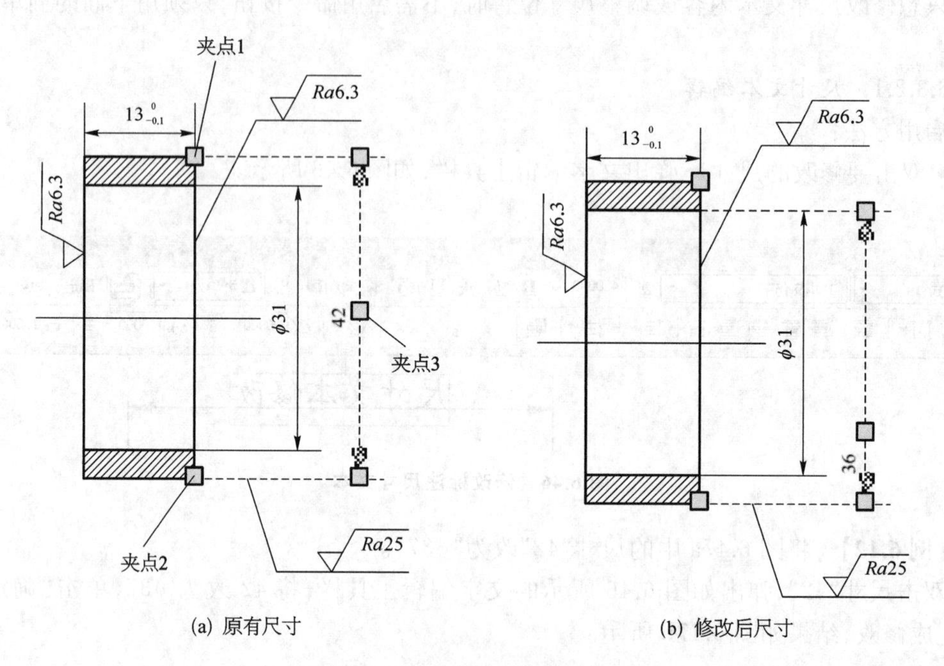

图 6.48　尺寸文本修改示例

点 3 是用来改变尺寸线和文本位置的,如图 6.48b 所示,将尺寸 36 尺寸线位置右移,尺寸文本位置下移。

此外,AutoCAD 还将上述的尺寸编辑用一些独立的命令按钮来启用施行,如修改选定尺寸标注的系统变量值按钮"替代"、修改尺寸界线角度按钮"倾斜"、修改文字角度按钮、修改文字位置按钮""等,这些命令启用后操作如前面的相应选项。

6.3.3　尺寸分解

尺寸标注的四要素是互相关联的一个整体,如果要对尺寸中的某个对象进行单独修改,可用"分解 explode"命令将其分解。

启用方法:

● "默认"选项卡➤"修改"面板➤单击"分解"按钮。

启用"分解"命令后根据系统提示选择要分解的对象,如下图 6.49 所示选择尺寸 37,此时尺寸线、尺寸界线、尺寸数字、箭头均为独立对象,此时再用"打断"命令断开尺寸线,以避免尺寸线和粗糙度标注 6.3 相交。

尺寸线的折断也可使用命令 dimbreak,但此命令只可断开尺寸线。

6.3.4　形位公差编辑

形位公差的编辑包括特性的编辑如文字高度、文字样式等和文字内容的编辑,这些均可在特性选项板中修改。

启用方法:

● "视图"选项卡➤"选项板"面板➤单击"特性"按钮 ➤弹出"特性"对话框,如图 6.50 所示。

点击需要修改的形位公差,在特性框中修改相应的特性。

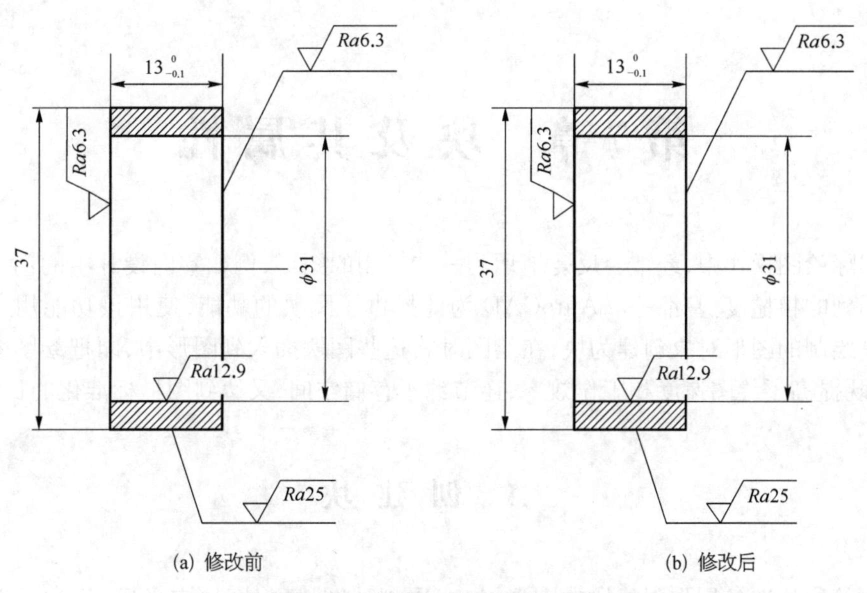

(a) 修改前　(b) 修改后

图 6.49　分解尺寸后断开尺寸线

图 6.50　特性选项板

若要修改形位公差的文本内容，可单击特性选项板中"文字替代"选项右边的按钮 ⋯，会弹出"形位公差"对话框，在此框中可修改形位公差内容。

有时用户只须对形位公差的内容进行修改，只要双击要修改的几何公差对象即可进入"几何公差"对话框，在框中修改相应的内容。

第 7 章　块及其属性

在实际绘图操作中，经常会反复地用到一些常用的图形，例如室内设计中的门、窗图形，标注中用到的粗糙度、基准等。AutoCAD 为此提供了图块的功能，使用该功能用户可以将需要重复绘制的图形对象创建为块，在绘图时将这些图块插入到图形中，即把绘图变成了拼图，这样既提高了绘图速度和工作效率，还节约了存储空间，又达到图形标准化的目的。

7.1　创建块

首先绘制好准备用作创建块的图形对象，再创建图块，将图块定义后，用户可以在图形中根据需要将图块作为一个整体按任意比例和旋转角度多次插入到图中。

启用方法：

- “默认”选项卡➤“块”面板➤按钮创建；
- “绘图”菜单➤“块”➤“创建块”。

执行上述操作均会弹出“块定义”对话框，如图 7.1 所示。

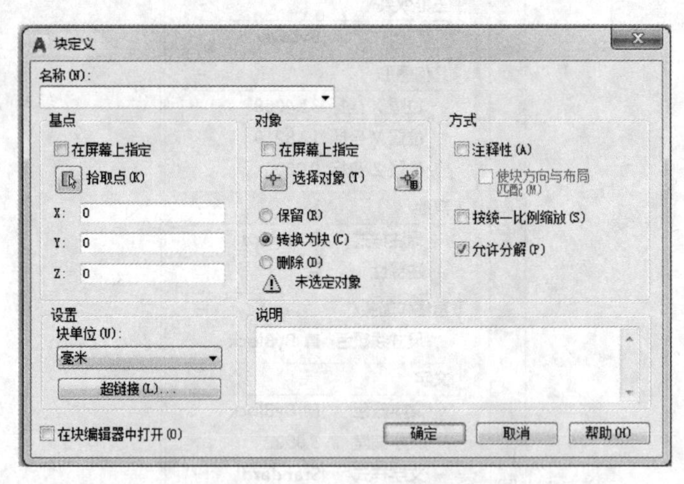

图 7.1　“块定义”对话框

【选项说明】

※ 名称：用于确定块的名称。

※ 基点：用于确定块的插入点。可以直接在 X、Y、Z 文本框中输入点的坐标，也可以利用选项组中“拾取点”按钮在绘图屏幕直接拾取基点。

※ 对象：用于选择要创建成块的图形对象，一般用“选择对象”按钮在图中选定。该选项组包括“保留”“转换为块”和“删除”三种选择。选择“保留”表示创建块后仍在屏幕中保留

组成块的各对象；选择"**转换为块**"表示创建块后在屏幕中保留组成块的各对象并将其转换成块；选择"**删除**"创建块后在屏幕上删除组成块的对象。

※ **方式**：该选项组包括三个复选框，这里只介绍"允许分解"复选框，选中此项，则允许定义的块被分解。

【例 7.1】 创建如图 7.2 所示的"电阻"图块。

图 7.2　电阻　　**图 7.3　定义块**

操作步骤如下：

① 先绘制好如图 7.2 所示的"电阻"图形，启用"创建块"命令，弹出如图 7.1 所示的"块定义"对话框。

② 在"名称"框中输入"电阻"。

③ 单击"拾取点"按钮，在图中捕捉插入基点为点 1 如图 7.3 所示。

④ 单击"选择对象"按钮，在图中框选整个电阻图形，如图 7.3 所示。

⑤ 其余保留默认设置。

⑥ 单击"确定"按钮即完成了块定义。

7.2　插　入　块

"插入块"命令用来在绘图过程中调用已创建好的图形块。

启用方法：

- "默认"选项卡➤"块"面板➤单击按钮；
- "插入"菜单➤单击按钮。

执行上述操作均会弹出 "插入"对话框，如图 7.4 所示。

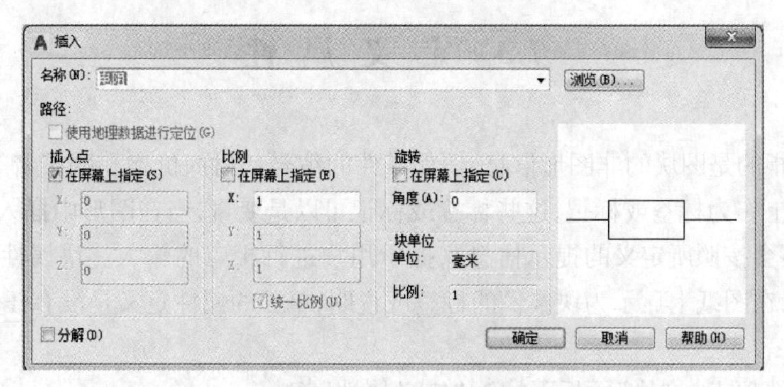

图 7.4　"插入"对话框

【选项说明】

※ **名称**：用于指定要插入的块或图形对象的名称。

※ **插入点**：用于确定块的插入点，块中定义的基点与插入点对齐。

※ 比例：用于确定块的插入比例。可以直接在 X、Y、Z 文本框中输入块在三个方向上的比例;也可以通过选择“在屏幕上指定”复选框,在图中用鼠标动态确定;“统一比例”复选框用于确定所插入的块在 X、Y、Z 三个方向的插入比例是否相同。

※ 旋转：用于确定块插入时的旋转角度。可以直接在“角度”文本框中输入角度值,也可以在屏幕上直接指定旋转角度。

※ 分解：用来确定是否将插入的块分解成各基本对象。

【例 7.2】 将例 7.1 中定义的块“电阻”插入图 7.5a 所示的电路图中电阻 R1、R2、R3 处。

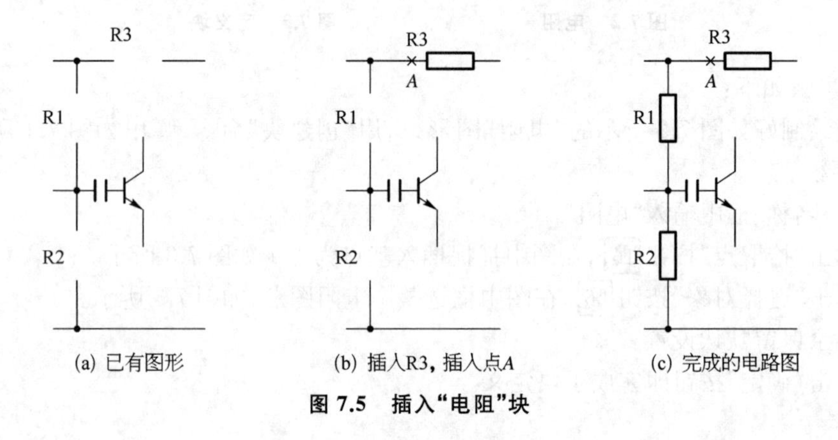

(a) 已有图形　(b) 插入R3，插入点A　(c) 完成的电路图

图 7.5　插入“电阻”块

操作步骤如下：

① 启用“插入块”命令,弹出如图 7.4 所示的“插入”对话框。

② 在“名称”框中找到块名“电阻”。

③ 其余设置如图 7.4 所示。

④ 单击“确定”按钮,回到图中捕捉插入点 A,动态确定旋转角使插入的电阻水平放置,如图 7.5b 所示,插入电阻 R3 结束命令。

⑤ 再依次插入电阻 R1、R2(插入时要旋转 90°),完成的电路图结果如图 7.5c 所示。

7.3 定 义 属 性

“块属性”指的是图块的非图形信息,例如零件的编号、名称、价格和购买者等属性,将这些信息附着在块上作为标签或标记,这些标签或标记可以是变量,当在图形中插入具有变量属性的块时,系统将会按照所定义的提示信息来提示用户进行相应的输入。块属性必须和图块结合在一起使用,在图纸上显示为块实例的标签或说明,单独的属性定义是没有任何意义的。

启用方法：

- “默认”选项卡➤“块”面板下拉➤“定义属性”；
- “绘图”菜单➤“块”下拉➤“定义属性”。

执行上述操作均会弹出“属性定义”对话框,如图 7.6 所示。

【选项说明】

※ “模式”选项组有六个组件：

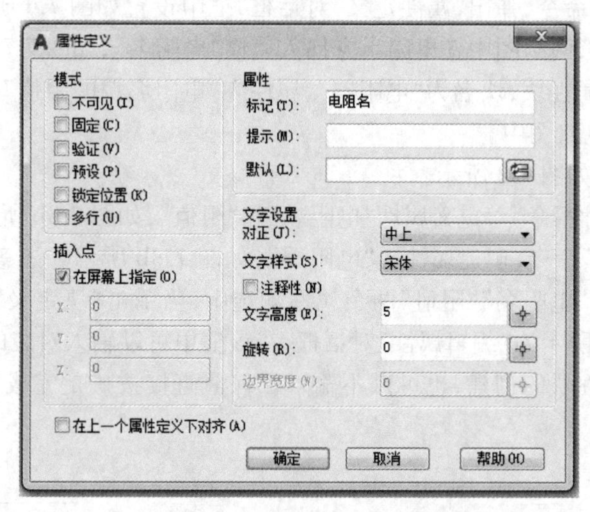

图 7.6　“属性定义”对话框

(1)“不可见”　用来设置在插入图块并输入相应的属性值后,属性值将不会在图中显示出来。

(2)“固定”　用来设置属性值为常量,即属性值在属性定义时给定后,插入图块过程中系统将不再提示输入属性值。

(3)“验证”　主要用来设置插入图块时,系统将重新显示属性值,让用户验证该值是否正确。

(4)“预设”　主要用来设置插入图块时,系统将自动把属性定义时的默认值赋予属性,而不再提示输入属性值。

(5)“锁定位置”　主要用来设置锁定属性的位置。

(6)“多行”　主要用来设置指定的属性值,可以包含多行文字并且可以指定属性的边界宽度。

※“属性”选项组有三个组件:

(1)“标记”　主要用来输入属性标签。属性标签不能使用含有空格键和感叹号字符的属性值,否则无效。

(2)“提示”　主要用来输入属性提示,即插入图块时,系统将在命令行按照所输入的内容进行提示,如果没有输入内容,则将以前面所设置的属性标签作为提示信息显示。

(3)“默认”　主要用来设置默认的属性值,即插入图块时可将使用次数较多的属性值作为默认值使用,也可以不用设置默认值。

※“文字设置”选项组有四个组件:

(1)“对正”　主要用来设置属性文字相对于参照点的位置。

(2)“文字样式”　主要用来设置属性文字的样式。

(3)“文字高度”　主要用来设置属性文字的高度。

(4)“旋转”　主要用来设置属性文字行的旋转角度。

※“插入点”:用于确定属性在图块中的位置。一般通过选中“在屏幕上指定”复选框,在图中指定。

电阻名

图 7.7　定义属性“电阻名”

【例 7.3】　给图 7.2 所示的电阻图形定义属性“电阻名”。

启用“定义属性”命令,弹出“属性定义”对话框,框中设置如图 7.6 所示,定义属性“电阻名”;单击“确定”按钮,回到图中在电阻上方插入属性“电阻名”,如图 7.7 所示,结束命令。

【例 7.4】 定义属性块,块名为“电阻器”,属性为“电阻名”和“阻值”两个,并插入该属性块到图 7.8a 所示的电路图中。

① 绘制电阻图,如图 7.2 所示。

② 启用“定义属性”命令,定义属性“电阻名”和“阻值”,如图 7.8b 所示。

③ 启用“创建块”命令,创建属性块“电阻器”,如图 7.8b 所示。注意在创建块选择图形对象时要将电阻图和“电阻名”“阻值”两个属性均选中;当单击“块定义”对话框的“确定”按钮后会弹出如图 7.9 所示的“编辑属性”对话框,在该框中可以输入对应的属性名如图 7.9 所示,按“确定”完成属性块的创建,也可以不输入任何值直接按确定完成创建,此时属性块中不显示属性标记。

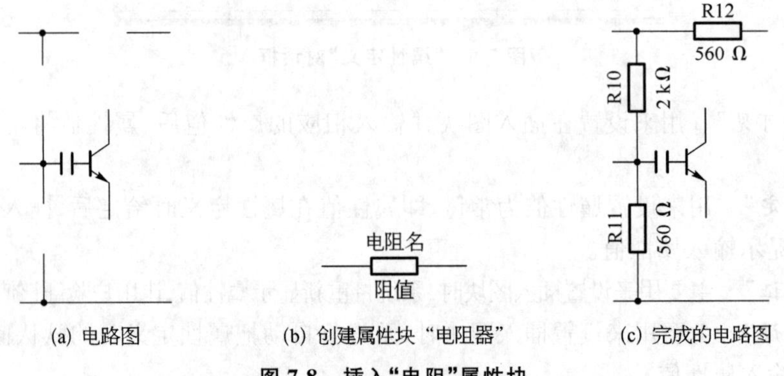

图 7.8　插入“电阻”属性块

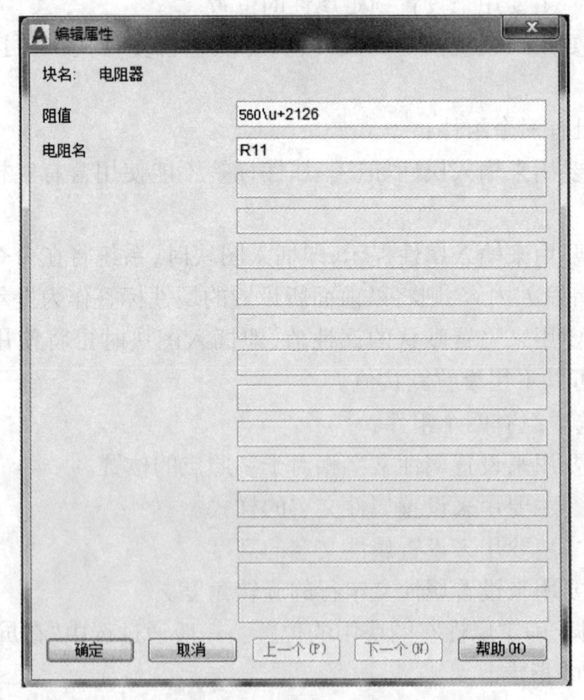

图 7.9　“编辑属性”对话框

④ 启用“插入块”命令,在图 7.8a 中断线处插入“电阻器”属性块,结果如图 7.8c 所示。

7.4 块存盘

使用“wblock”命令可以将用户创建的块或某些图形对象进行块存盘,以便用户能够在别的图形文件中随时调用插入。

启用方法:

- 命令行输入:wblock ↙ ➤ 系统弹出如图 7.10 所示的“写块”对话框。

图 7.10 “写块”对话框

【选项说明】

※ 源:表示写块对象的图形来源,可以是现有块,从下拉列表中选取;可以是当前的整个图形;也可以选择“对象”按钮创建新图形。

※ 基点:该组件在“源”选择“对象”选项时方能启用,用来指定对象的插入基点。

※ 对象:该组包也是在“源”选择“对象”选项时方能启用,用来指定作为块存盘的对象,及其存在方式。

※ 目标:用于指定存盘名称和路径。

【例 7.5】 将例 7.4 中的“电阻器”块存盘。

操作步骤如下:

① 在命令窗口中输入“wblock”命令,系统将会弹出如图 7.10 所示的“写块”对话框。

② 在“源”选项组中选择“块”单选按钮,选择块名“电阻器”。

③ 框中其余设置如图 7.10 所示。

④ 单击“确定”按钮。

7.5 编辑块定义及其属性

在 AutoCAD 2017 中,可以对块的定义进行编辑,及编辑块图形、修改块属性定义、增加或删除块属性。

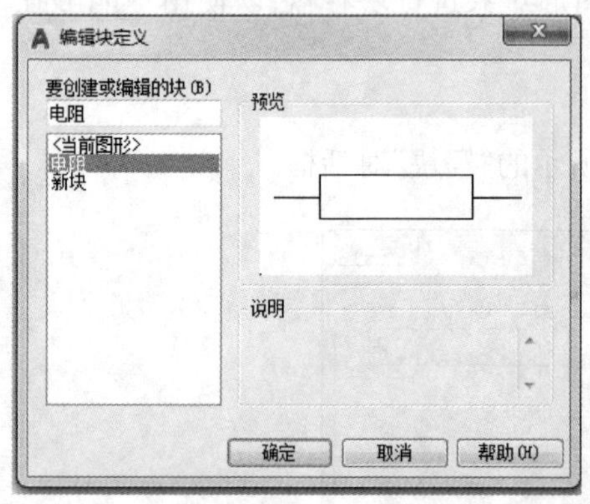

图 7.11 “编辑块定义”对话框

启用方法:

- “默认”选项卡 ➤ “块”面板 ➤ 单击按钮。

系统弹出如图 7.11 所示的“编辑块定义”对话框,在该框中选择要编辑的块,如图 7.11 中的“电阻”,单击“确定”按钮,进入如图 7.12 所示的块编辑器界面,用户在该界面下可对块的图形进行修改及对块的属性定义进行编辑或增加属性。如图 7.12 所示,单击“操作面板”上的“属性定义”按钮,给“电阻”块增加了属性“FM”。

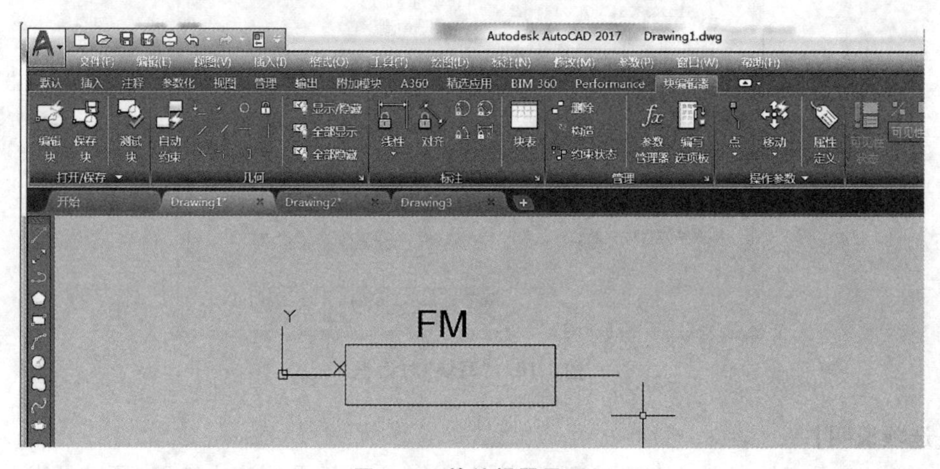

图 7.12 块编辑器界面

7.6 编 辑 属 性

编辑属性指对已经插入图形中的块属性进行编辑,启用方法:

- “默认”选项卡 ➤ “块”面板 ➤ 单击按钮 ➤ 命令行提示“选择块”,在屏幕中选择所要编辑的属性块;
- 双击要编辑的属性块。

执行上述操作,均会弹出“增强属性编辑器”对话框,如图 7.13 所示。

【选项说明】

※ 属性:该选项卡用于更改属性值,用户可以在相应的“值”文本框中输入新的属性值。

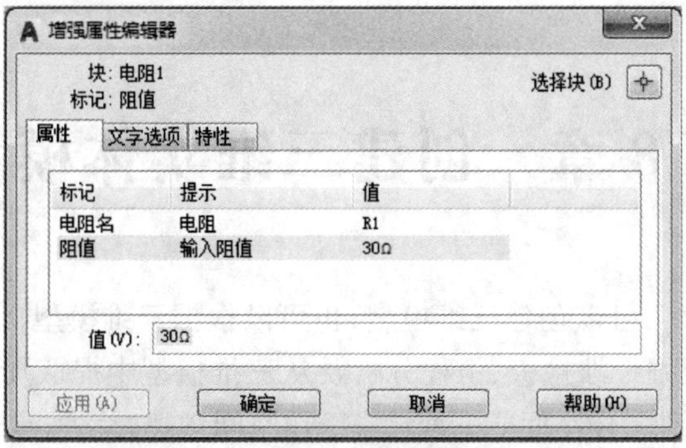

图 7.13 “增强属性编辑器”对话框

※ **文字选项**：该选项卡用于修正属性文字的特性，如图 7.14 所示。

※ **特性**：该选项卡用来修正属性的特性，如图 7.15 所示。

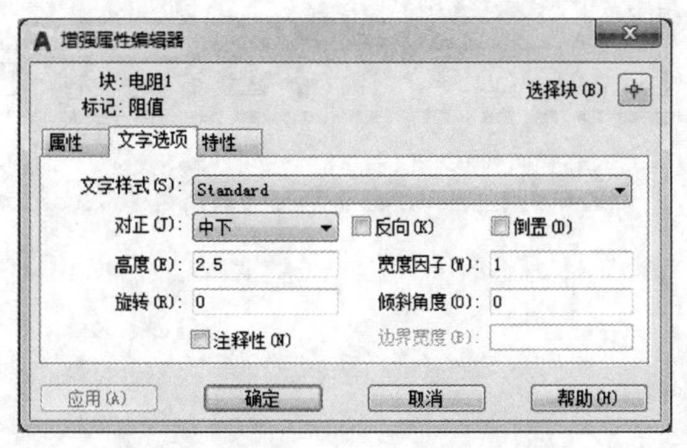

图 7.14 编辑属性“文字选项”选项卡

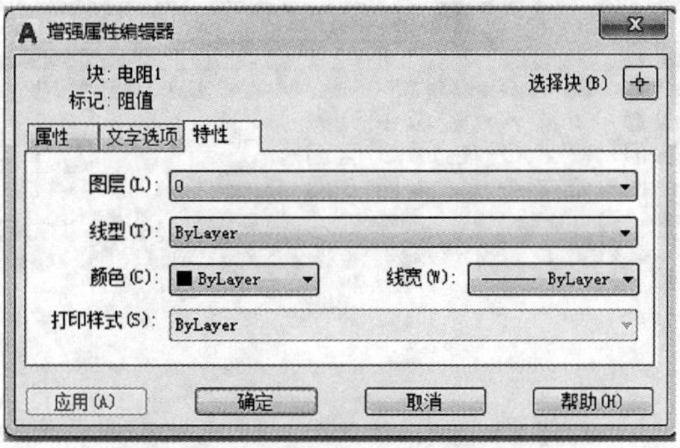

图 7.15 编辑属性“特性”选项卡

在增强属性编辑器对话框中编辑好各个属性标记的内容后，单击“应用”按钮即可。

在 AutoCAD 2017 中，还有一种插入图形的命令叫“外部参照”，它与插入块的区别在于被参照插入的图形文件信息并不直接加入到主图形文件中，主图形文件只记录参照关系，所以其主图形文件的大小不改变，但若作为外部参照的子图形发生改变时会引起主图形的相应变化，这一内容本书不做详细阐述。

第 8 章　创建三维实体模型

使用 AutoCAD 2017 可以创建三维模型，也可以根据三维模型自动生成二维视图，根据三维模型还可以进行三维干涉检查、工程分析及从三维模型中提取加工数据。

三维模型在三维基础工作空间或三维建模工作空间创建，首先，点击状态栏的工作空间切换按钮 ⚙ ▾ 进行工作空间的切换，三维基础工作空间如图 8.1 所示，三维建模工作空间如图 8.2 所示。三维基础工作空间只列出较基础的常用命令。三维建模工作空间则包括了所有三维建模所需要的命令。本章将基于三维建模工作空间讲解创建三维实体模型的基本方法。

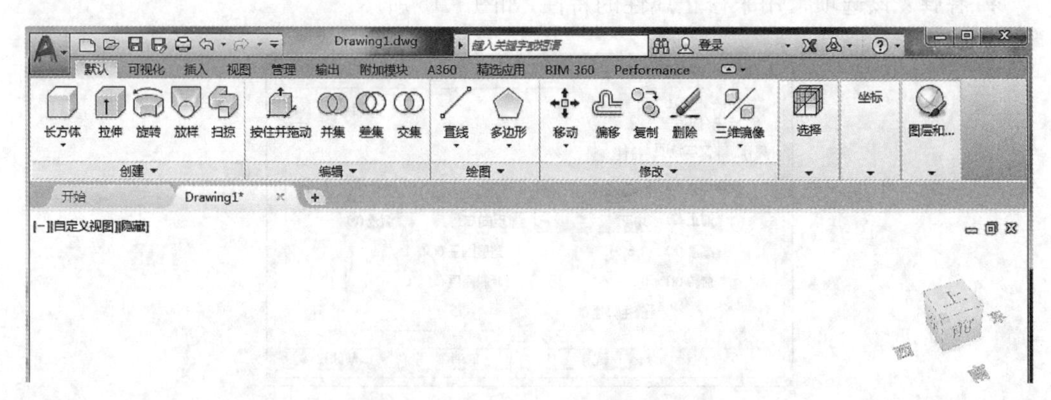

图 8.1　三维基础工作空间选项卡

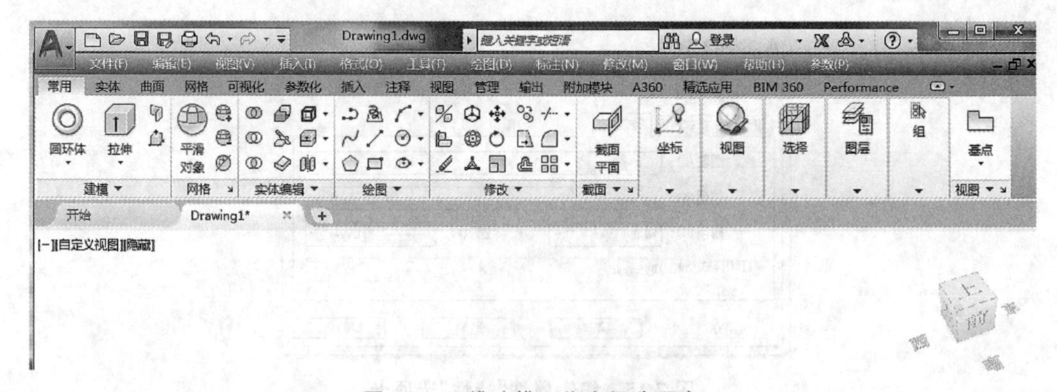

图 8.2　三维建模工作空间选项卡

8.1　三 维 坐 标 系

在 AutoCAD 中，坐标系包括世界坐标系(WCS)和用户坐标系(UCS)。WCS 坐标系有固定的坐标轴方向和原点位置，包括直角坐标、柱坐标和球坐标；UCS 坐标系可以灵活改变当前的坐标轴方向和原点位置，使用户在三维建模时更加方便。

8.1.1　定义 UCS

启用方法

- “常用”选项卡➤“坐标”面板➤单击所需选项。

【例 8.1】　建立用户坐标系，步骤如下。

单击“坐标”面板的按钮右侧三角符号，在下拉菜单中点击“面”按钮，系统将会进入提示行：

命令：_ucs

当前 UCS 名称：＊没有名称＊

指定 UCS 的原点或[面(F)/命名(NA)/对象(OB)/上一个(P)/视图(V)/世界(W)/X/Y/Z/Z 轴(ZA)]<世界>：_fa

选择实体面、曲面或网格：点选要将 *XY* 平面与之重合的面

输入选项[下一个(N)/X 轴反向(X)/Y 轴反向(Y)]<接受>：↙确认接受该面，如图 8.3 所示

单击“坐标”面板的“原点”按钮，系统将会进入提示行：

命令：

命令：_ucs

当前 UCS 名称：＊没有名称＊

指定 UCS 的原点或[面(F)/命名(NA)/对象(OB)/上一个(P)/视图(V)/世界(W)/X/Y/Z/Z 轴(ZA)]<世界>：_o

指定新原点<0,0,0>：捕捉拐角点，如图 8.4 所示

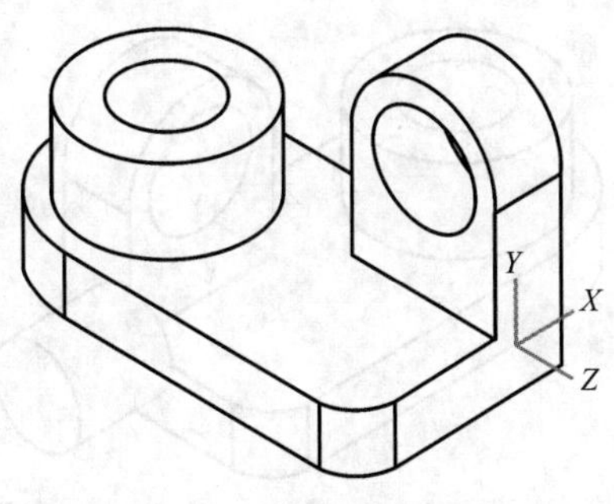

图 8.3　用面创建 UCS

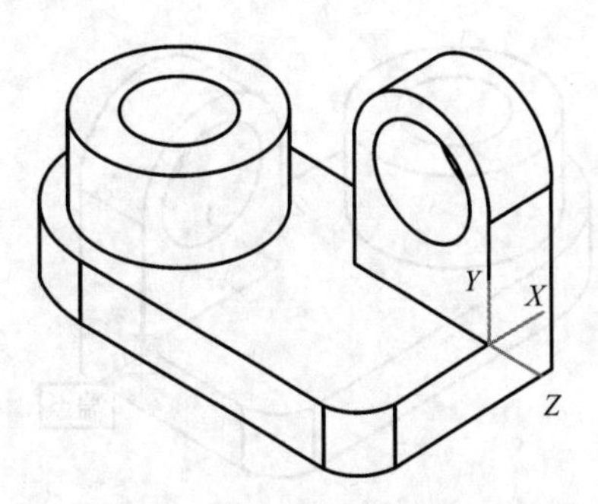

图 8.4　指定新原点创建 UCS

【选项说明】

※ 指定 UCS 的原点：使用一点、两点或三点定义一个新的 UCS。指定单个点，则只移动当前 UCS 的原点；继续指定第二点，则确定新坐标系的 x 轴；继续指定第三点，则确定新坐标系的 *XY* 平面。

※ 面(F)：将用户坐标系与三维实体上的面对齐。通过单击面的边界内部或面的边来选择面。UCS 的 *X* 轴与选定原始面上最靠近的边对齐。

※ 命名(NA)：按名称保存并恢复通常使用的 UCS 方向。

※ 对象(OB)：通过选择一个对象定义一个新的坐标系，坐标原点与坐标轴的方向取决

于所选对象的类型。该选项不能用于下列对象：三维多段线、三维网格和构造线。

※ 上一个(P)：恢复上一个 UCS。

※ 视图(V)：将用户坐标系的 *XY* 平面与垂直于观察方向的平面对齐，原点保持不变。

※ 世界(W)：将当前用户坐标系设置为世界坐标系(WCS)。WCS 是所有用户坐标系的基准，不能被重新定义。

※ X/Y/Z：将当前坐标系绕指定的 *X*、*Y* 或 *Z* 轴旋转。转角逆时针为正。

※ Z 轴(ZA)：将用户坐标系与指定的 *Z* 轴正半轴对齐。UCS 原点移动到指定的第一点，其 *Z* 轴正半轴通过指定的第二点。

8.1.2　动态坐标系

打开动态 UCS 之后，允许使用动态 UCS 在三维实体的平整面上创建对象模型，不需要事先手动更改设定 UCS。当光标移到该平整面上时，动态 UCS 会临时将 UCS 的 *XY* 面与该平整面对齐，如图 8.5 所示。

启用方法：

● "状态栏"➤点开"允许/禁止动态 UCS(F6)"按钮。

【例 8.2】　在图 8.5 所示的立体上添加圆柱体，步骤如下。

点开状态栏"动态 UCS"按钮，点击"圆柱体"按钮，进入系统提示：

命令：_cylinder

指定底面的中心点或[三点(3P)/两点(2P)/切点、切点、半径(T)/椭圆(E)]：指定灰色面上的拐角点

指定底面半径或[直径(D)]<60.0000>：60↙输入半径后回车确认

指定高度或[两点(2P)/轴端点(A)]<120.0000>：120↙输入高度后回车确认，结果如图 8.6 所示

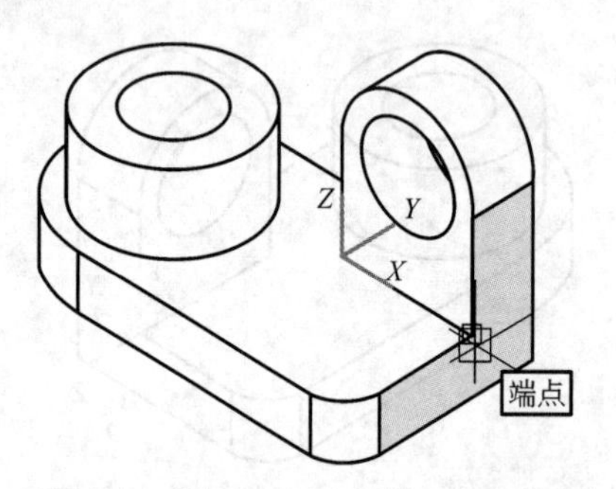

图 8.5　动态 UCS 下光标移到平整面

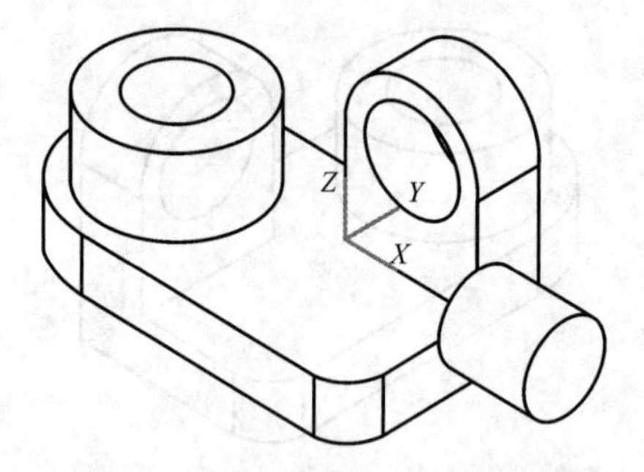

图 8.6　用动态 UCS 绘制的圆柱体

8.2　创建三维实体

实体建模是三维建模中最重要和最常用的部分。

8.2.1　绘制基本实体

8.2.1.1　绘制长方体

启用方法：

● “常用”选项卡➤“建模”面板➤单击“长方体”按钮。

【例8.3】　创建如图8.7所示长方体。

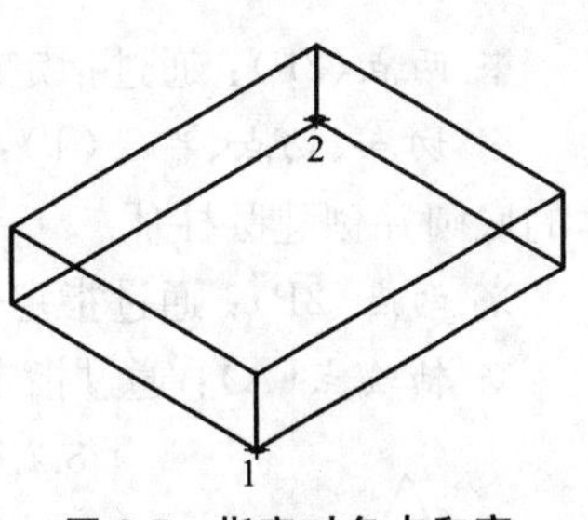

图8.7　指定对角点和高度创建长方体

点击“长方体”按钮，进入系统提示：

命令：_box

指定第一个角点或[中心(C)]：单击鼠标指定点1

指定其他角点或[立方体(C)/长度(L)]：单击鼠标指定对角点2

指定高度或[两点(2P)]<137.2095>：120↙指定高度后回车确认

【选项说明】

※ 中心(C)：指定的长方体的中心点创建长方体。

※ 立方体(C)：指定边长，创建立方体。

※ 长度(L)：指定长宽高创建长方体，根据命令行提示输入长宽高的值。

※ 两点(2P)：使用两个指定点之间的距离，以该距离作为长方体的高度创建长方体。

8.2.1.2　绘制楔体

启用方法：

● “常用”选项卡➤“建模”面板➤单击“楔体”按钮。

该命令提示与创建长方体提示相同，但选项含义略有不同。

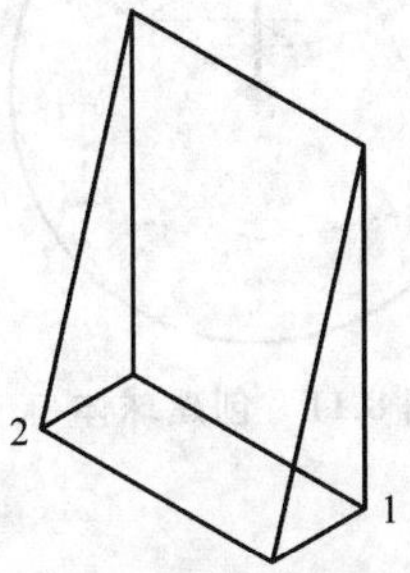

【选项说明】

※ 中心(C)：指定的楔体斜面的中心点创建楔体。

※ 立方体(C)：使用指定的边长，创建两直角边相等的楔体。

※ 长度(L)：使用指定长宽高创建楔体。

※ 两点(2P)：使用两个指定点之间的距离，以该距离作为楔体的高度创建楔体。

图8.8所示为指定两点和高度创建的楔体。

图8.8　指定对角点和高度创建楔体

8.2.1.3　绘制圆柱体

启用方法：

● “常用”选项卡➤“建模”面板➤单击按钮。

【例8.4】　创建如图8.9所示圆柱体。

点击“圆柱体”按钮，进入系统提示：

命令：_cylinder

指定底面的中心点或[三点(3P)/两点(2P)/切点、切点、半径(T)/椭圆(E)]：指定底圆圆心

指定底面半径或[直径(D)]：60↙输入半径后回车确认

指定高度或[两点(2P)/轴端点(A)]<60.0000>：120↙输入圆柱高后回车确认

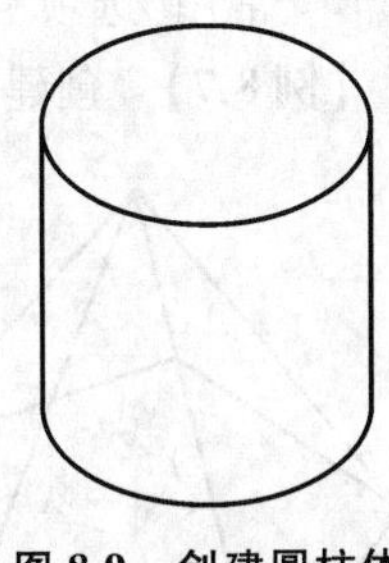

图8.9　创建圆柱体

【选项说明】

※ 三点(3P)：通过指定底圆上的三个点来定义圆柱体的底圆并创建圆柱体。

※ 两点(2P)：通过指定底圆直径上的两个点来定义圆柱体的底圆并创建圆柱体。

※ 切点、切点、半径(T)：通过绘制具有指定半径，且与两个对象相切的圆来定义圆柱体的底圆并创建圆柱体。

※ 两点(2P)：通过指定任意两点，以两点间的距离确定圆柱体的高度。

※ 轴端点(A)：通过指定圆柱体上下底圆的圆心来确定圆柱体的高度和轴线的方位。

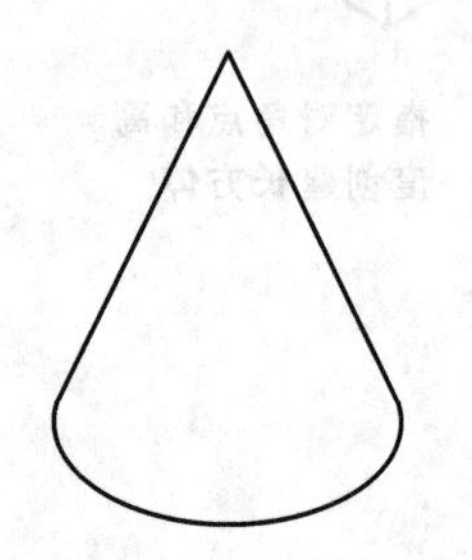

图 8.10 创建圆锥体

8.2.1.4 绘制圆锥体

启用方法：

● "常用"选项卡➤"建模"面板 ➤单击按钮。

【例 8.5】 创建如图 8.10 所示圆锥体。

点击"圆锥体"按钮，进入系统提示：

命令：_cone

指定底面的中心点或[三点(3P)/两点(2P)/切点、切点、半径(T)/椭圆(E)]：指定底圆圆心

指定底面半径或[直径(D)]<10.0000>：20↙输入半径值 20

指定高度或[两点(2P)/轴端点(A)/顶面半径(T)]<30.0000>：50↙输入锥高值 50

【选项说明】

※ 顶面半径(T)：使用顶面半径(T)选项时，可以通过指定顶圆半径，再指定锥高以创建圆台体。

8.2.1.5 绘制球体

启用方法：

● "常用"选项卡➤"建模"面板 ➤单击按钮。

【例 8.6】 创建如图 8.11 所示球体。

点击"球体"按钮，进入系统提示：

命令：_sphere

指定中心点或[三点(3P)/两点(2P)/切点、切点、半径(T)]：指定球心点

指定半径或[直径(D)]<20.0000>：30↙指定半径后回车确认

图 8.11 创建球体

8.2.1.6 绘制棱锥体

启用方法：

● "常用"选项卡➤"建模"面板 ➤单击按钮。

【例 8.7】 创建如图 8.12 所示棱锥体。

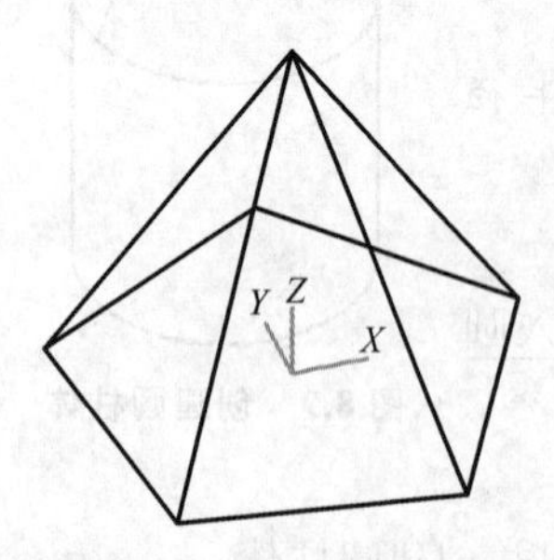

图 8.12 创建五棱锥

点击"建模"面板"棱锥体"按钮，进入系统提示：

命令：_pyramid 4 个侧面 外切

指定底面的中心点或[边(E)/侧面(S)]：s↙输入 s 选项更改侧表面数

输入侧面数<4>：5↙输入侧表面数后回车确认

指定底面的中心点或[边(E)/侧面(S)]：0,0,0↙输入底面中心点坐标后回车确认

指定底面半径或[内接(I)]<40.0000>：50↙输入底面外

接圆半径 50

指定高度或[两点(2P)/轴端点(A)/顶面半径(T)]<50.0000>：100↙输入锥高 100

【选项说明】

※ 边(E)：通过指定底面正多边形的一条边创建棱锥体。

※ 侧面(S)：指定棱锥的侧表面数量。

※ 内接(I)：通过指定底面多边形的内切圆半径创建棱锥体。

※ 轴端点(A)：指定棱锥的轴线两端点，可用于绘制斜棱锥。

8.2.1.7　绘制圆环体

启用方法：

● "常用"选项卡➤"建模"面板➤单击按钮◎。

【例 8.8】　创建如图 8.13 所示圆环体。

点击"圆环体"按钮◎，进入系统提示：

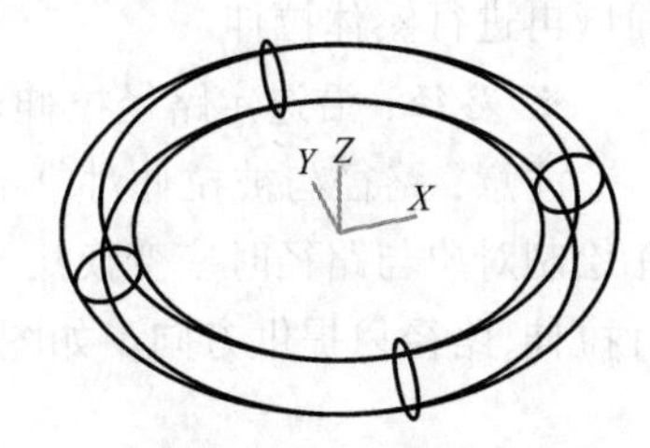

图 8.13　创建圆环体

命令：_torus

指定中心点或[三点(3P)/两点(2P)/切点、切点、半径(T)]：0,0,0↙输入圆环中心坐标后回车确认

指定半径或[直径(D)]<49.4427>：50↙输入轨迹圆半径后回车确认

指定圆管半径或[两点(2P)/直径(D)]：12↙输入圆管半径后回车确认

8.2.2　二维图形转换成三维实体

上述三维建模方法是直接生成基本实体模型，除此之外，AutoCAD 还提供了利用二维图形生成三维实体模型的方法，包括拉伸、旋转、扫掠、放样及按住并拖动等。

8.2.2.1　拉伸

拉伸命令可以将圆、椭圆、圆环、多边形、闭合多段线、矩形、面域或闭合的样条曲线等二维图形沿指定的高度或路径拉伸成三维实体。如果拉伸开放对象或闭合普通线段，将生成曲面。

启用方法：

● "常用"选项卡➤"建模"面板➤单击按钮 拉伸。

【例 8.9】　创建如图 8.14 所示的拉伸实体。

点击"拉伸"按钮 拉伸，进入系统提示：

命令：_extrude

当前线框密度：ISOLINES=4，闭合轮廓创建模式=实体

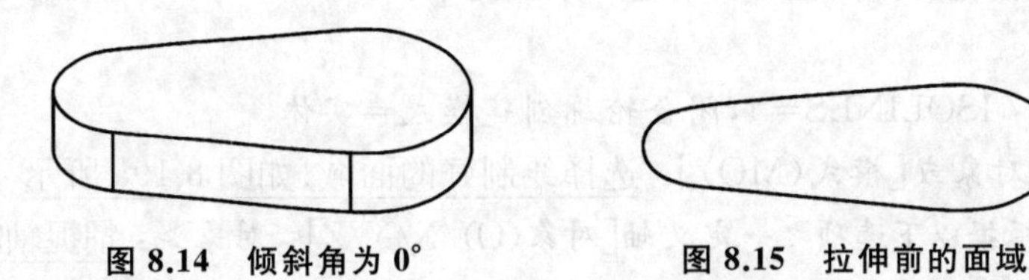

图 8.14　倾斜角为 0°　　　　**图 8.15　拉伸前的面域**

选择要拉伸的对象或[模式(MO)]：选择绘制好的面域，如图 8.15 所示

选择要拉伸的对象或[模式(MO)]：↙回车确认

指定拉伸的高度或[方向(D)/路径(P)/倾斜角(T)/表达式(E)]<40.1927>：30↙指

定拉伸高度回车确认

【选项说明】

※ 拉伸的高度：按指定的高度拉伸实体。

※ 倾斜角(T)：拉伸有斜度的实体。倾斜角为正，实体沿拉伸方向渐小；倾斜角为负，实体沿拉伸方向渐大，如图 8.16 所示为倾斜角为 30°的结果。

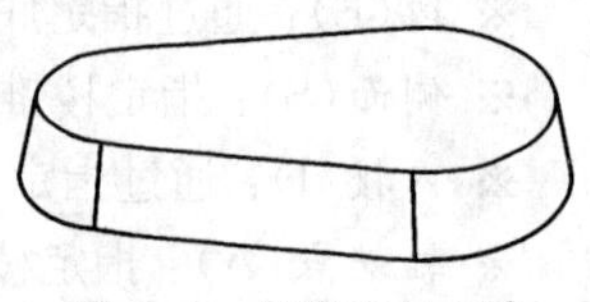

图 8.16 倾斜角为 30°

注意：对于由多条线段或圆弧组合而成的图形应先转化成面域再进行实体拉伸。

※ 路径：沿选定路径拉伸对象创建拉伸实体或曲面。

注意：路径与被拉伸对象不能处于同一平面，也不能具有半径过小的转折部分。因此，在绘制对象与路径时应变换用户坐标系。如果拉伸对象与路径无交点，则基于拉伸对象进行拉伸，路径只提供方向。如图 8.17 和图 8.18 所示。

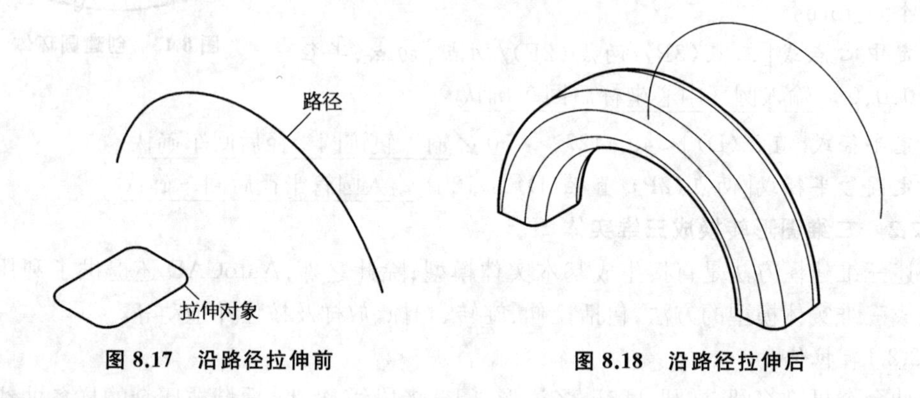

图 8.17 沿路径拉伸前　　图 8.18 沿路径拉伸后

8.2.2.2 旋转

旋转命令可以将圆、椭圆、圆环、多边形、闭合多段线、矩形、面域或闭合的样条曲线等二维图形绕指定轴旋转成三维实体。如果旋转开放对象或闭合普通线段，将生成曲面。不能旋转包含在块中的对象，不能旋转具有相交或自交线段的多段线，可以同时旋转多个对象，并可将对象旋转 360°或小于 360°的指定角度。

启用方法：

● “常用”选项卡➤“建模”面板 ➤单击按钮旋转。

【例 8.10】 创建如图 8.19b 所示旋转实体。

点击“建模”面板“旋转”按钮旋转，进入系统提示：

命令：_revolve

当前线框密度：ISOLINES＝4，闭合轮廓创建模式＝实体

选择要旋转的对象或[模式(MO)]：选择绘制好的面域，如图 8.19a 所示

指定轴起点或根据以下选项之一定义轴[对象(O)/X/Y/Z]<对象>：捕捉轴的一个端点

指定轴端点：捕捉轴的另一个端点

指定旋转角度或[起点角度(ST)/反转(R)/表达式(EX)]<360>：↙确认旋转 360°

【选项说明】

※ 模式(MO)：控制旋转操作是创建实体还是曲面。

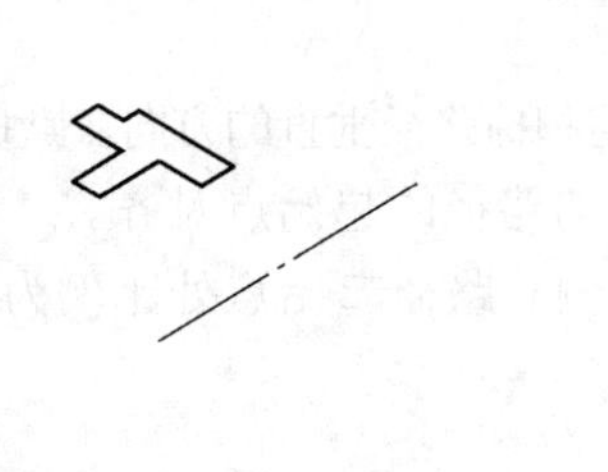

(a) 旋转对象及旋转轴

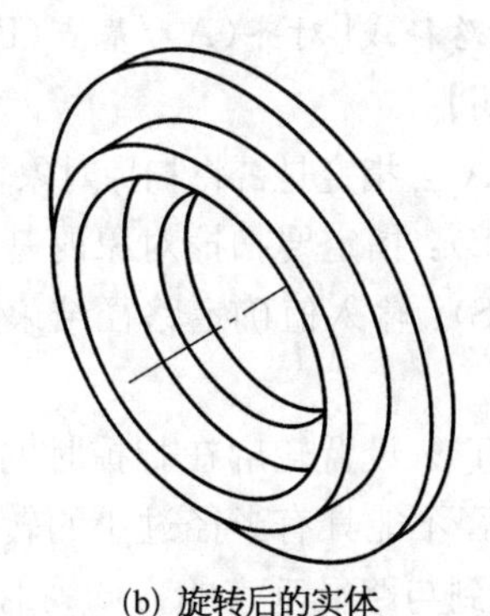

(b) 旋转后的实体

图 8.19　二维面域旋转成实体

※ 指定旋转轴的起点：通过两个点来定义旋转轴。系统将按指定的角度和旋转轴旋转二维对象。

※ 对象(O)：选择已绘制好的直线或用多段线命令绘制的直线段或实体的线性边作为旋转轴线。

※ X/Y/Z：将二维对象绕当前用户坐标系的 X 或 Y 或 Z 轴旋转。

※ 起点角度(ST)：旋转的起始位置与旋转对象所在平面的偏移角度。

※ 反转(R)：更改旋转方向。

※ 表达式(EX)：输入公式或方程式,以指定旋转角度。

8.2.2.3　扫掠

使用扫掠命令,可以将开放或闭合的平面曲线沿二维或三维路径扫掠从而创建实体或曲面;可以扫掠多个对象,但是这些对象必须位于同一平面中。

启用方法：

● “常用”选项卡➤“建模”面板 ➤ 扫掠 扫掠。

【例 8.11】　创建如图 8.20b 所示的扫掠体。

点击“建模”面板“扫掠”按钮 扫掠,进入系统提示：

命令：_sweep

当前线框密度：ISOLINES＝20

选择要扫掠的对象或[模式(MO)]：点选圆

选择要扫掠的对象或[模式(MO)]：↙回车确认

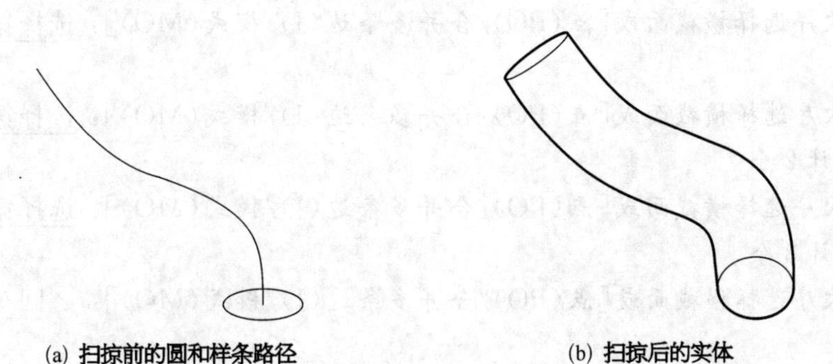

(a) 扫掠前的圆和样条路径　　　(b) 扫掠后的实体

图 8.20　扫掠生成实体

选择扫掠路径或[对齐(A)/基点(B)/比例(S)/扭曲(T)]：点选样条曲线作扫掠路径

【选项说明】

※ 对齐(A)：指定是否将扫掠对象轮廓调整到与扫掠路径垂直的方向。默认为调整到垂直。

※ 基点(B)：指定要扫掠对象的基点。该点将与路径的起始点对齐。

※ 比例(S)：输入值确定路径结束处的缩放比例。路径起始点处比例为 1,中间部分逐渐变化。

※ 扭曲(T)：设置轮廓在扫掠时的扭曲角度。

注意：路径不能具有半径过小的转折部分,否则会扫掠失败。扫掠时,扫掠对象默认会被移动并转动到与路径垂直的方向,扫掠对象的形心默认与路径的起始点对齐。

8.2.2.4　放样

放样命令可以通过指定两个或两个以上的横截面创建实体或曲面,也可以通过令横截面沿指定的路径线或导向线来创建实体或曲面。横截面可以是开放的,也可以是闭合的。

启用方法：

● "常用"选项卡➤"建模"面板 ➤单击按钮 放样。

【例 8.12】　创建如图 8.21 所示放样实体。

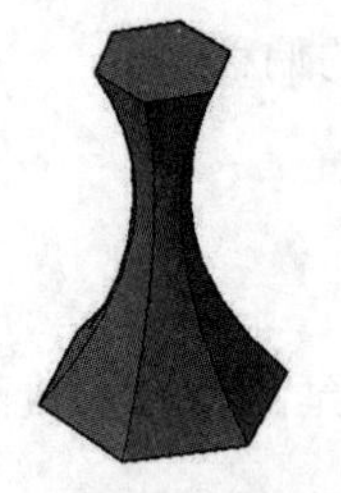

(a) "平滑拟合"控制放样

(b) "法线指向"控制放样

(c) "直纹"控制放样

图 8.21　不同曲面控制法的放样实体

步骤如下：

点击"建模"面板"放样"按钮 放样,进入系统提示：

命令：_loft

当前线框密度：ISOLINES=4,闭合轮廓创建模式＝实体

按放样次序选择横截面或[点(PO)/合并多条边(J)/模式(MO)]：_MO 闭合轮廓创建模式[实体(SO)/曲面(SU)]＜实体＞：_SO

按放样次序选择横截面或[点(PO)/合并多条边(J)/模式(MO)]：选择第一个横截面

找到 1 个

按放样次序选择横截面或[点(PO)/合并多条边(J)/模式(MO)]：选择第二个横截面

找到 1 个,总计 2 个

按放样次序选择横截面或[点(PO)/合并多条边(J)/模式(MO)]：选择第三个横截面

找到 1 个,总计 3 个

按放样次序选择横截面或[点(PO)/合并多条边(J)/模式(MO)]：↙回车确认结束横截面选择

选中了 3 个横截面

输入选项[导向(G)/路径(P)/仅横截面(C)/设置(S)/连续性(CO)/凸度幅值(B)]<仅横截面>：↙回车确认默认选项

【选项说明】

※ 仅横截面(C)：仅用横截面限定实体或曲面的轮廓形状。

※ 设置(S)：选择该选项，系统将打开“放样设置”对话框，如图 8.22 所示。

横截面上的曲面控制方法为平滑拟合、法向指向及直纹情况时，得到的放样实体分别如图 8.21a、b、c 所示。

※ 导向(G)：指定控制放样实体或曲面形状的导向曲线。导向曲线可以是多条直线或曲线，每条导向曲线应与所有截面都相交。

※ 路径(P)：指定单一路径曲线以定义实体或曲面的形状，路径曲线必须与每个截面都相交。

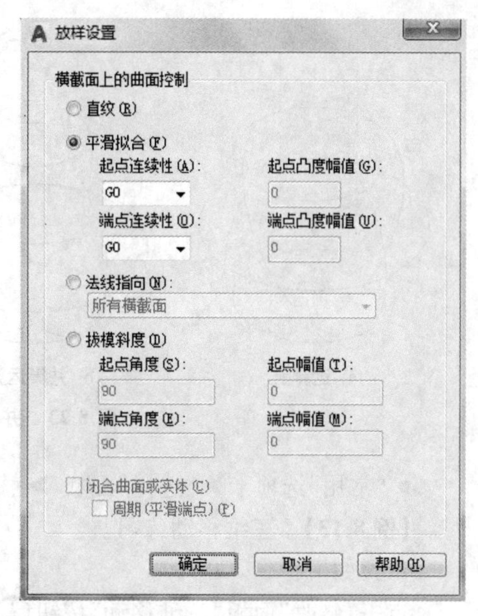

图 8.22　“放样设置”对话框

8.3　三维实体的编辑

8.3.1　实体逻辑运算

8.3.1.1　并集

并集运算是将两个或两个以上的实体组合成一个整体对象。

启用方法：

- “常用”选项卡➤“实体编辑”面板➤单击“并集”按钮。

8.3.1.2　差集

差集运算是将一个对象减去另一个对象形成新的实体对象。先点选的是被减对象。

启用方法：

- “常用”选项卡➤“实体编辑”面板 ➤单击“差集”按钮。

8.3.1.3　交集

交集运算是将两个实体的公共部分提取出来形成新的实体对象。

启用方法：

- “常用”选项卡➤“实体编辑”面板 ➤单击“交集”按钮。

执行并集、差集、交集运算的结果分别如图 8.23b、c、d 所示。

8.3.2　三维操作

8.3.2.1　三维移动

使用三维移动命令可以将选定的对象移动到指定位置。

启用方法：

- “常用”选项卡➤“修改”面板 ➤单击“三维移动”按钮；

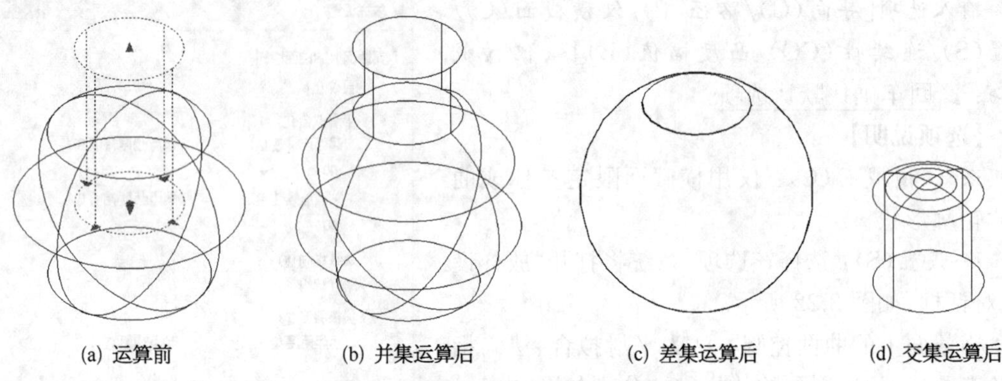

图 8.23　并集、差集与交集运算结果

- "常用"选项卡➤"选择"面板 ➤移动小控件。

【例 8.13】　三维移动练习。

步骤如下:

点击"修改"面板"三维移动"按钮,进入系统提示:

命令:_3dmove

选择对象:逐次选择需要移动的对象后回车确认

指定基点或[位移(D)]<位移>:指定一个基点作为移动的起始点

指定第二个点或<使用第一个点作为位移>:指定移动的目标点

【选项说明】

※ 基点:指定要移动的三维对象的基点。

※ 位移:使用在命令提示下输入的坐标值指定选定三维对象的位置的相对距离和方向。

8.3.2.2　三维旋转

使用三维旋转命令,可以自由旋转选定的对象或子对象。

启用方法:

- "常用"选项卡➤"修改"面板 ➤单击"三维旋转"按钮;
- "常用"选项卡➤"选择"面板 ➤旋转小控件;
- "建模"工具条➤单击"三维旋转"按钮。

【例 8.14】　三维旋转练习,如图 8.24(b)所示。

步骤如下:

点击"修改"面板"三维旋转"按钮,进入系统提示:

命令:_3drotate

UCS 当前的正角方向:ANGDIR=逆时针　ANGBASE=0.00

选择对象:点选要旋转的圆柱体后回车确认

指定基点:指定球心为基点,即旋转轴要通过的点

拾取旋转轴:将鼠标光标移到辅助圆上,出现所需要的旋转轴时,点击确认

指定角的起点或键入角度:捕捉圆柱体顶面圆心

指定角的端点:90↙输入旋转角度后回车确认

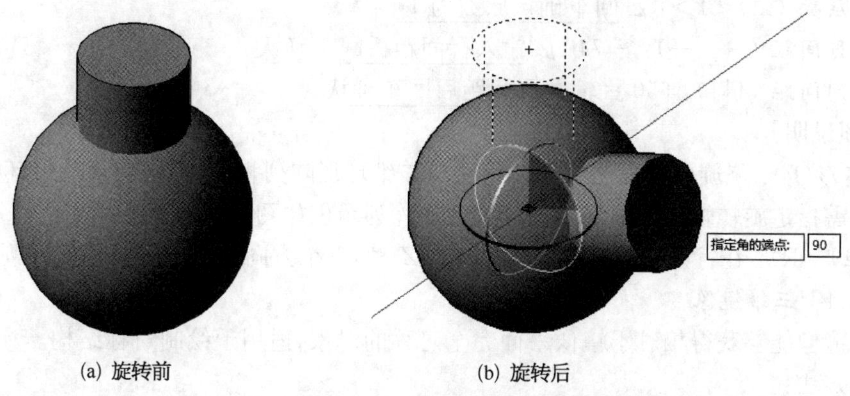

(a) 旋转前　　(b) 旋转后

图 8.24　三维旋转示例

【选项说明】

※ 基点：设置旋转的中心点。

※ 拾取旋转轴：指定旋转轴。

※ 旋转角度：指定旋转的相对起点和终点，也可以指定起点和角度值。

8.3.2.3　三维阵列

当需要在空间创建多个以矩形或环形方式均匀分布的对象时，可用三维阵列命令。

启用方法：

- “修改”经典菜单下拉➤“三维操作”按钮➤“三维阵列”按钮。

【例 8.15】　三维阵列练习，创建如图 8.25(a)所示实体。

步骤如下：

点击“修改”经典菜单 “三维操作”“三维阵列”按钮，进入系统提示：

命令：_3darray

选择对象：选择小圆柱找到 1 个

选择对象：↙回车确认

输入阵列类型[矩形(R)/环形(P)]<矩形>：↙回车确认为矩形阵列

输入行数（———）<1>：2↙输入行数后回车确认

输入列数（|||）<1>：2↙输入列数后回车确认

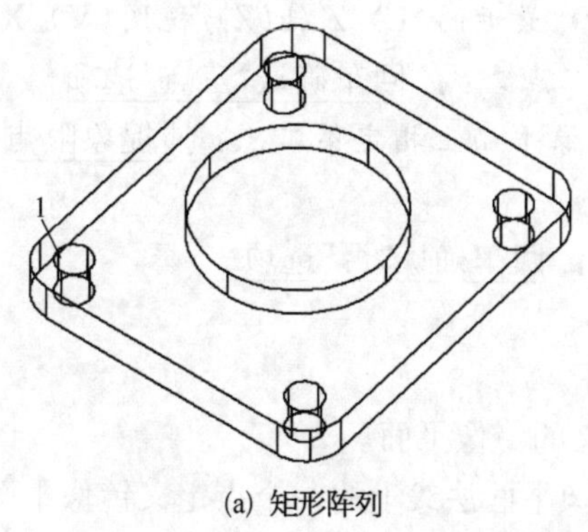

(a) 矩形阵列

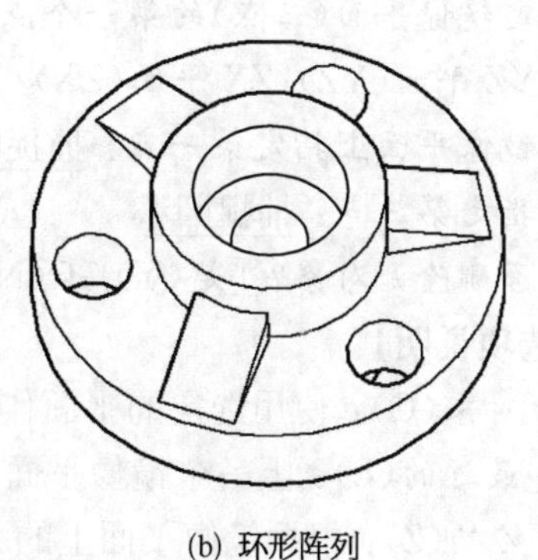

(b) 环形阵列

图 8.25　三维阵列示例

输入层数(...)<1>：↙回车确认层数为1

指定行间距(———)：−740↙输入行间距后回车确认

指定列间距(|||)：650↙输入列间距后回车确认

【选项说明】

※ 环形(P)：绕旋转轴复制对象。用法与二维环形阵列相似,不同在于三维环形阵列的回转中心需指定旋转轴线上两个点。三维环形阵列示例如图8.25b所示。

※ 矩形(R)：在行(*X* 轴)、列(*Y* 轴)和层(*Z* 轴)三个方向将对象进行矩形阵列。

8.3.2.4　三维镜像

三维镜像能够获得相对于镜像平面完全对称的对象,适用于绘制对称结构。

启用方法：

- "常用"选项卡➤"修改"面板➤三维镜像；
- "修改"经典菜单下拉➤"三维操作"➤三维镜像。

【例8.16】　三维镜像肋板,如图8.26所示。

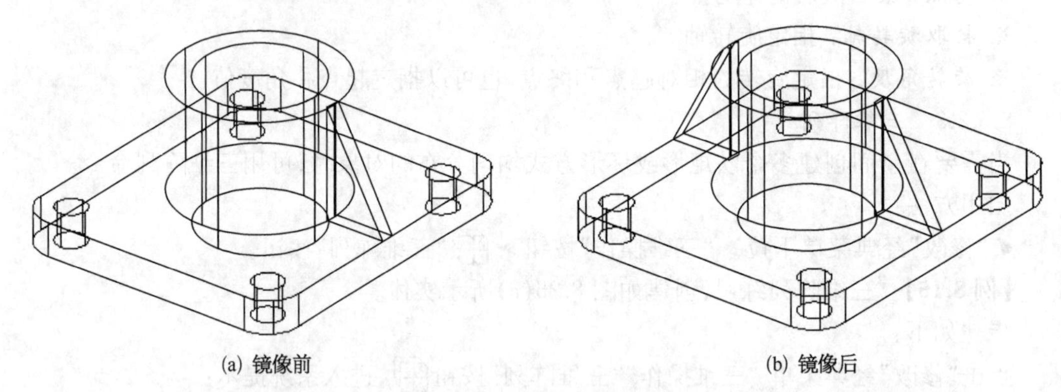

(a) 镜像前　　(b) 镜像后

图8.26　三维镜像示例

步骤如下：

点击"修改"经典菜单"三维操作"三维镜像按钮,进入系统提示：

命令：_mirror3d

选择对象：点选要镜像的肋后回车确认找到1个

选择对象：↙回车确认

指定镜像平面(三点)的第一个点或[对象(O)/最近的(L)/Z轴(Z)/视图(V)/XY平面(XY)/YZ平面(YZ)/ZX平面(ZX)/三点(3)]<三点>：↙回车确认"三点"选项

在镜像平面上指定第一点：捕捉象限点在镜像平面上指定第二点：捕捉象限点在镜像平面上指定第三点：捕捉圆心

是否删除源对象？[是(Y)/否(N)]<否>：↙回车确认"否"选项

【选项说明】

※ 对象(O)：使用选定的平面作为镜像平面。

※ 最近的(L)：上一个镜像平面,即最后定义的镜像平面。

※ Z轴(Z)：根据镜像平面上的一个点和镜像平面法线上的一个点定义镜像平面。

※ 视图(V)：将镜像平面与当前视口中通过指定点的视图平面对齐。

※ XY 平面(XY)：指定一个平行于当前 XY 平面的面作为镜像平面，(YZ)(ZX)选项与此类似。

8.3.3　三维实体编辑

8.3.3.1　倒角

启用方法：

● “常用”选项卡➤“修改”面板 ➤“倒角和圆角”下拉➤单击按钮。

【例 8.17】　三维倒角练习，如图 8.27 所示。

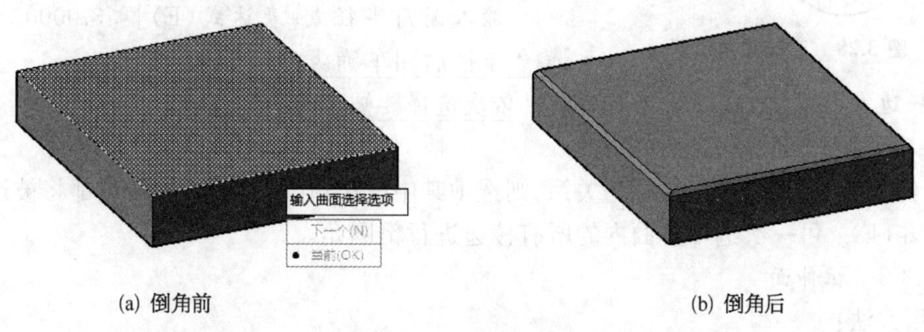

(a) 倒角前　　(b) 倒角后

图 8.27　三维倒角示例

步骤如下：

点击“修改”面板“倒角”按钮，进入系统提示：

命令：_chamfer

(“修剪”模式）当前倒角距离 1＝0.0000，距离 2＝0.0000

选择第一条直线或[放弃(U)/多段线(P)/距离(D)/角度(A)/修剪(T)/方式(E)/多个(M)]：D↙输入距离(D)选项后回车确认

指定第一个倒角距离＜0.0000＞：10↙输入倒角距离后回车确认

指定第二个倒角距离＜10.0000＞：↙回车确认

选择第一条直线或[放弃(U)/多段线(P)/距离(D)/角度(A)/修剪(T)/方式(E)/多个(M)]：选择实体的上表面的一条边基面选择...系统自动将所选边的相邻面作为基面亮显

输入曲面选择选项[下一个(N)/当前(OK)]＜当前(OK)＞：N↙如果亮显的表面不是所需时，点选“下一个(N)”选项，选择后如图 8.27a 所示

指定基面的倒角距离＜10.000＞：↙回车确认

指定其他曲面的倒角距离＜10.000＞：↙回车确认

选择边或[环(L)]：L↙输入环(L)选项后回车确认

选择环边或[边(E)]：点选一条边↙

【选项说明】

※ 选择第一条直线：选择要倒角的三维实体的边。与此边相邻的一个面将作为基面用虚线显示，如输入选项“N”或点选“下一个(N)”，则被选边的另一相邻面被指定为基面。

※ 环(L)：可一次选中基面内的所有棱边进行倒角。

8.3.3.2　圆角

启用方法：

● “常用”选项卡➤“修改”面板 ➤“倒角和圆角”下拉➤单击“圆角”按钮。

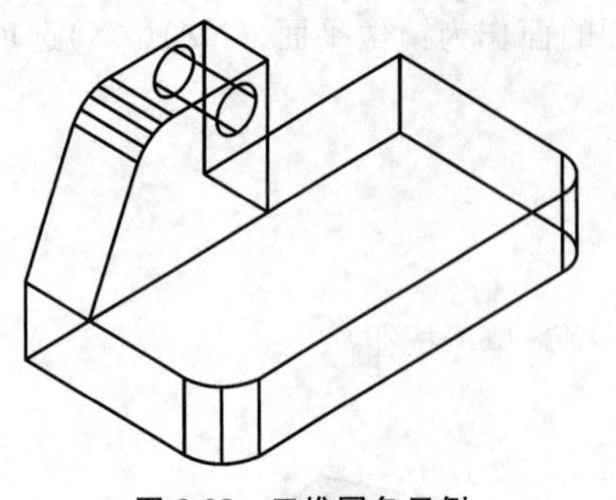

图 8.28 三维圆角示例

【例 8.18】 三维圆角练习,如图 8.28 所示。

步骤如下:

点击"修改"面板"圆角"按钮,进入系统提示:

命令:_fillet

当前设置:模式=修剪,半径=3.0000

选择第一个对象或[放弃(U)/多段线(P)/半径(R)/修剪(T)/多个(M)]:选择需倒圆角的棱边

输入圆角半径或[表达式(E)]<3.0000>:6↙ 输入半径后回车确认

选择边或[链(C)/环(L)/半径(R)]:依次选择要被倒圆角的边

【选项说明】

※ 链(C):如果各棱边是相切关系,则选中其中一条边,所有相切的棱边都将被选中。

※ 环(L):可一次选中基面内的所有棱边进行倒圆角。

8.3.3.3 拉伸面

启用方法:

● "常用"选项卡➤"实体编辑"面板 ➤"拉伸面"下拉➤单击"拉伸面"按钮。

根据提示输入拉伸高度、角度或拉伸路径,操作示例如图 8.29 所示。

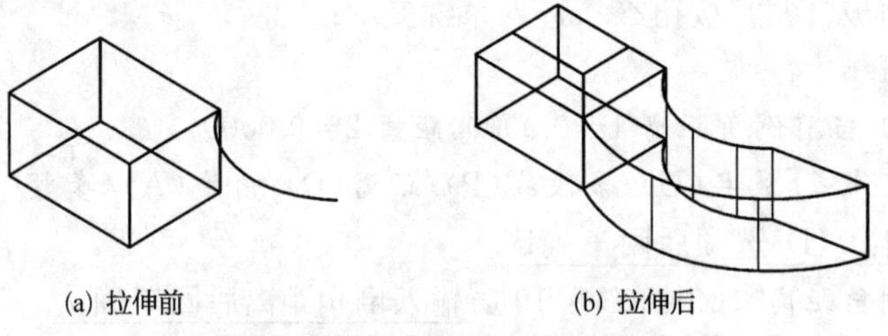

(a) 拉伸前　　(b) 拉伸后

图 8.29 沿路径拉伸长方体表面

8.3.3.4 移动面

启用方法:

● "常用"选项卡➤"实体编辑"面板 ➤"拉伸面"下拉➤单击"移动面"按钮。

操作示例如图 8.30b 所示,选择方孔四个侧面,执行"移动面"后方孔各面整体左移。

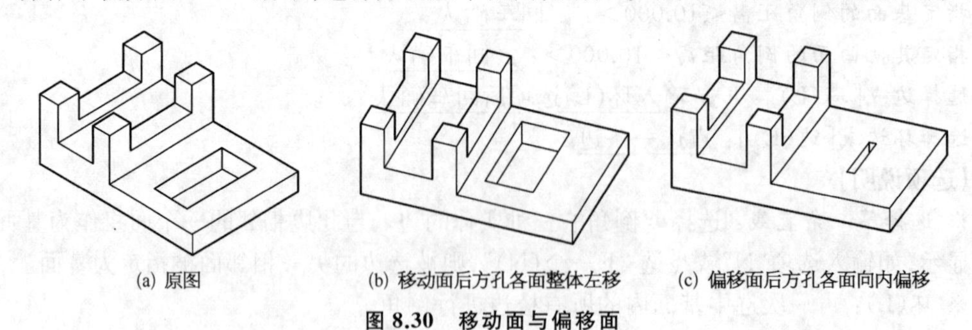

(a) 原图　　(b) 移动面后方孔各面整体左移　　(c) 偏移面后方孔各面向内偏移

图 8.30 移动面与偏移面

8.3.3.5 偏移面

启用方法:

● "常用"选项卡➤"实体编辑"面板➤"拉伸面"下拉➤单击"偏移面"按钮。

操作示例如图 8.30c 所示,选择方孔四个侧面,执行"偏移面"后方孔各面向内偏移。

8.3.3.6　删除面

启用方法:

● "常用"选项卡➤"实体编辑"面板➤"拉伸面"下拉➤单击"删除面"按钮。

操作示例如图 8.31a 所示。选中半圆柱孔表面,删除后如图 8.31b 所示。

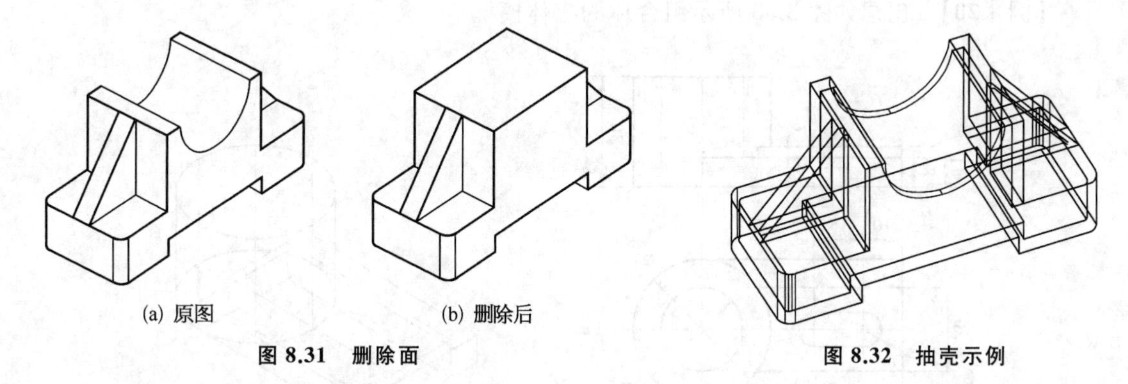

(a) 原图　(b) 删除后

图 8.31　删除面

图 8.32　抽壳示例

8.3.3.7　抽壳

抽壳是通过将现有面偏移指定的厚度值来创建中空的壳。指定的偏移距离为正值时,向内偏移形成壳;反之向外偏移形成壳。

启用方法:

● "常用"选项卡➤"实体编辑"面板➤"分割"下拉➤单击"抽壳"按钮。

【例 8.19】　抽壳练习,如图 8.32 所示。

步骤如下:

点击"实体编辑"面板"抽壳"按钮,进入系统提示:

命令:_solidedit

实体编辑自动检查:SOLIDCHECK=1

输入实体编辑选项[面(F)/边(E)/体(B)/放弃(U)/退出(X)]<退出>:_body

输入体编辑选项[压印(I)/分割实体(P)/抽壳(S)/清除(L)/检查(C)/放弃(U)/退出(X)]<退出>:_shell

选择三维实体:选择要被抽壳的实体

删除面或[放弃(U)/添加(A)/全部(ALL)]:选择要被挖空的面,可以多个找到一个面,已删除 1 个

删除面或[放弃(U)/添加(A)/全部(ALL)]:↙回车确认

输入抽壳偏移距离:5↙输入偏移值后回车确认

已开始实体校验

已完成实体校验

输入体编辑选项[压印(I)/分割实体(P)/抽壳(S)/清除(L)/检查(C)/放弃(U)/退出(X)]<退出>:

实体编辑自动检查:SOLIDCHECK=1

输入实体编辑选项[面(F)/边(E)/体(B)/放弃(U)/退出(X)]<退出>：

图 8.32 所示为图 8.31a 的物体执行抽壳命令后的结果。

8.4　操作实例

【例 8.20】　创建如图 8.33 所示组合体的实体模型。

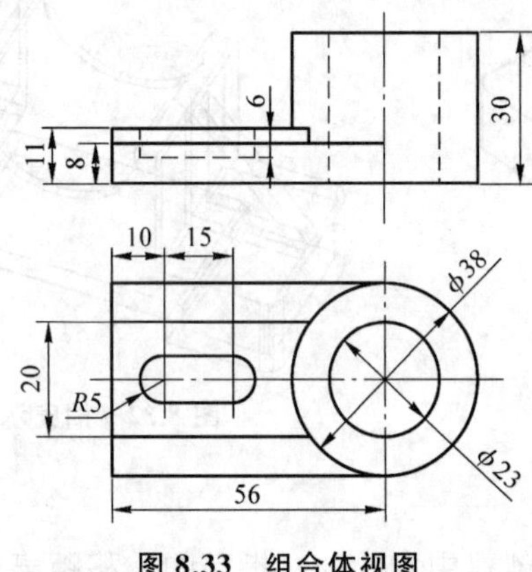

图 8.33　组合体视图

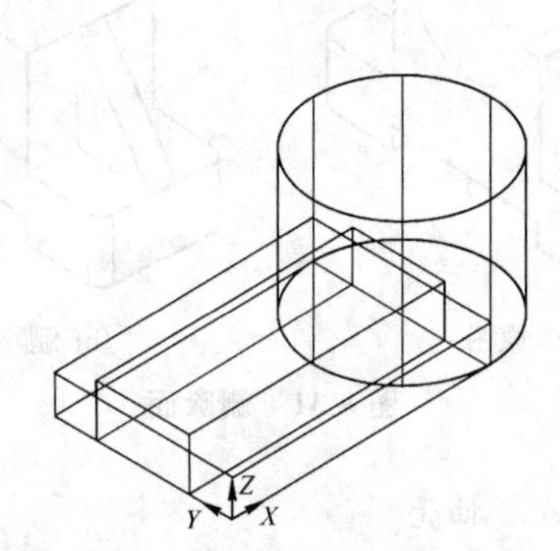

图 8.34　创建底板、圆柱体和凸台

(1) 创建长方体底板　输入长方体的底面对角点及高创建底板,如图 8.34 所示。

命令：_box

指定第一个角点或[中心(C)]：0,0,0↙输入角点绝对坐标后回车确认

指定其他角点或[立方体(C)/长度(L)]：56,38↙输入角点相对坐标后回车确认

指定高度或[两点(2P)]<3.0000>：8↙输入高度后回车确认

(2) 创建大圆柱体　创建圆柱体如图 8.34 所示。

命令：_cylinder

指定底面的中心点或[三点(3P)/两点(2P)/切点、切点、半径(T)/椭圆(E)]：捕捉中心点

指定底面半径或[直径(D)]<11.5000>：19↙输入圆柱半径后回车确认

指定高度或[两点(2P)/轴端点(A)]<−8.0000>：30↙输入高度后回车确认

(3) 创建长方体凸台　输入长方体的底面对角点及高创建凸台,如图 8.34 所示。

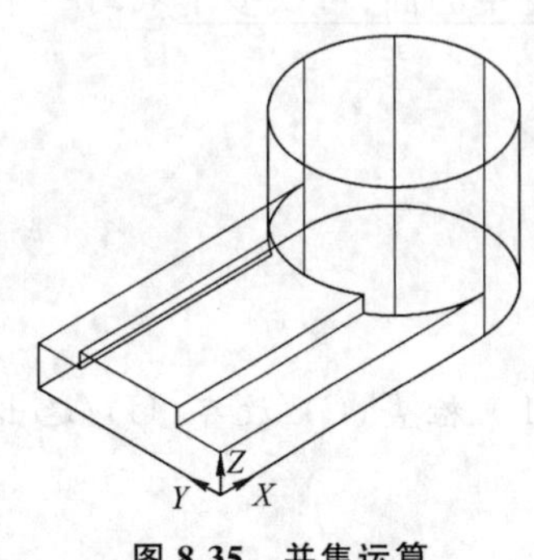

图 8.35　并集运算

命令：_box

指定第一个角点或[中心(C)]：0,9,0↙输入角点绝对坐标后回车确认

指定其他角点或[立方体(C)/长度(L)]：@56,20↙输入角点相对坐标后回车确认

指定高度或[两点(2P)]<30.0000>：11↙输入高度后回车确认

(4) 并集运算　将前面建好的三个实体进行“并集”运算,合并成一个整体,如图 8.35 所示。

(5) 创建圆柱孔　创建与大圆柱同心的圆柱体，再用“差集”运算挖切孔，如图 8.36 所示。

命令：_cylinder

指定底面的中心点或[三点(3P)/两点(2P)/切点、切点、半径(T)/椭圆(E)]：捕捉中心点

指定底面半径或[直径(D)]<19.0000>：11.5↙输入圆柱孔半径后回车确认

指定高度或[两点(2P)/轴端点(A)]<11.0000>：30↙输入高度后回车确认

(6) 画定位线　首先，打开“中点”对象捕捉，用“直线”命令画出 12 和 34 两条线段；然后，用“偏移”命令画出定位线，如图 8.37 所示。

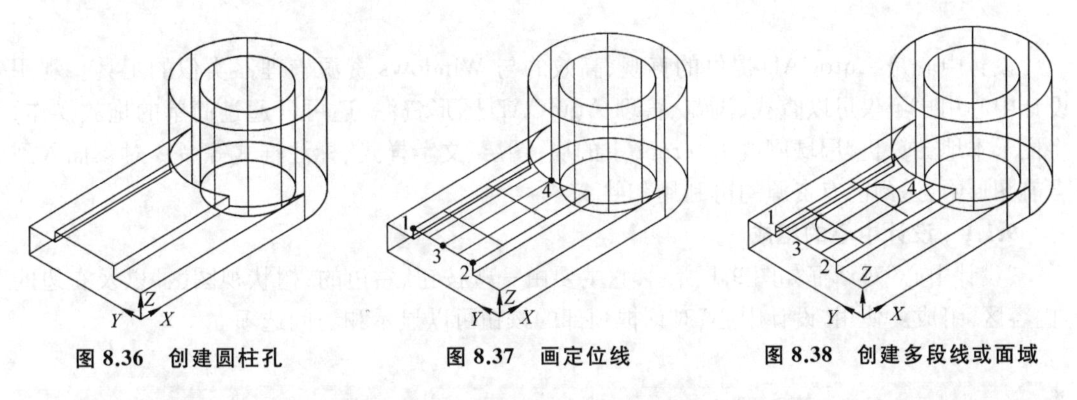

图 8.36　创建圆柱孔　　图 8.37　画定位线　　图 8.38　创建多段线或面域

(7) 画多段线或创建面域　用“多段线”命令绘制长圆形，或用“圆”“直线”和“修剪”命令画出长圆形后，将其创建成面域，如图 8.38 所示。

(8) 创建键槽　用“拉伸”命令和“差集”运算创建键槽，完成实体模型的创建。实体的三维线框视觉样式如图 8.39 所示；三维消隐视觉样式如图 8.40 所示；概念视觉样式如图 8.41 所示。

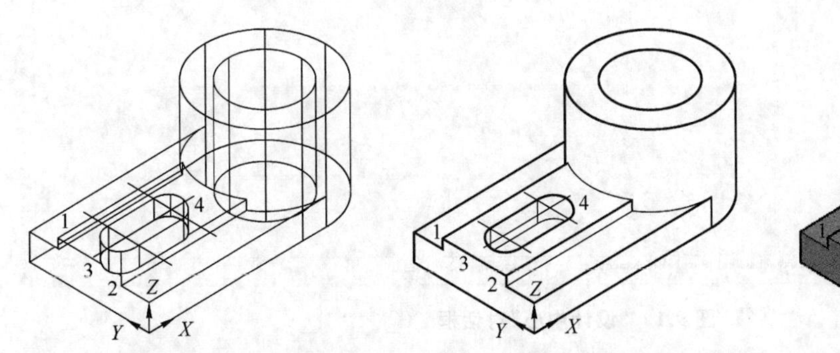

图 8.39　组合体模型的三维线框图　　图 8.40　组合体模型的三维消隐图　　图 8.41　组合体模型的概念图

命令：_extrude

当前线框密度：ISOLINES=8

选择要拉伸的对象：点选多段线

选择要拉伸的对象：↙回车确认

指定拉伸的高度或[方向(D)/路径(P)/倾斜角(T)]<−30.0000>：6↙输入深度后回车确认

第 9 章　设计中心及图形的输入/输出

9.1　AutoCAD 2017 的设计中心

设计中心是 AutoCAD 提供的直观、高效的与 Windows 资源管理器类似的工具。利用设计中心用户不仅可以查找、浏览、管理 AutoCAD 图形资源,还可以通过简单的拖放操作,将位于本地计算机、局域网或 Internet 上的块、图层、文字样式、标注样式等命令对象插入到当前图形中,达到已有资源的再利用和共享。

9.1.1　设计中心的组成

“设计中心”对话框如图 9.1 所示,它主要由一些按钮、左边的“树状视图区”以及右边的“内容区”组成。使用“设计中心”对话框顶部的按钮可以显示和访问选项。

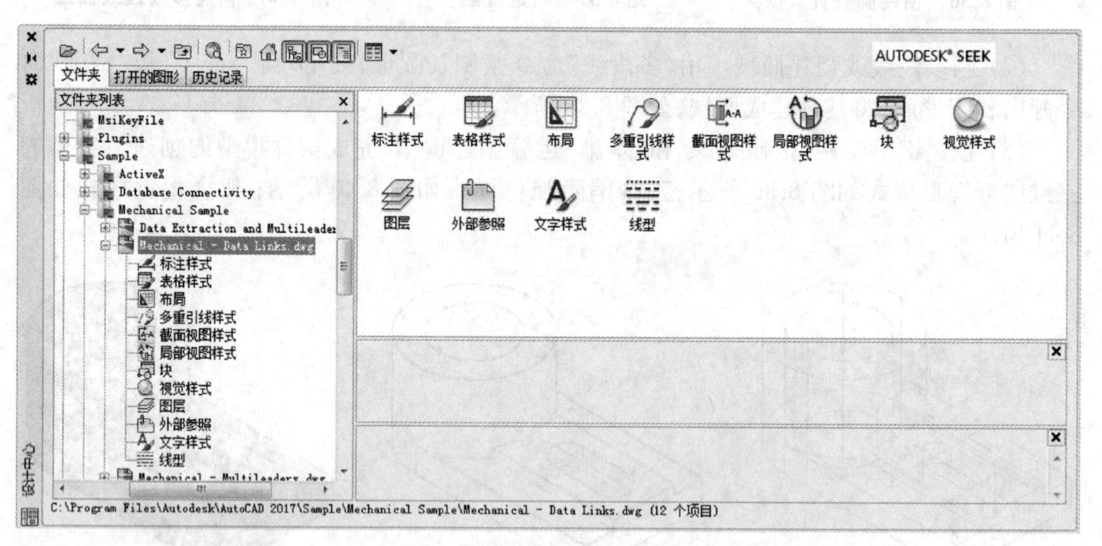

图 9.1　“设计中心”对话框

启用方法:

● “视图”选项卡➤“选项板”面板➤单击“设计中心”按钮 ➤弹出“设计中心”对话框。

【选项说明】

※ 树状视图区:该区有“文件夹”“打开的图形”“历史记录”三个选项,其中“文件夹”用于显示用户计算机上的文件夹、文件及其层次关系;“打开的图形”用于显示当前已打开的图形文件列表等内容;“历史记录”用于显示最近在设计中心打开的文件的列表。

※ **内容区**：显示树状图中当前选定“容器”的内容。容器是包含设计中心可以访问的信息的网络、计算机、磁盘、文件夹、文件或网址 (URL)、图形中包含的命名对象(如块、外部参照、布局、图层、标注样式、表格样式、多重引线样式和文字样式)等。

※ **“加载”按钮**：单击该按钮会显示“加载”对话框,即标准的“选择文件”对话框,从中可以浏览本地和网络驱动器或 Web 上的文件,然后选择内容加载到内容区域。

※ **“上一页”按钮**、**“下一页”按钮**：用于返回到上一次或下一次的内容。

※ **“上一级”按钮**：显示上一级容器的内容。

※ **“搜索”按钮**：单击该按钮会显示“搜索”对话框,如图 9.2 所示,从中可以指定搜索条件以便查找图形、块和非图形对象。

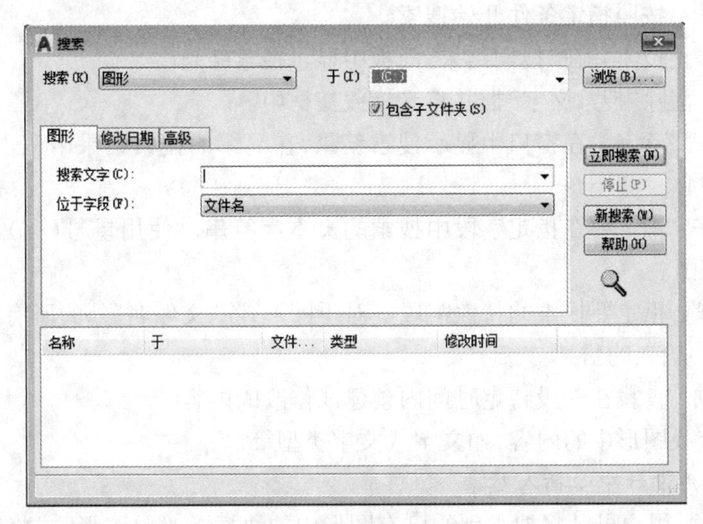

图 9.2　“搜索”对话框

※ **“收藏夹”按钮**：在内容区中显示“收藏夹”的内容。“收藏夹”提供了一种访问项目的快捷方式。用户可以在“收藏夹”中添加或删除项目。

※ **“主页”按钮**：用于返回到固定的文件夹。该主页文件夹可以是默认文件夹 Sample,也可以由用户自行设置。

※ **“树状图切换”按钮**：用于在显示或隐藏树状视图之间切换,在树状图中使用“历史记录”列表时,“树状图切换”按钮不可用。

※ **“预览”按钮**：用于预览内容区域窗格中选定的项目。

※ **“说明”按钮**：用于显示或隐藏选定项目的文字描述信息,一般文字选项将位于预览图像下面。

※ **“视图”按钮**：控制内容区域中内容的显示格式,显示格式有“大图标”“小图标”“列表”“详细信息”四种,可以从中循环切换。

9.1.2　设计中心功能简介

利用设计中心可以查找、打开、浏览图形;可以将图形作为块插入当前图形文件中,将其附着为外部参照或直接复制或将图形的命名对象添加到当前图形文件中。

9.1.2.1　*利用设计中心查找对象*

在“设计中心”对话框中单击“搜索”按钮弹出如图 9.2 所示的“搜索”对话框,在该框中可搜索到所需的内容类型。

【选项说明】

※ 搜索：指定要搜索的内容类型(如图形、图层、块、图案填充、外部参照等)，只有在“搜索”中选择“图形”选项时，才显示“修改日期”和“高级”选项卡。

※ 于：指定搜索路径名，要输入多个路径，请用分号隔开。使用“浏览”从树状图中选择路径。

※ 浏览：在“浏览文件夹”对话框中显示树状图，从中可以指定要搜索的驱动器和文件夹。

※ 包含子文件夹：搜索范围包括搜索路径中的子文件夹。

※ 立即搜索：按照指定条件开始搜索。

※ 停止：停止搜索并在“搜索结果”面板中显示搜索结果。

※ 新搜索：清除“搜索文字”框并将光标放在框中。

※ “搜索结果”面板：在窗口中显示搜索结果，在显示的搜索结果中双击项目名称可将其加载至设计中心。

※ 搜索文字：指定要在指定字段中搜索的文本字符串。使用星号(*)和问号(?)通配符可扩大搜索范围。

※ 位于字段：指定要搜索的特性字段。对于图形，除“文件名”外的所有字段均来自“图形特性”对话框中输入的信息。

※ 修改日期：查找在一段特定时间内创建或修改的内容。

※ 高级：查找图形中的内容，如文字或文字类型等。

9.1.2.2 利用设计中心插入对象

利用设计中心用户可以将搜索到的已有图形中的块插入当前图形，或将图形的图层、线型、文字样式尺寸标注样式等命名对象添加到当前图形。操作方法如下：

① 按住左键移动鼠标将其直接拖放到当前的绘图窗口即可，在插入图形时命令行会提示指定插入点、插入比例和旋转角度，如图 9.3 所示，直接拖动“套筒”图形到当前文档中。

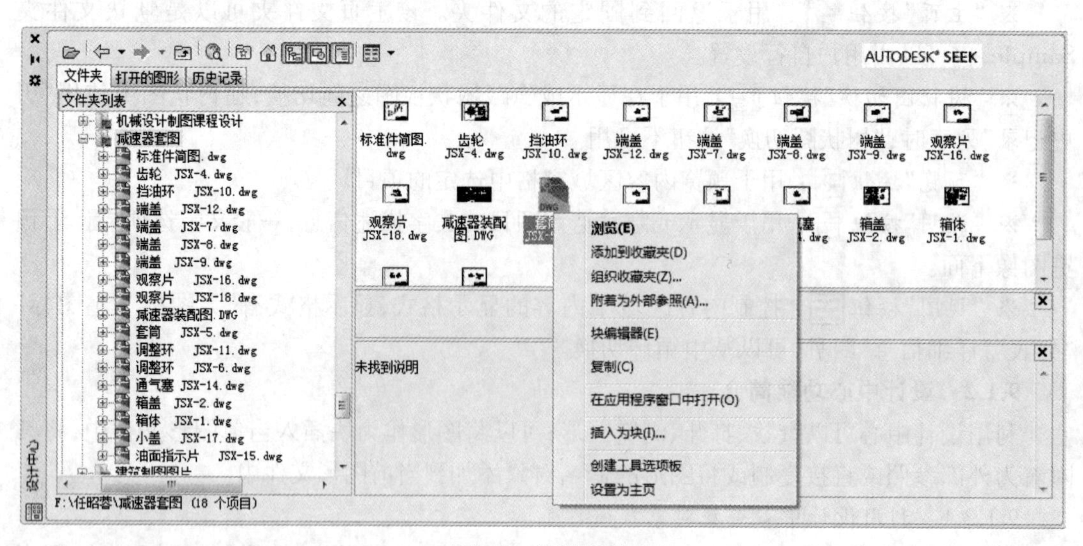

图 9.3 快捷菜单

② 在内容区的某个项目上单击鼠标右键，将显示如图 9.3 中所示的快捷菜单，从中可选择插入的方式。

③ 双击要添加的命名对象即可，这必须在最后一级内容中才可，如图 9.4 所示，双击图层“中心线”，添加到当前文档中。

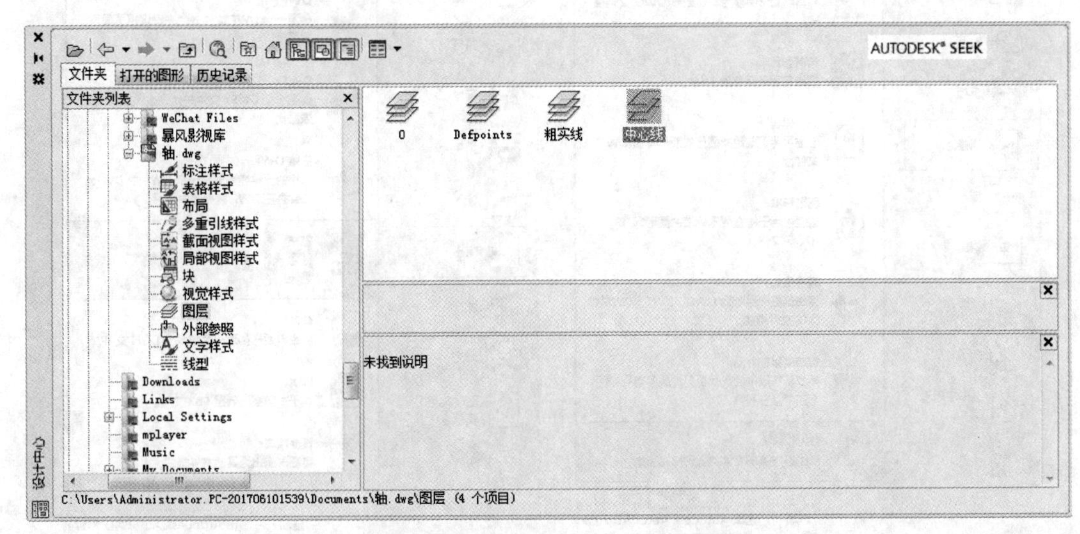

图 9.4　双击添加内容“中心线”图层

9.2　图形的输入及输出

AutoCAD 2017 提供了良好的图形导入/导出接口，使用户能够将 AutoCAD 图形以其他常用的格式导出，或将其他格式的图形导入 AutoCAD 图形中，也可将 AutoCAD 图形通过打印机或绘图仪输出到图纸，还可与 Internet 方便高效地相互链接。

9.2.1　图形的输入/输出

9.2.1.1　将图形以其他文件格式输出

通过将图形转换为特定格式输出，可用于与外部应用程序或不同图形系统之间交换图形文件中的信息，AutoCAD 可输出的文件格式有许多种，如 DWF 和 DWFx 文件、PDF 文件、DXF 文件、DGN 文件、WMF 文件、栅格文件、PostScript 文件、输出 ACIS SAT 文件、STL 文件等。启用方法：

● 应用程序菜单下拉➤“另存为”下拉➤如图 9.5 所示，选择所要的文件保存方式，不同的保存方式会弹出不同的对话框，根据需要“保存”完成输出。

● 应用程序菜单下拉➤“输出”下拉➤如图 9.6 所示，选择所要的文件格式，在弹出的对话框中选择路径“保存”完成输出。

● 应用程序菜单下拉➤“输出”下拉➤单击其他格式按钮➤弹出“输出数据”对话框，如图 9.7 所示，下拉“文件类型”列表框，选择所要的文件格式和存储路径，单击“保存”完成输出。

图 9.5 "另存为"对话框　　　　图 9.6 选择输出文件格式

图 9.7 "输出数据"对话框

9.2.1.2　输入其他格式的图形

在 AutoCAD 2017 中,可以将其他格式的图形文件插入到当前图形中。

启用方法:

● 应用程序菜单 下拉➤“输入”下拉➤如图 9.8 所示,选择所要的文件格式➤选择文件完成输入;

● 应用程序菜单 下拉➤“输入”下拉➤单击其他格式按钮 ➤弹出“输入数据”对话框,如图 9.9 所示,下拉“文件类型”列表框,选择所要的文件格式和存储路径,单击“打开”完成输入;

● “插入”选项卡➤“输入”面板➤选择所要的文件格式➤选择文件完成输入。

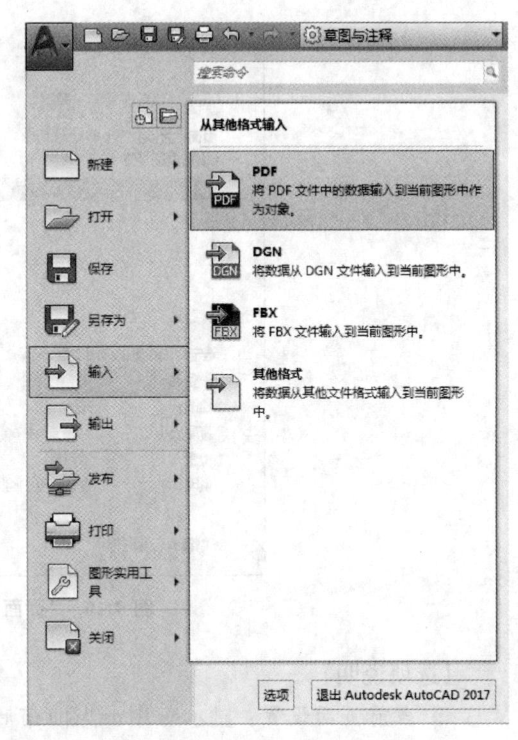

图 9.8　选择输入文件格式

9.2.2　图形的打印

9.2.2.1　页面设置

图形打印之前要先进行打印设置,也即需要设置打印图形时所用的图纸、打印设备等。

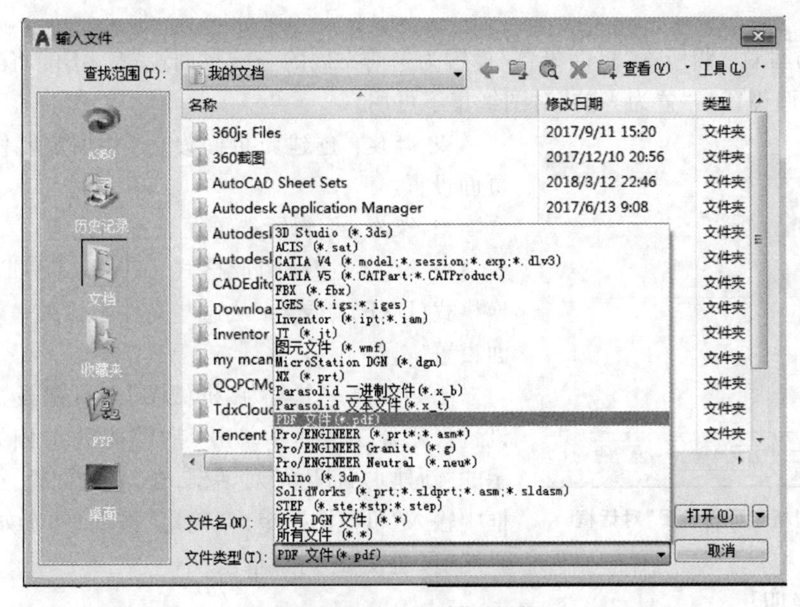

图 9.9　“输入文件”对话框

启用方法:

● “输出”选项卡➤“打印”面板➤单击按钮 ➤弹出“页面设置管理器”对话框,如图 9.10 所示;

● 应用程序菜单 下拉➤“打印”下拉➤单击按钮 ➤弹出相同对话框。

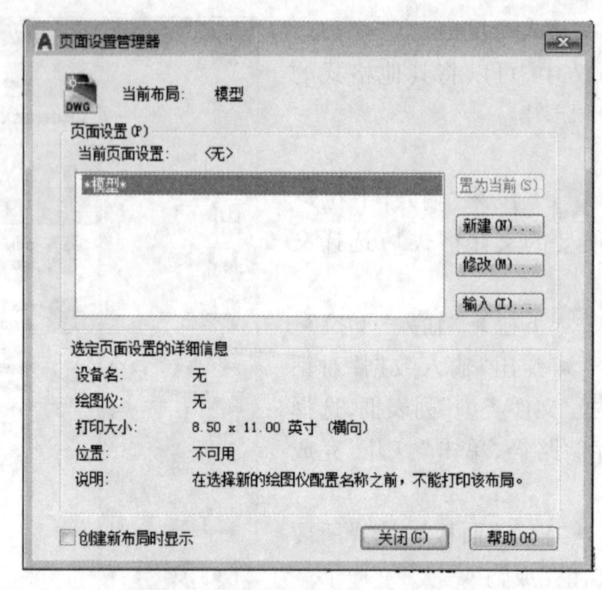

图 9.10 “页面设置管理器”对话框

【选项说明】

※ **当前页面设置**:显示应用于当前布局的页面设置。由于在创建整个图纸集后,不能再对其应用页面设置,因此,如果从图纸集管理器中打开页面设置管理器,将显示“不适用”。

※ **页面设置列表**:列出可应用于当前布局的页面设置,或列出发布图纸集时可用的页面设置。

※ **置为当前**:将所选“页面设置”设置为当前布局的当前页面设置。不能将当前布局设置为当前页面设置。“置为当前”对图纸集不可用。

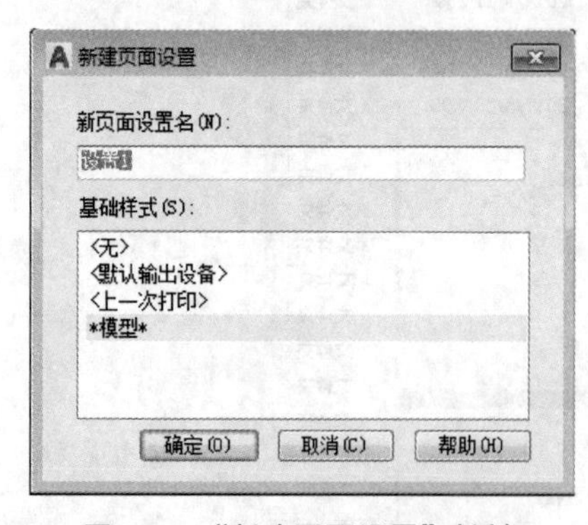

图 9.11 “新建页面设置”对话框

※ **新建**:创建新页面设置,并指定要使用的基础页面设置。

※ **修改**:编辑所选页面设置的设置。

※ **输入**:选择图形格式(DWG、DWT)或图形交换格式(DXF)™文件,从这些文件中输入一个或多个页面设置。

比如新建一个名为“机械图”的页面设置,在“页面设置管理器”对话框中单击“新建”按钮,弹出如图 9.11 所示的“新建页面设置”对话框,在“新页面设置名”的文本框中输入“机械图”,单击“确定”按钮,弹出如图 9.12 所示的“页面设置”对话框。

【选项说明】

※ **打印机/绘图仪**:指定打印或发布布局或图纸时使用的已配置的打印设备。如果选定绘图仪不支持布局中选定的图纸尺寸,将显示警告,用户可以选择绘图仪的默认图纸尺寸或自定义图纸尺寸。

※ **位置**:显示当前所选页面设置中指定的输出设备的物理位置。

※ **说明**:显示当前所选页面设置中指定的输出设备的说明文字。

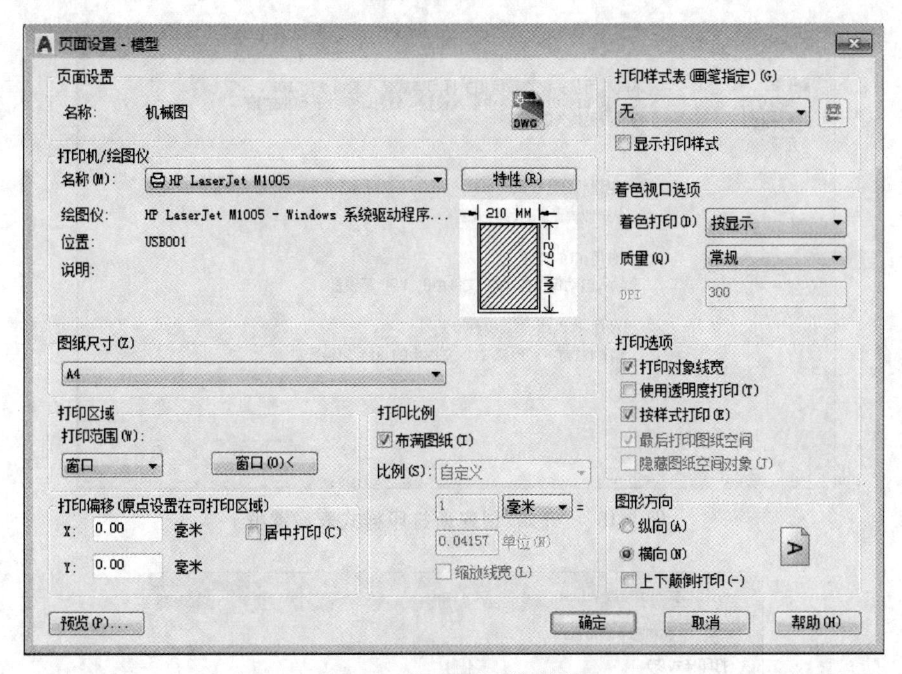

图 9.12　"页面设置"对话框

※ **图纸尺寸**：显示所选打印设备可用的标准图纸尺寸。如果未选择绘图仪，将显示全部标准图纸尺寸的列表以供选择。

※ **打印区域**：指定要打印的图形部分，打印范围选择"窗口"时，"窗口"按钮可用，单击该按钮，可回到图形区手动选择要打印的部分。

※ **打印偏移**：指定打印区域相对于可打印区域左下角或图纸边界的偏移。

※ **居中打印**：自动计算 X 偏移和 Y 偏移值，在图纸上居中打印。启用此选项时，X 偏移和 Y 偏移文本框不可用。

※ **打印比例**：控制图形单位与打印单位之间的相对尺寸。

※ **布满图纸**：缩放打印图形以布满所选图纸尺寸，此选项启用则"比例"设置不可用。

※ **打印样式表**：设置、编辑打印样式表，或者创建新的打印样式表，如图 9.13 所示，按向导"下一步"最后进入如图 9.14 所示对话框，从框中设置或编辑打印样式的特性，如颜色、线宽、线型等。

※ **着色视口选项**：指定着色和渲染视口的打印方式，并确定其分辨率大小和每英寸点数 (DPI)。

※ **打印选项**：指定线宽、打印样式、着色打印和对象的打印次序等选项。

※ **图形方向**：为支持纵向或横向的绘图仪指定图形在图纸上的打印方向。图纸图标代表所选图纸的介质方向。字母图标代表图形在图纸上的方向。

设置好后按确定按钮返回。

9.2.2.2　**图形打印**

将图形输出到绘图仪、打印机或文件打印。

启用方法：

● "输出"选项卡 ➤ "打印"面板 ➤ 单击按钮 ➤ 弹出"打印"对话框，如图 9.15 所示；

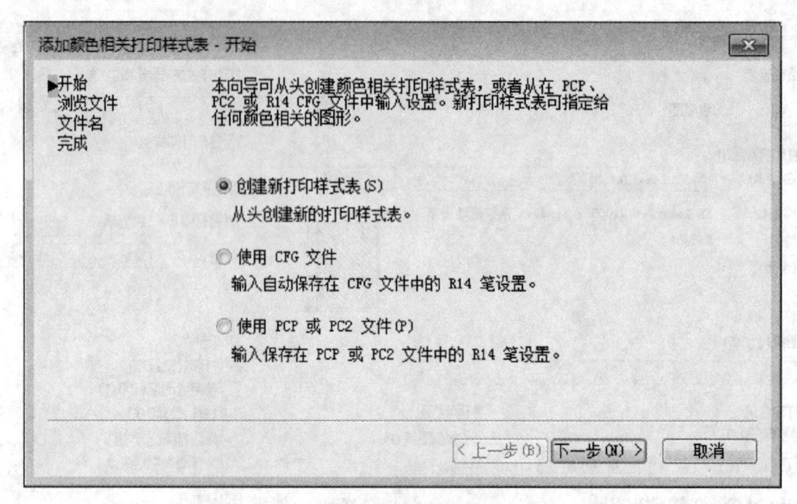

图 9.13　“开始”创建新打印样式表设置框

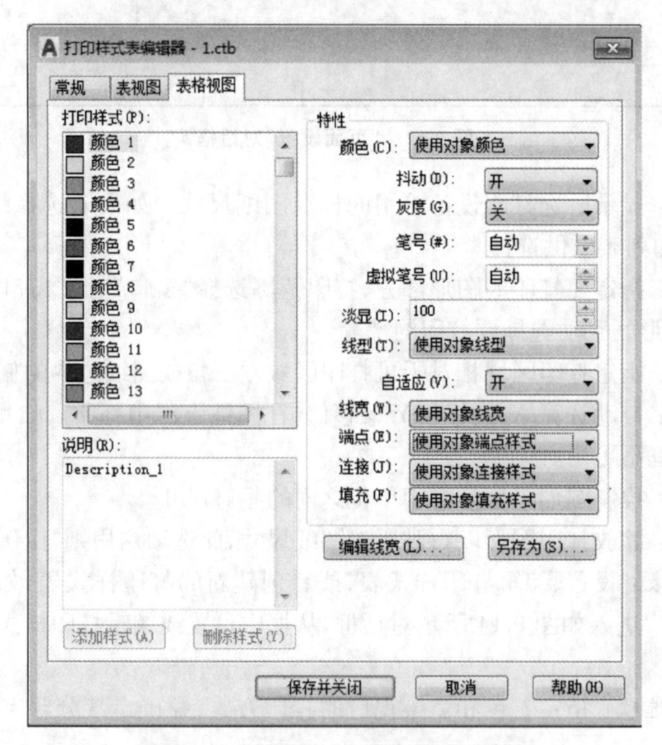

图 9.14　“打印样式表编辑器”对话框

- 应用程序菜单 下拉➤“打印”下拉➤单击按钮 ➤弹出“打印”对话框。

如果用户已进行了页面设置，则可在“打印”对话框 中“页面设置”选项的“名称”下拉列表框中指定对应的页面设置，该页面设置中的设置将添加到“打印”对话框中。如图 10.12 所示，用户可以使用这些设置进行打印，也可以通过单击“页面设置”区域中的“添加”按钮进行新的页面设置或单独修改设置然后再打印。无论是应用了“页面设置”列表中的页面设置，还是单独修改了设置，“打印”对话框中指定的任何设置都可以保存到布局中，以供下次打印时使用。框中内容大多数与“页面设置”对话框相同，这里不再赘述。

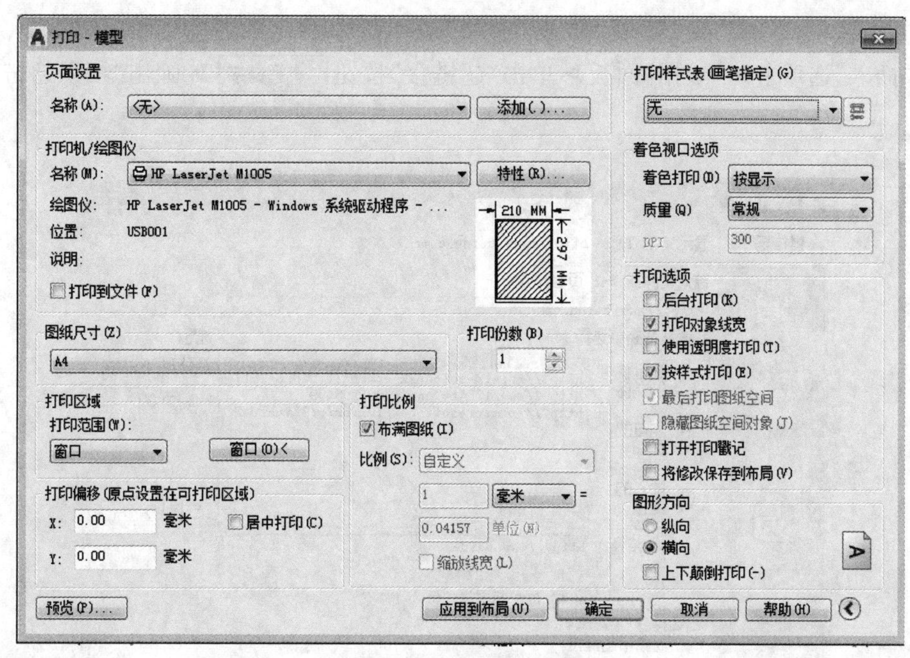

图 9.15 “打印”对话框

【选项说明】

※ **打印到文件**：打印输出到文件而不是绘图仪或打印机。打印文件的默认位置是在“选项”对话框→“打印和发布”选项卡→“打印到文件操作的默认位置”中指定的。如果“打印到文件”选项已打开，单击“打印”对话框中的“确定”将显示“打印到文件”对话框(标准文件浏览对话框)。

※ **应用到布局**：将当前“打印”对话框设置保存到当前布局。

※ **预览**：用于预览打印效果。要退出打印预览并返回“打印”对话框，请按【Esc】键，然后按【Enter】键，或单击鼠标右键，然后单击快捷菜单上的“退出”。

※ **添加**：显示“添加页面设置”对话框，从中可以将“打印”对话框中的当前设置保存到命名页面设置。可以通过“页面设置管理器”修改此页面设置。

※ **打印份数**：指定要打印的份数。打印到文件时，此选项不可用。

通过预览如果满足打印要求，单击“确定”按钮，即可将图形打印输出到图纸。

9.2.3　图形的 Internet 链接

9.2.3.1　浏览网上信息

启用方法：

● “打开”或“另存为”➤弹出“选择文件”对话框➤单击“浏览”按钮 ➤可打开“浏览 Web”对话框，由此访问 Internet 上的图形文件；

9.2.3.2　超链接

超链接是用户在图形中创建的指针，用于跳转到关联文件，可以快速将各种文档与图形相关联，也可以指向存储在本地、网络驱动器或 Internet 上的文件。默认情况下，将十字光标停留在已附着超链接的对象上方时，会显示超链接光标和工具提示。然后，可以按住【Ctrl】键并单击(【Ctrl】+单击)来跟随链接。

启用方法:

● “插入”选项卡➤“数据”面板➤单击“超链接”按钮 超链接 ➤弹出“插入超链接”对话框。

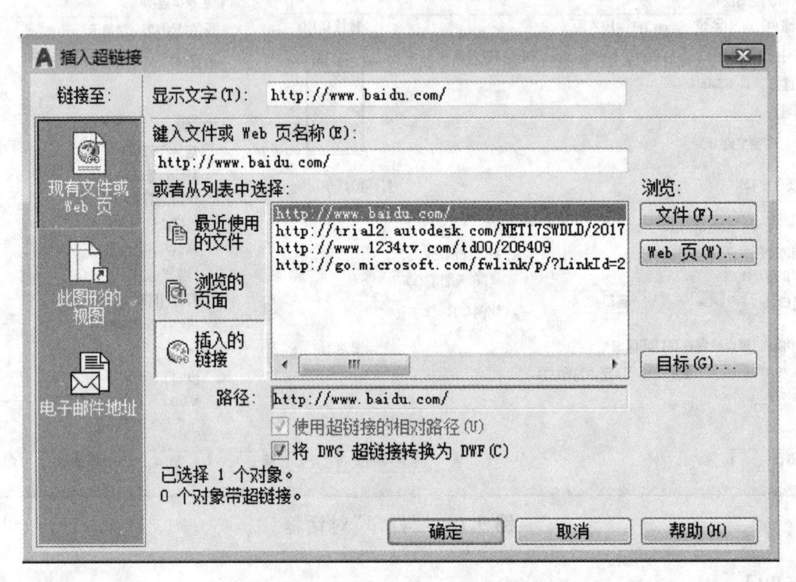

图 9.16 “插入超链接”对话框

可以在框中选择所要的文件然后单击“确定”按钮完成链接。若要链接 Internet 上的文件,则单击框中按钮“Web 页”,弹出如图 9.17 所示的“浏览 Web”对话框,找到要链接的网页网址,单击“确定”回到“插入超链接”对话框,再单击该框中的“确定”按钮完成链接。

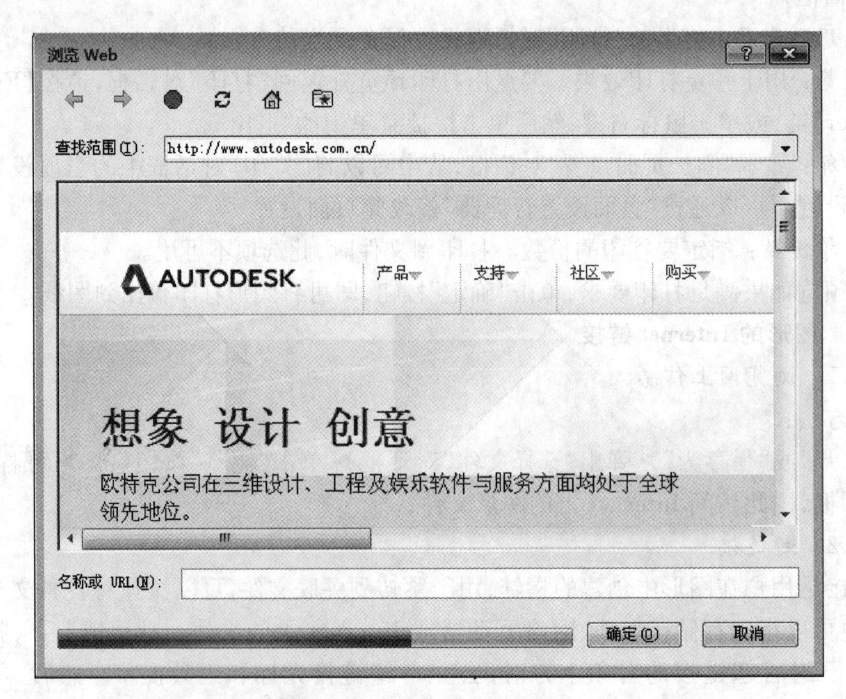

图 9.17 “浏览 Web”对话框

9.2.3.3　向网上发布文件

启用方法：

● "文件"下拉 ➤ 单击"网上发布" ➤ 弹出"网上发布—开始"对话框，如图 9.18 所示。

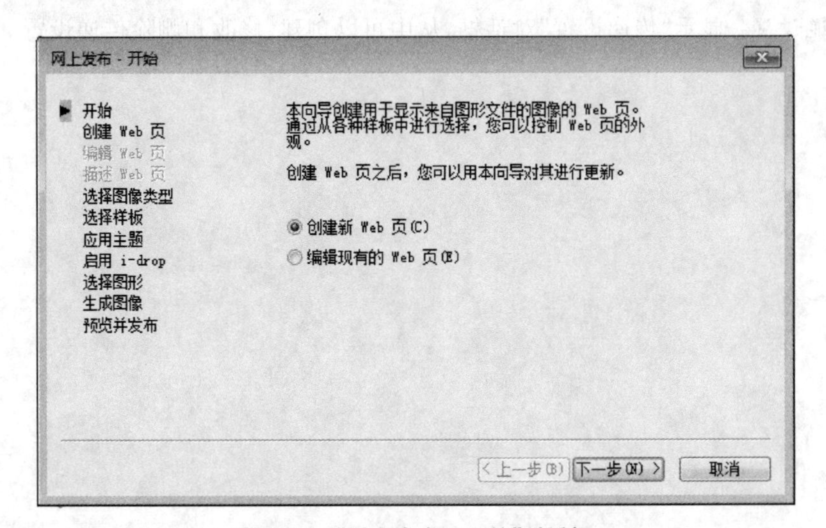

图 9.18　"网上发布—开始"对话框

按框中提示逐步操作后，用户即可创建格式化的 Web 页，将其发布到 Internet 或 Intranet 上，该 Web 页包含有 AutoCAD 图形的 DWF、PNG、JPG 图像。

9.2.3.4　创建电子传递集

将一组文件创建传递集(即打包)以便在 Internet 上传递。启用方法：

● 应用程序菜单 A 下拉 ➤ "发布"下拉 ➤ 单击按钮 ➤ 弹出"创建传递"对话框，如图 9.19 所示。

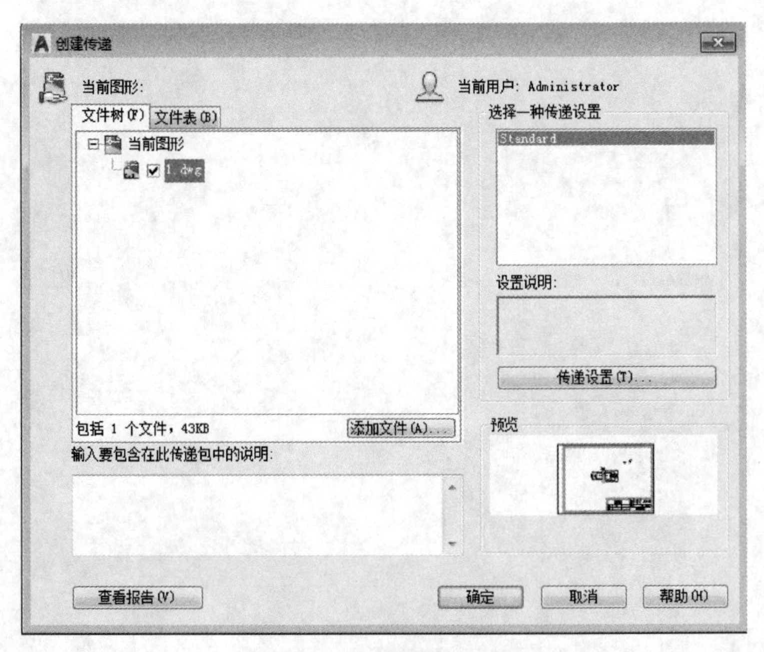

图 9.19　"创建传递"对话框

【选项说明】

※ 添加文件：打开一个标准的文件选择对话框，从中可以为传递集添加文件。此按钮在“文件树”选项卡和“文件表”选项卡上都可用。

※ 传递设置：显示“传递设置”对话框，从中可以创建、修改和删除传递设置。

第二部分 >>>>> 上机操作指导

DI ER BU FEN SHANG JI CAO ZUO ZHI DAO

实验一　熟悉操作环境、建立样板图

目的和要求

1. 熟悉 AutoCAD 2017 中文版绘图界面及基本操作。

2. 掌握“工作空间”的设置(包括单位、图幅、图层、文字样式等设置)、直线和矩形绘图命令、文字书写。

3. 建立 A3 样板图。

上机操作指导

完成 A3 幅面样板图的绘图环境设置和图框绘制,如图 T1.1 所示。

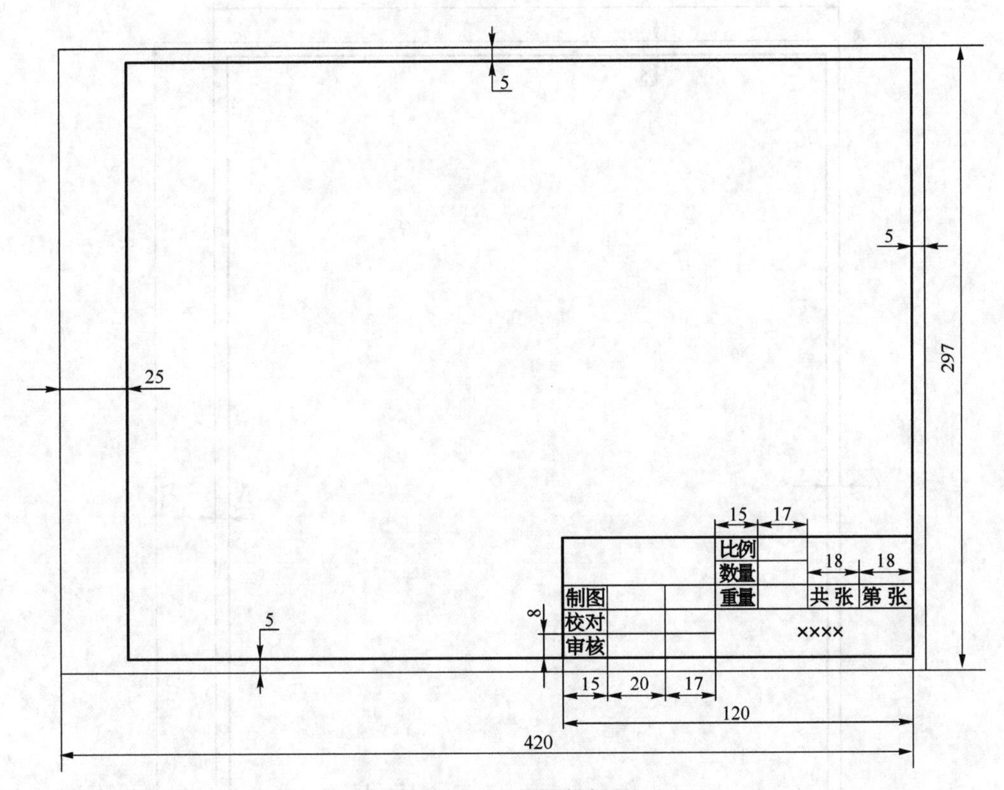

图 T1.1　A3 幅面样板图

操作步骤:

1. 按表 T1.1 要求设置图层及其特性。

2. 设置“机械文字样式”:注写西文字体采用“GBEITC.SHX”字体,注写中文字体采用大字体“GBCBIG.SHX”仿宋字体。

3. 设置单位精度为“0”。

4. 完成 A3 幅面样板图的图框绘制,并填写标题栏如图 T1.1 所示,赋名“A3.dwt”存盘。

表 T1.1 设置图层

图层	颜色	线型	线宽
粗实线	白色(或黑色)	Continuous	0.5 mm
细实线	绿色	Continuous	0.25 mm
虚线	黄色	HIDDEN X2	0.25 mm
细点画线	红色	CENTER	0.25 mm
剖面线	绿色	Continuous	0.25 mm
尺寸	绿色	Continuous	默认
文字	绿色	Continuous	默认

课外练习

完成图 T1.2 A4.dwt(210×297)幅面样板图的设置,赋名“A4.dwt”存盘。

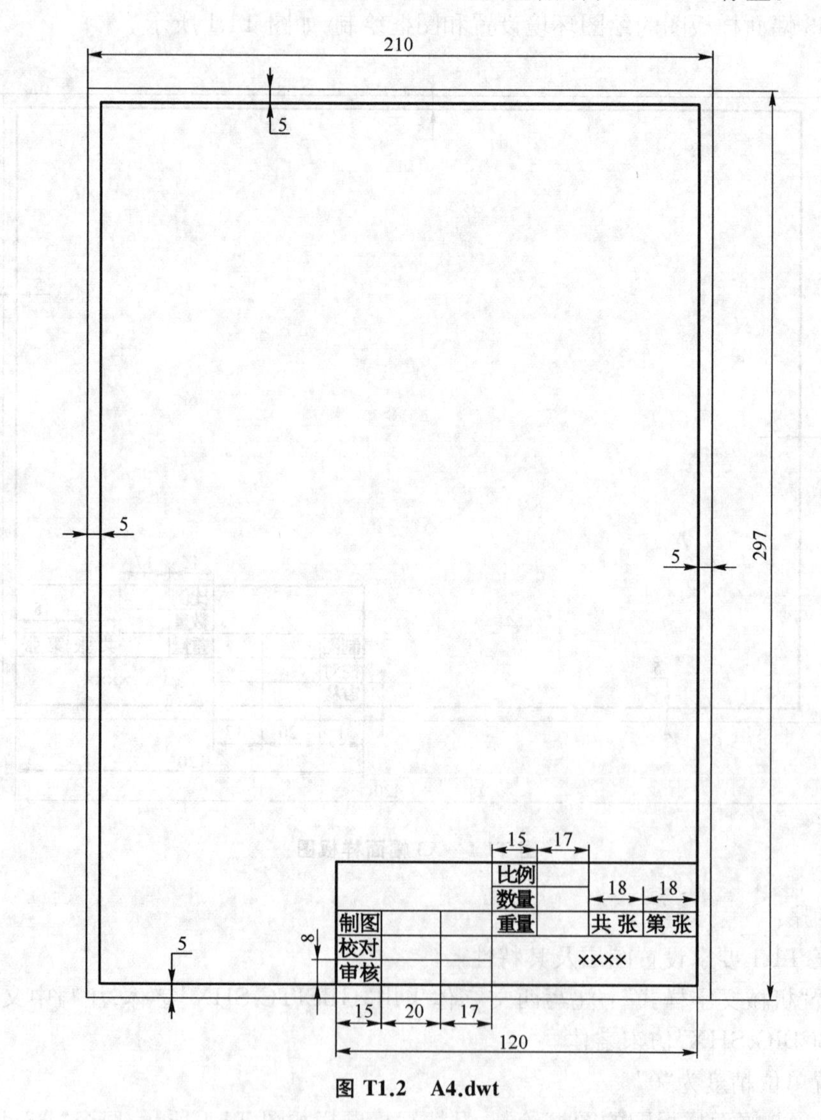

图 T1.2 A4.dwt

实验二　绘图和编辑命令练习(一)

目的和要求

1. 练习绘图和编辑命令。

2. 掌握绘图辅助工具的操作方法,以便精确绘图。

上机操作指导

(一) 绘制图 T2.1 螺钉(不标注尺寸)

1. 用实验一建立的 A4 样板图作为默认的绘图环境,建立新图。

2. 绘图步骤(绘图方法不唯一)。

(1) 选点画线层为当前层,画点画线布图、定位。

(2) 分析图形,利用图形的对称性,选粗实线层为当前层,用粗实线绘制螺钉上半部分,如图 T2.2 所示。

(3) 用“镜像”命令绘制螺钉下半部分,如图 T2.3 所示。

(4) 转换到细实线层,用“偏移”“修剪”命令画出螺纹小径线,如图 T2.4 所示。

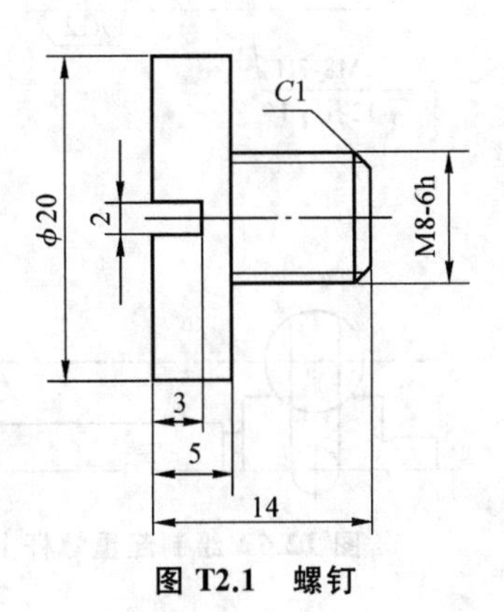

图 T2.1　螺钉

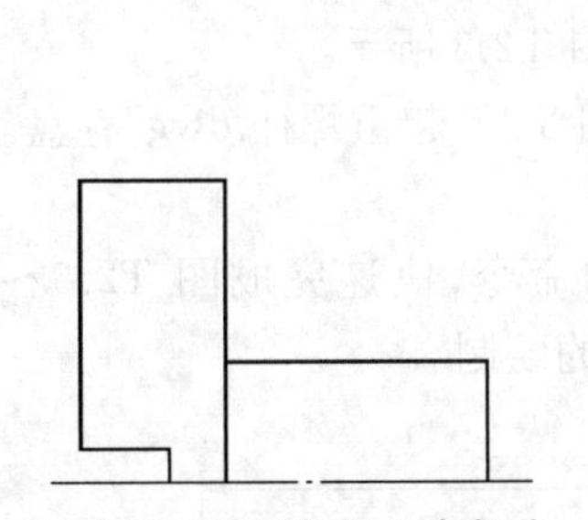
图 T2.2　绘制螺钉上半部分

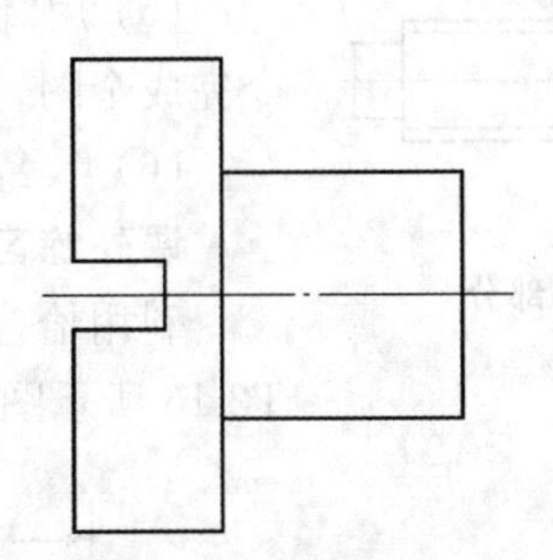
图 T2.3　绘制螺钉下半部分

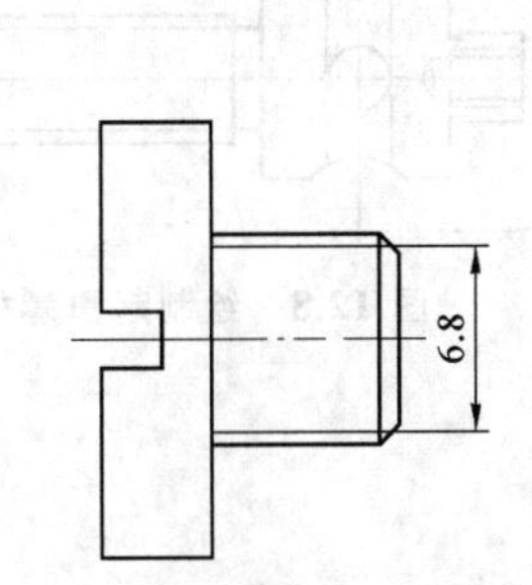

图 T2.4　绘制螺钉小径线和倒角

(5) 用“倒角”命令画出右端倒角,如图 T2.4 所示。

(6) 赋名“图 T2.1 螺钉.dwg”存盘。

(二) 绘制图 T2.5 起重螺杆(不标注尺寸)

1. 用实验一建立的 A3 样板图作为默认的绘图环境,建立新图。

2. 绘图步骤(绘图方法不唯一)。

(1) 选点画线层为当前层,画点画线布图、定位。

(2) 选粗实线层,用“直线”“圆”“偏移”等命令绘制起重螺杆上半部分,如图 T2.6 所示。

(3) 利用“修剪”“偏移”等命令继续绘制和完善起重螺杆上半部分(包括螺纹部分),螺纹孔大径为 M8,小径为 $\phi6.8$,如图 T2.7 所示。

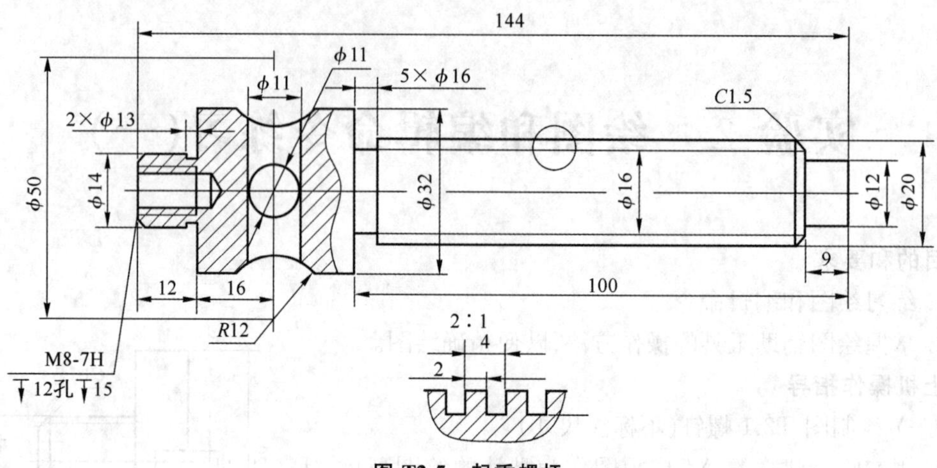

图 T2.5 起重螺杆

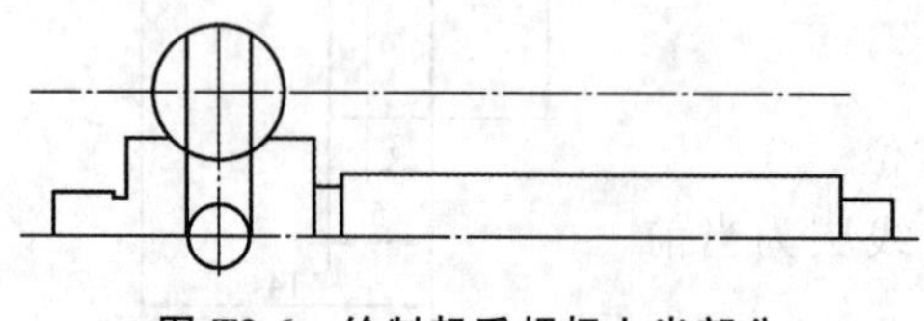

图 T2.6 绘制起重螺杆上半部分

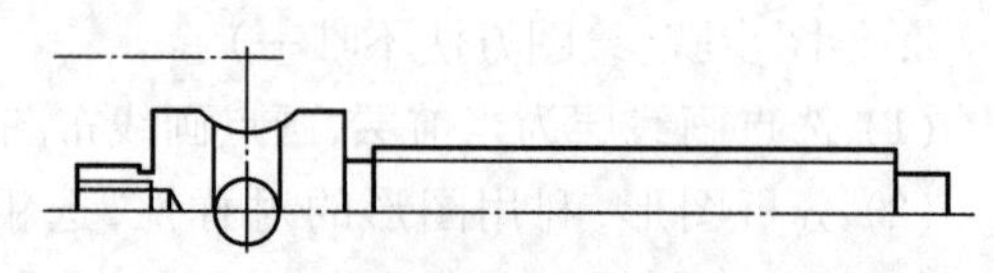

图 T2.7 绘制起重螺杆上半部分螺纹

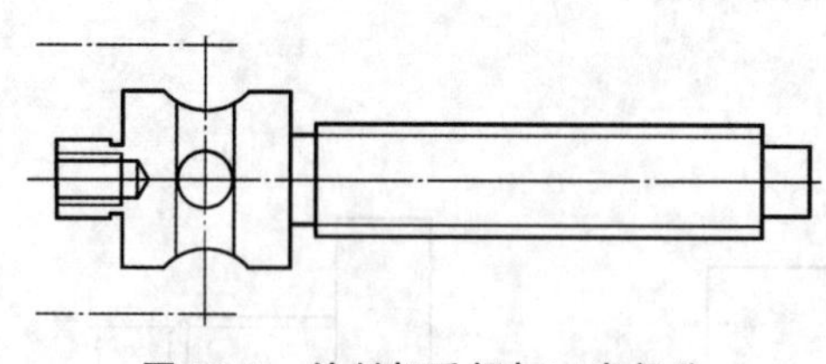

图 T2.8 绘制起重螺杆下半部分

(4) 用“镜像”命令绘制起重螺杆下半部分,如图 T2.8 所示。

(5) 用“倒角”“样条曲线”“图案填充”等命令完成全图,如图 T2.5 所示。

(6) 赋名“图 T2.5 起重螺杆.dwg”存盘。

课外练习

利用恰当的命令,快速完成图 T2.9～图 T2.16 所示图形的绘制。

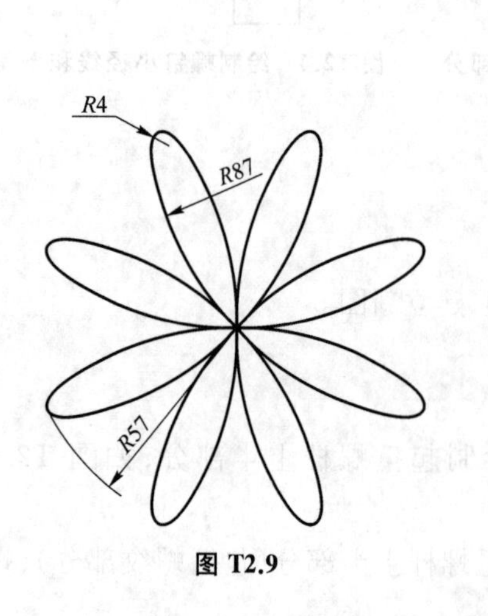

图 T2.9

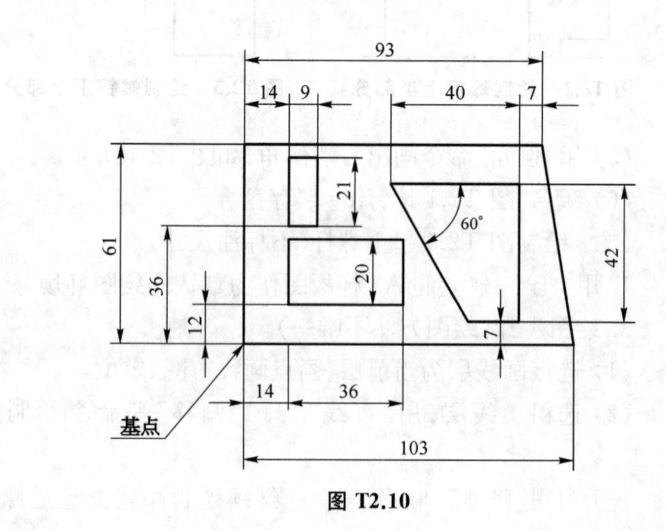

图 T2.10

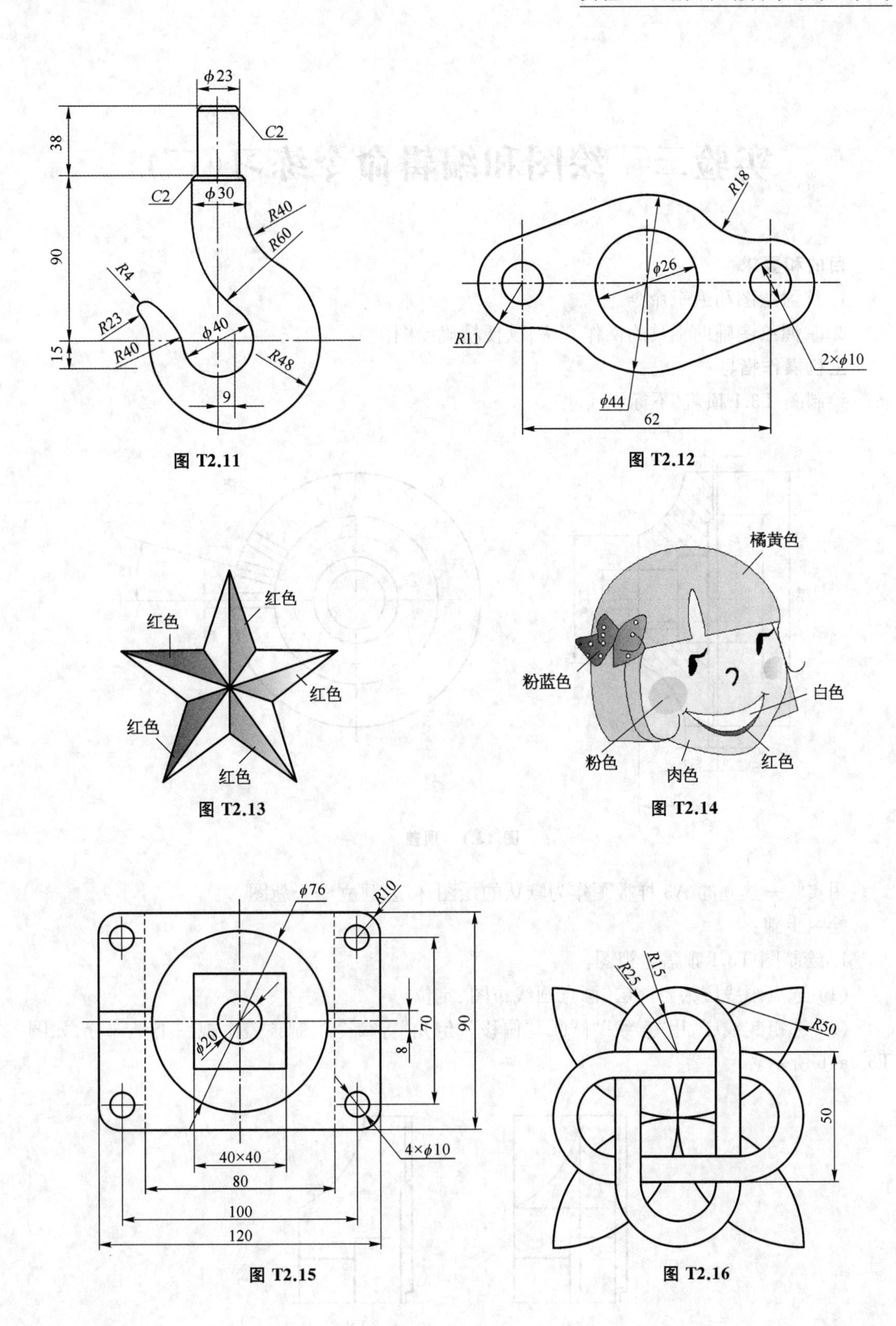

图 T2.11

图 T2.12

图 T2.13

图 T2.14

图 T2.15

图 T2.16

实验三　绘图和编辑命令练习(二)

目的和要求

1. 练习绘图和编辑命令。

2. 掌握绘图辅助工具的操作方法,以便精确绘图。

上机操作指导

绘制图 T3.1 顶盖(不标注尺寸)。

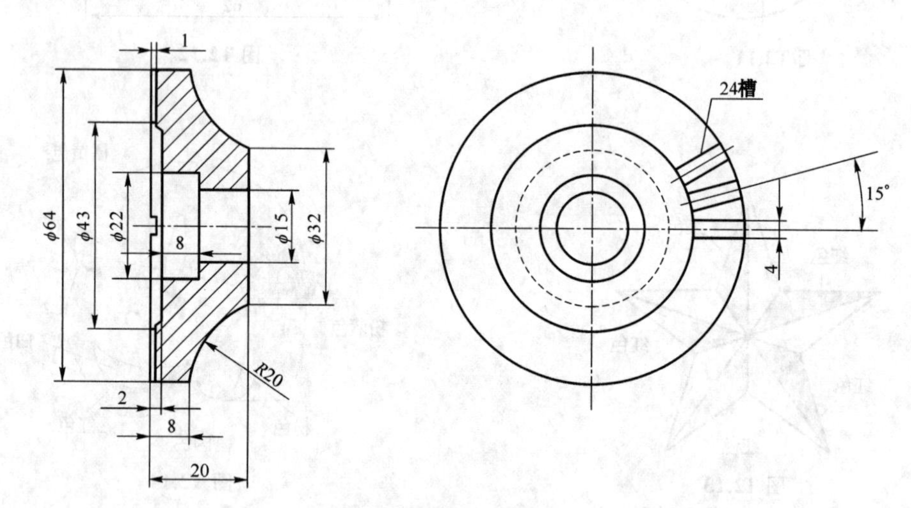

图 T3.1　顶盖

用实验一建立的 A3 样板图作为默认的绘图环境,建立一张新图。

绘图步骤:

1. 绘制图 T3.1 顶盖主视图。

(1) 选点画线层为当前层,画点画线布图、定位。

(2) 选粗实线层,用“直线”“圆弧”“偏移”“倒角”等命令绘制顶盖主视图上半部分,如图 T3.2a、b 所示。

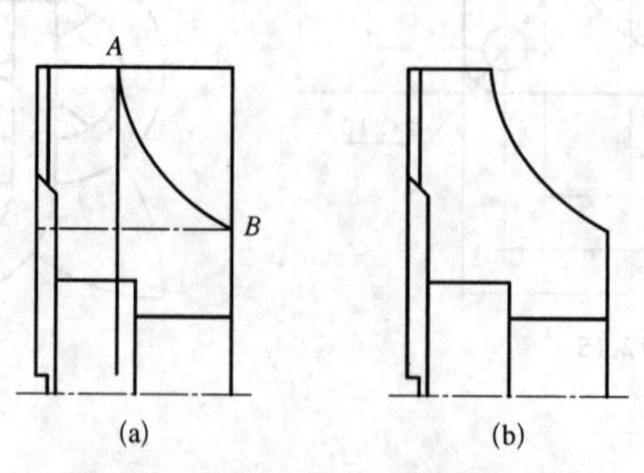

图 T3.2　绘制顶盖主视图上半部分

说明：圆弧“AB”用“起点、端点、半径”命令绘制，用“偏移”命令先找到 A、B 两点，然后用“圆弧”命令，以 A 为“起点”、B 为“端点”输入半径值画圆弧，如图 T3.2a 所示。

(3) 用“镜像”命令绘制顶盖主视图下半部分，并用“图案填充”命令绘制剖面线，完成主视图，如图 T3.1 主视图所示。

2. 绘制图 T3.1 顶盖左视图。

(1) 按照“高平齐”，用“圆”命令画出左视图各圆；用“偏移”和“修剪”命令画出顶盖端面的一个防滑槽，如图 T3.3 所示。

(2) 用“环形阵列”画出另外两个防滑槽，如图 T3.4 所示，阵列参数设置项目总数为 3，填充角度为 30°。

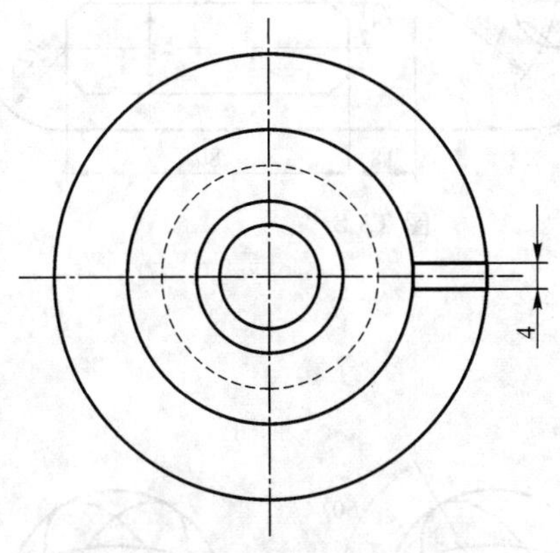

图 T3.3　绘制顶盖左视图各圆

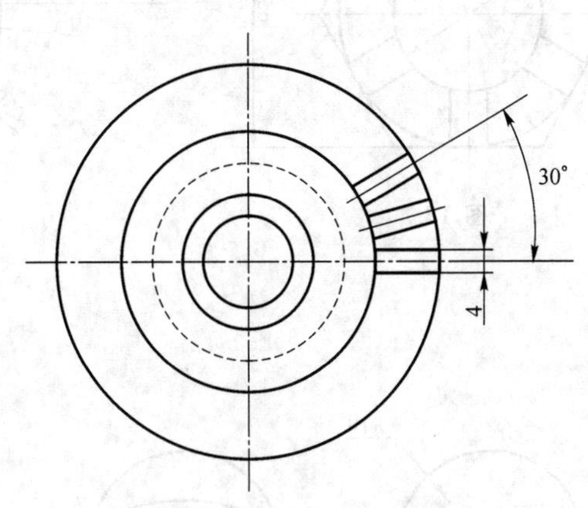

图 T3.4　阵列顶盖端面防滑槽

3. 赋名“图 T3.1 顶盖.dwg”存盘。

课外练习

完成图 T3.5～图 T3.11 的绘制。

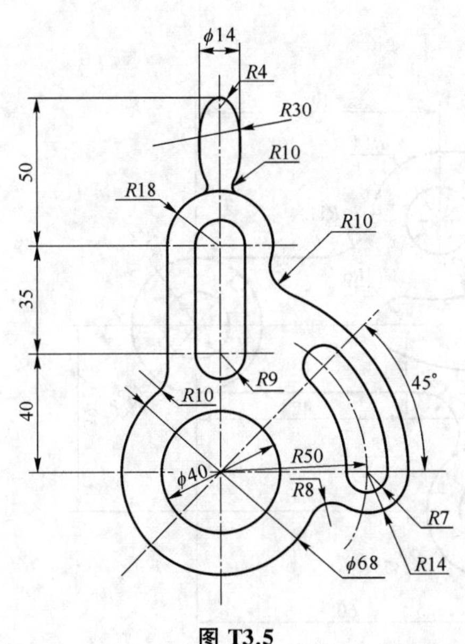

图 T3.5

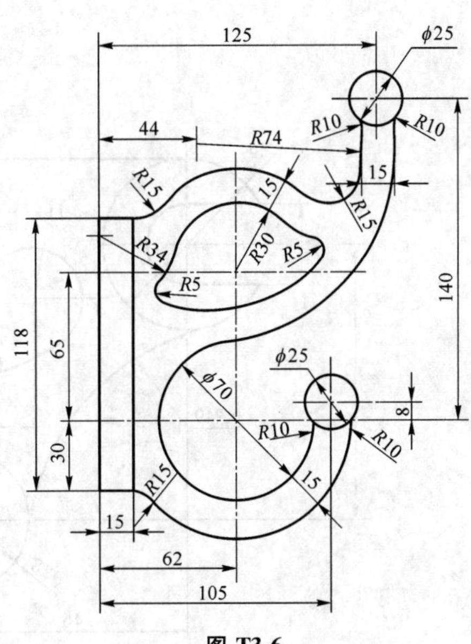

图 T3.6

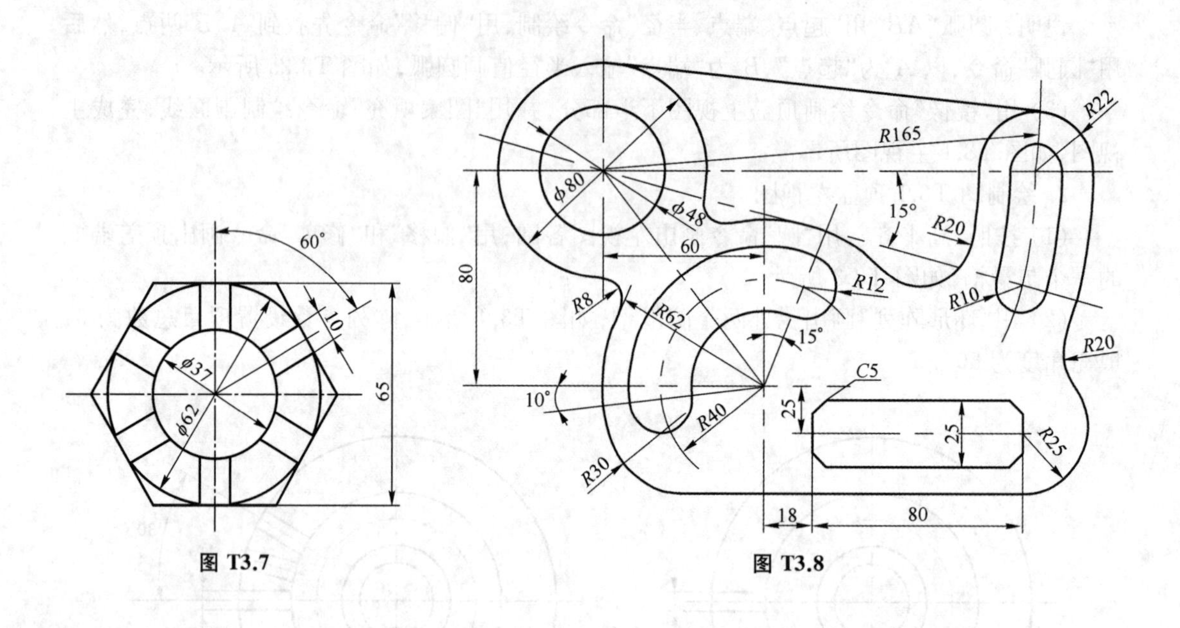

图 T3.7　　图 T3.8

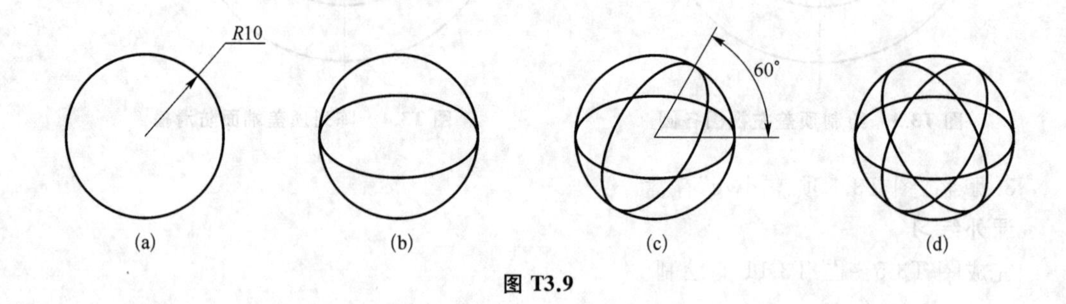

(a)　(b)　(c)　(d)

图 T3.9

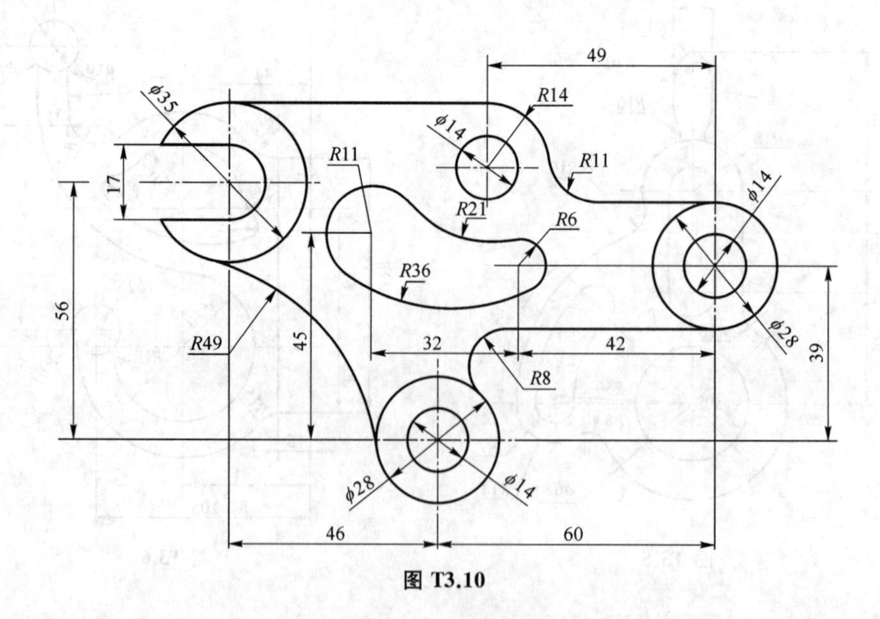

图 T3.10

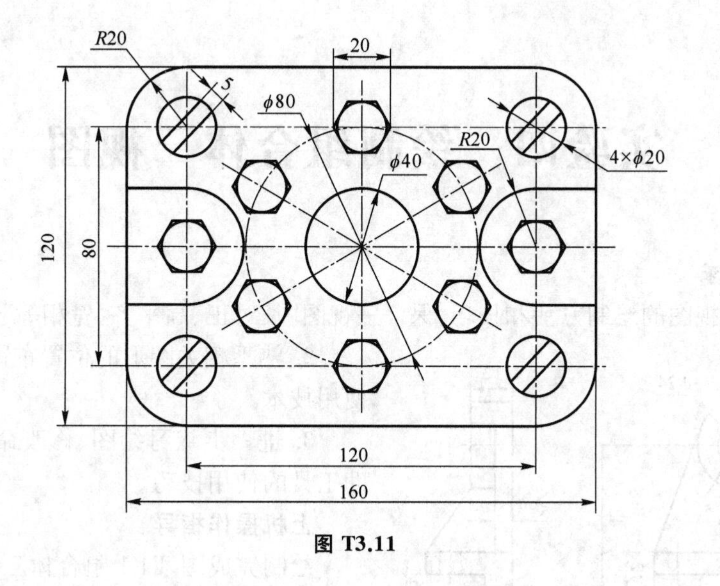

图 T3.11

实验四　绘制组合体三视图

目的和要求

1. 熟悉三视图的绘制方法和技巧,保证三视图“长对正、高平齐、宽相等”的“三等”关系。

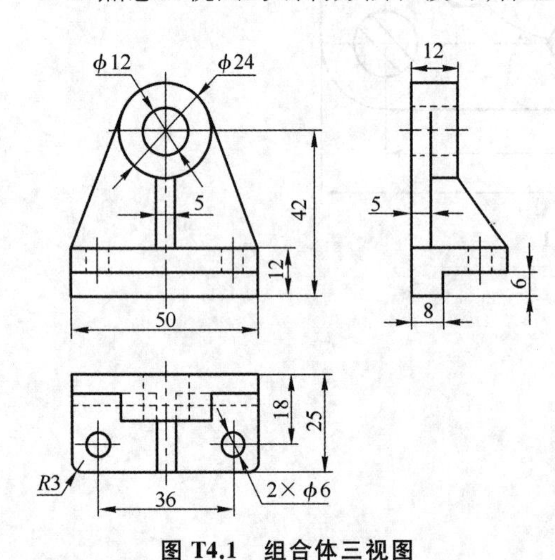

图 T4.1　组合体三视图

2. 熟悉相关图形的位置布置以及辅助线的使用技术。

3. 进一步练习绘图、修改命令以及绘图辅助工具的使用技巧。

上机操作指导

绘制完成图 T4.1 组合体三视图(绘图方法不唯一,不用标注尺寸)。

1. 用实验一建立的 A4 样板图作为默认的绘图环境,建立一张新图。

2. 绘制中心线等基准线和辅助线,如图 T4.2 所示,在 0 层上做一 45°方向的参照线作为保证宽相等的辅助线。

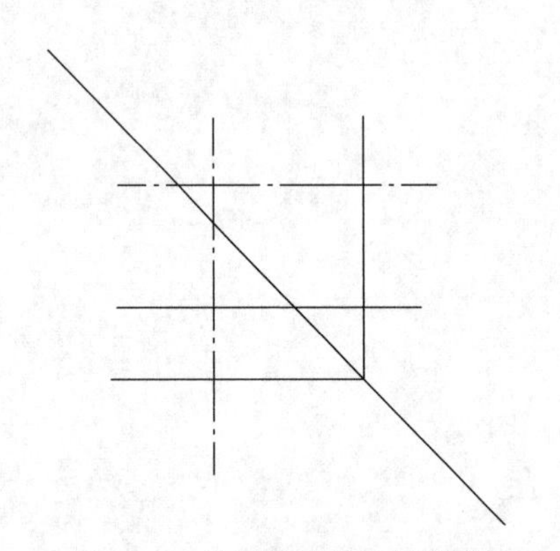

图 T4.2　绘制基准线和辅助线

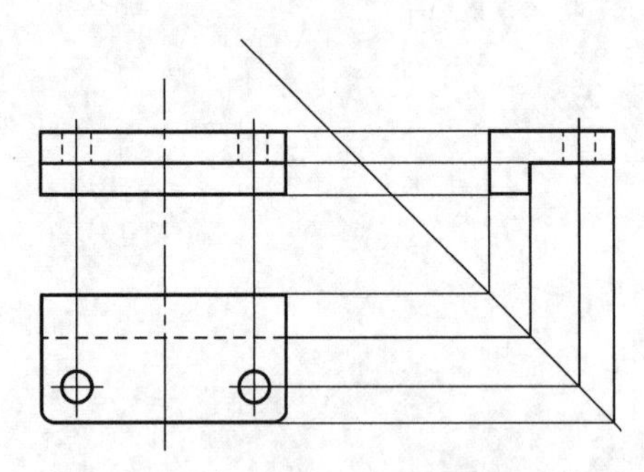

图 T4.3　绘制底板三视图

3. 绘制底板:绘制三视图应该遵循三个视图同时绘制的原则。绘制其中的组成部分时应同时绘制该部分的三个视图,然后再绘制其他结构,如图 T4.3 所示。作图辅助线都绘制在 0 层上。

4. 绘制圆筒,如图 T4.4 所示。

5. 绘制支撑板,如图 T4.5 所示。注意切线画法。

6. 用“偏移”命令绘制肋板,如图 T4.6 所示。注意可见性以及肋板截交线画法,修改线型及中心线,“冻结”辅助线 0 层,完成全图,如图 T4.1 所示。

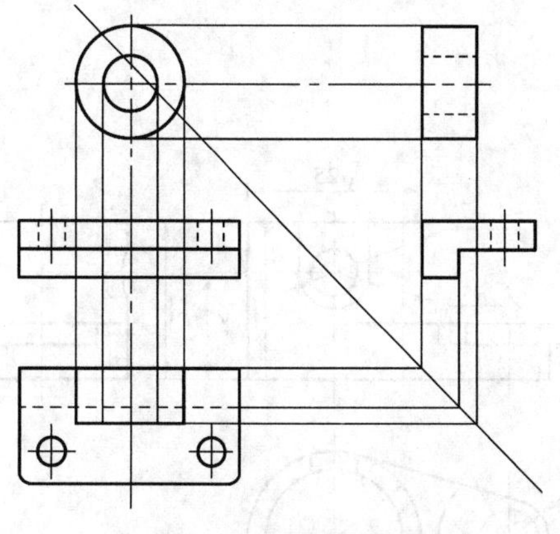
图 T4.4　绘制圆筒三视图

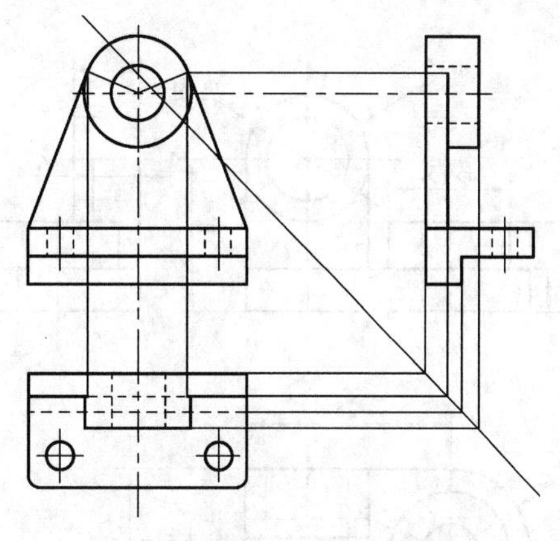
图 T4.5　绘制支撑板三视图

7. 赋名“图 T4.1 组合体三视图.dwg”存盘。

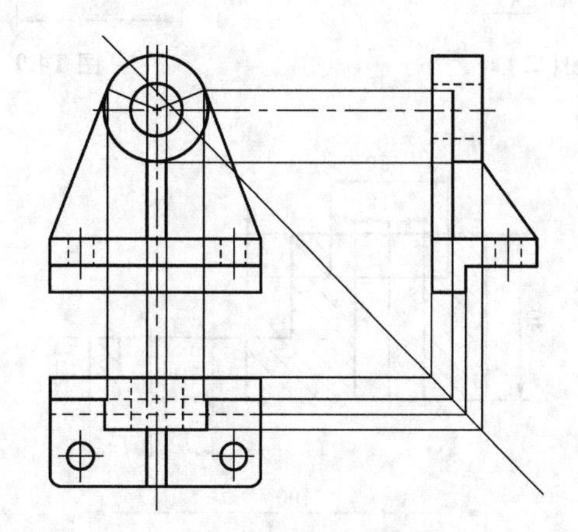
图 T4.6　绘制肋板三视图

课外练习

完成图 T4.7～图 T4.10 的绘制。

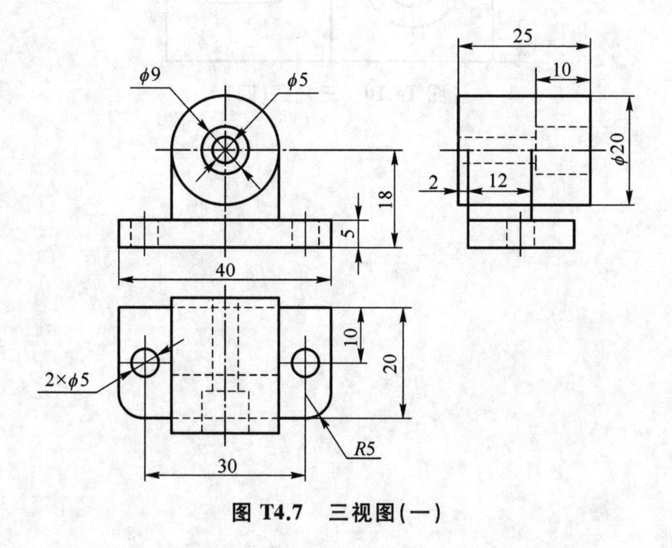

图 T4.7　三视图(一)

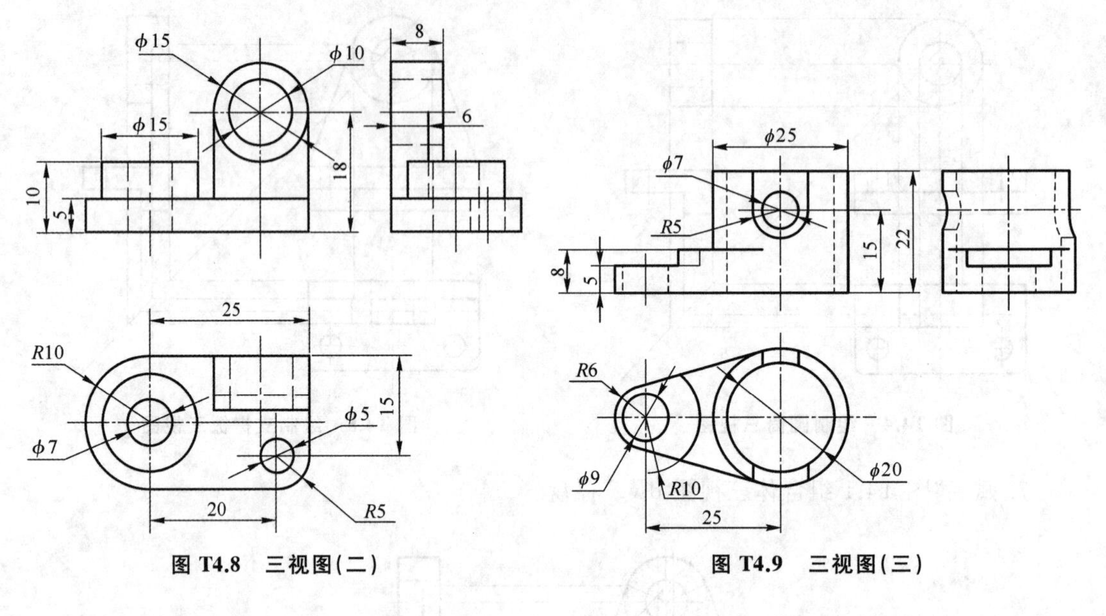

图 T4.8　三视图(二)

图 T4.9　三视图(三)

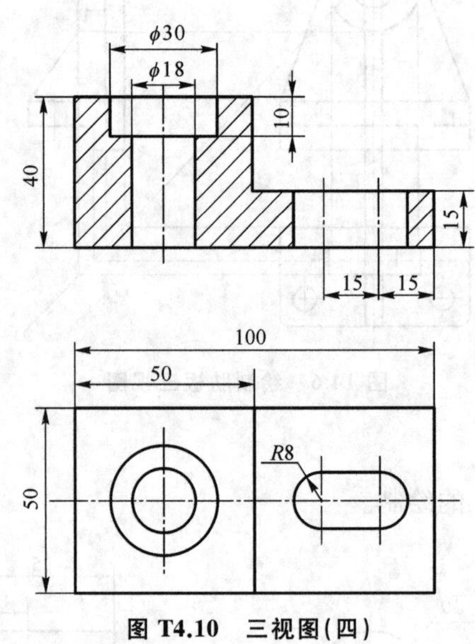

图 T4.10　三视图(四)

实验五　表格及图块操作

目的和要求

1. 练习表格的绘制。

2. 练习图块的创建和调用。

上机操作指导

(一) 制作表面粗糙度图形块

操作步骤:

1. 按照图 T5.1a 尺寸绘制粗糙度符号,如图 T5.1b 所示。

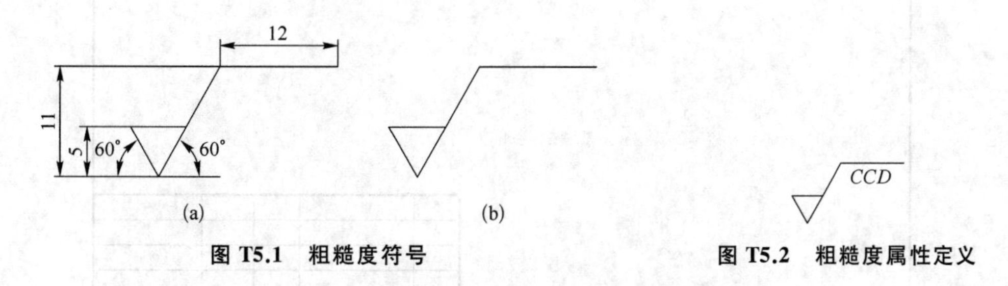

图 T5.1　粗糙度符号　　　　**图 T5.2　粗糙度属性定义**

2. 将粗糙度值定义为粗糙度图形块的属性: 属性标记“*CCD*”,字高“3.5”,如图 T5.2 所示。

3. 创建粗糙度图形块: 块名“粗糙度”,插入基点 *A* 点,如图 T5.3 所示。

4. 执行“wblock”写块命令将块命名为“粗糙度块.dwg”保存。

5. 插入“粗糙度”属性块: 如图 T5.4 所示。

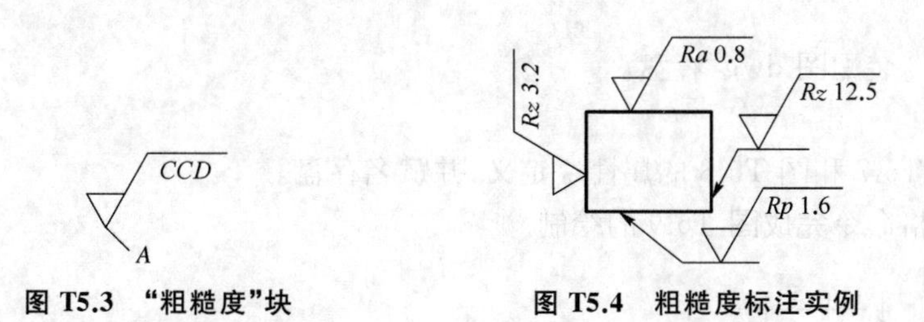

图 T5.3　“粗糙度”块　　　　**图 T5.4　粗糙度标注实例**

(二) 创建图 T5.5 所示的明细表

操作步骤:

1. 用实验一建立的 A3 样板图作为默认的绘图环境,建立一张新图。

2. 设置表格样式名为“装配图明细表”,字体“机械文字样式”,字高“3”,对齐方式“正中”。

3. 插入表格,行数“6”,列数“5”,其余设置同第 4 章图 4.11,填写文字,插入结果如图 T5.6 所示。

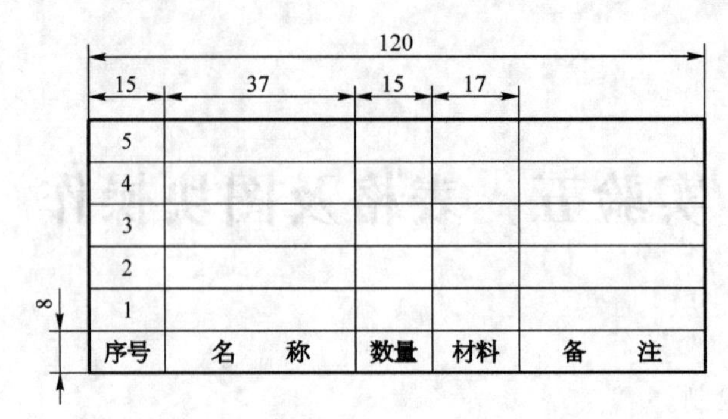

图 T5.5 明细表

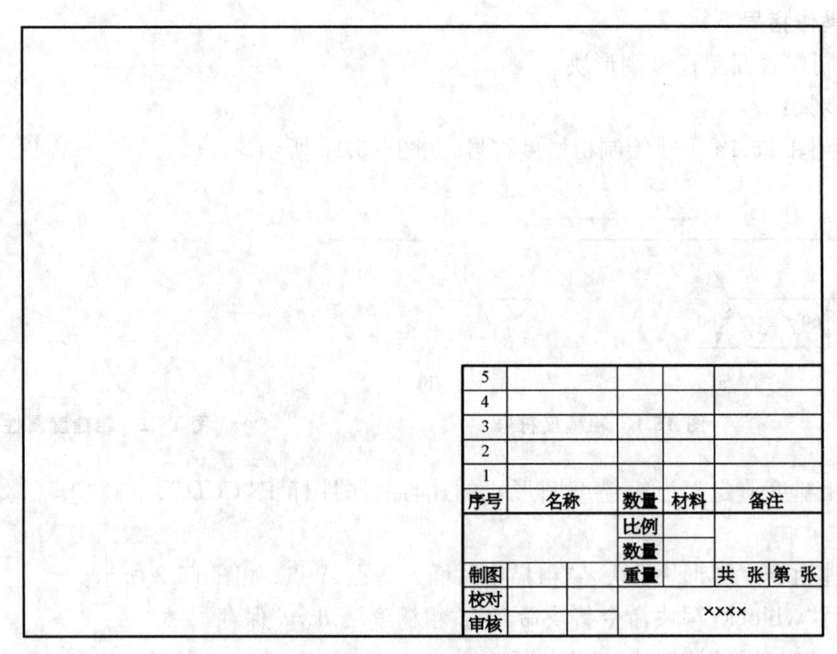

图 T5.6 插入明细表

4. 赋名"A3 装配图.dwg"存盘。

课外练习

1. 完成图 T5.7 和图 T5.8 的属性块定义,并赋名存盘。
2. 利用表格命令完成图 T5.9 的绘制。

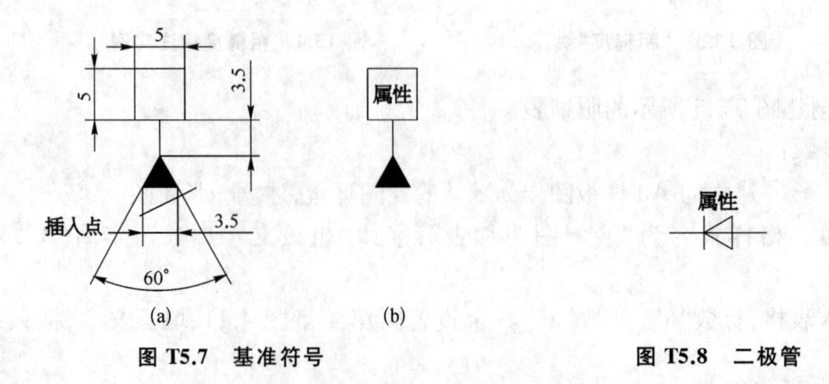

图 T5.7 基准符号　　　　图 T5.8 二极管

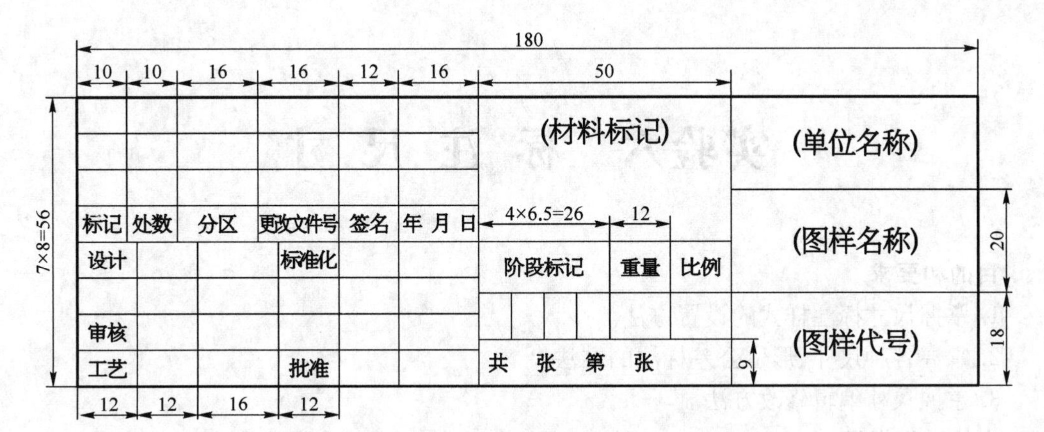
180
10
10
16
16
12
16
50
7×8=56
(材料标记)
(单位名称)
标记
处数
分区
更改文件号
签名
年 月 日
4×6.5=26
12
(图样名称)
20
设计
标准化
阶段标记
重量
比例
审核
(图样代号)
18
工艺
批准
共 张 第 张
9
12
12
16
12

图 T5.9　国标标题栏

实验六　标 注 尺 寸

目的和要求

1. 掌握尺寸标注样式的设置方法。
2. 掌握各种尺寸、形位公差标注的方法。
3. 掌握尺寸编辑修改方法。

上机操作指导

打开“图 T2.5 起重螺杆.dwg”图形文件，标注尺寸。

操作步骤：

1. 设置尺寸标注样式，见第 6 章。
2. 选尺寸层为当前层，用尺寸标注命令标注图中所有尺寸，结果如图 T2.5 所示。

课外练习

1. 给实验二和实验三所绘课外练习图标注尺寸。
2. 绘制图 T6.1 输出轴，并标注尺寸。

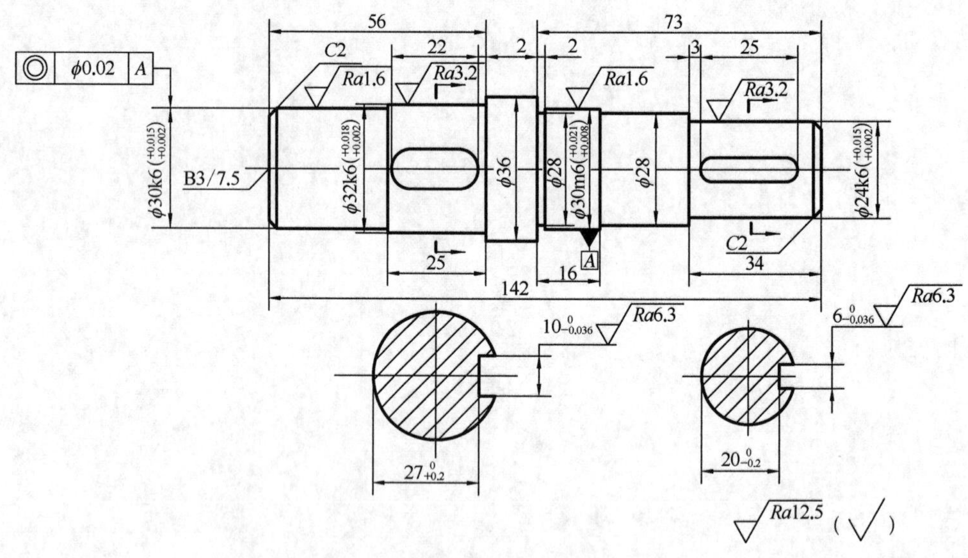

图 T6.1　输出轴

3. 完成图 T6.2 和图 T6.3 的标注练习。

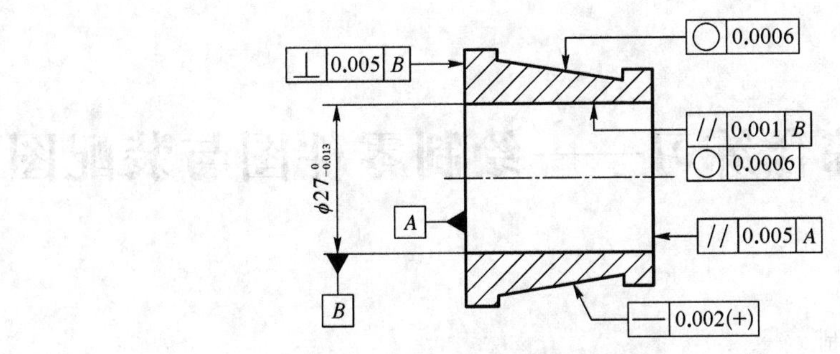

图 T6.2　标注练习(一)

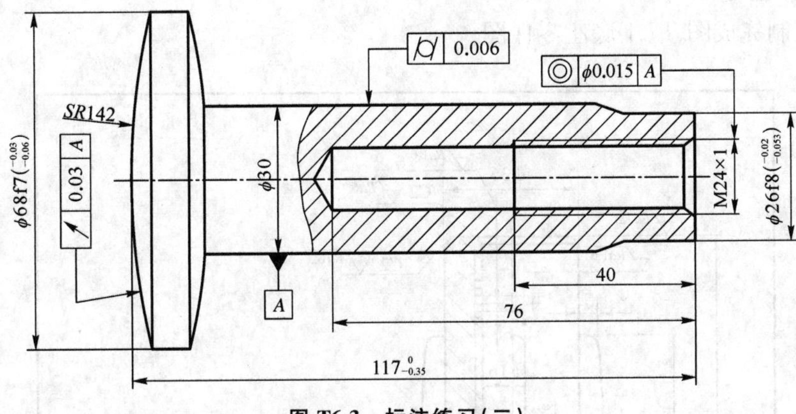

图 T6.3　标注练习(二)

实验七　综合练习——绘制零件图与装配图

目的和要求

1. 掌握零件图的绘制。

2. 掌握装配图的绘制。

上机操作指导

（一）绘制完成图 T7.1 底座零件图

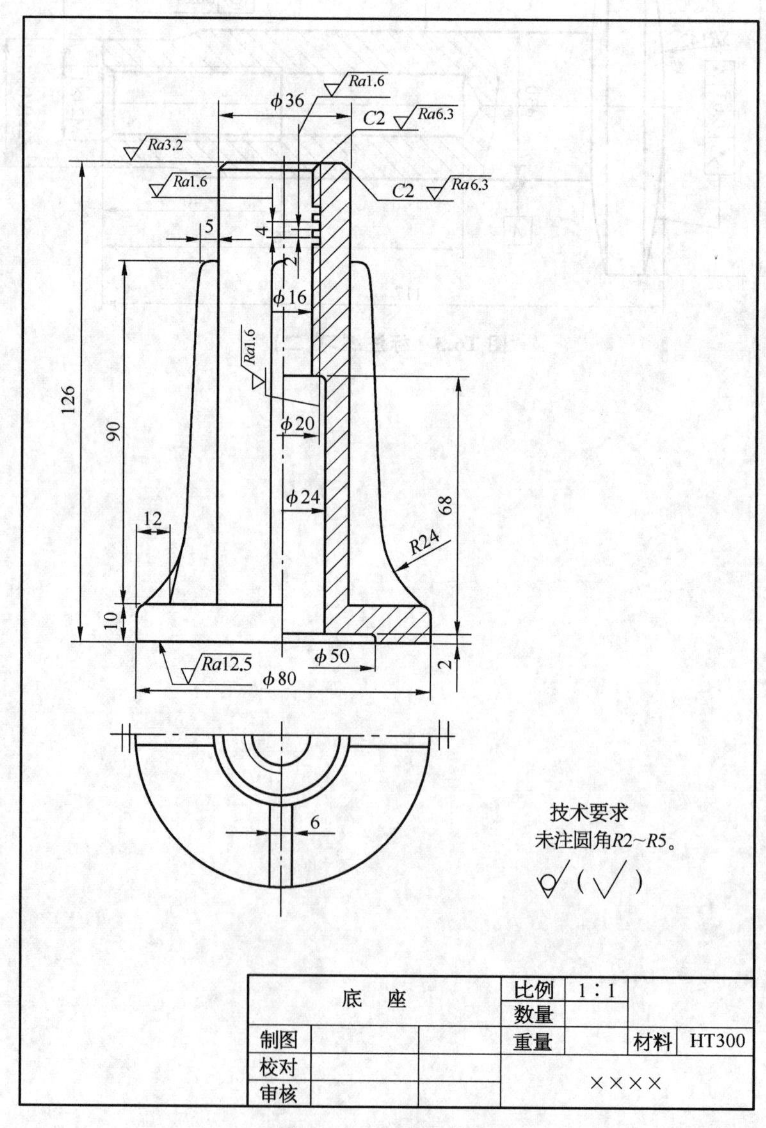

图 T7.1　底座零件图

操作步骤：

1. 用实验一建立的 A4 样板图作为默认的绘图环境，建立一张新图。

2. 绘制视图。

(1) 选细点画线层为当前层，画点画线布图、定位。

(2) 选粗实线层为当前层，画出底座对称一半俯视图，用“直线”“偏移”等命令画出底座主视图和肋板的外轮廓线，如图 T7.2 所示。

(3) 用“倒圆”“修剪”等命令完成肋板的圆角绘制，如图 T7.3 所示。

(4) 用“镜像”“偏移”等命令完成底座主视图半剖视图的轮廓线绘制，如图 T7.4 所示。

(5) 用“倒角”“图案填充”等命令完成主视图细节部分的绘制，完成全图，如图 T7.5 所示。

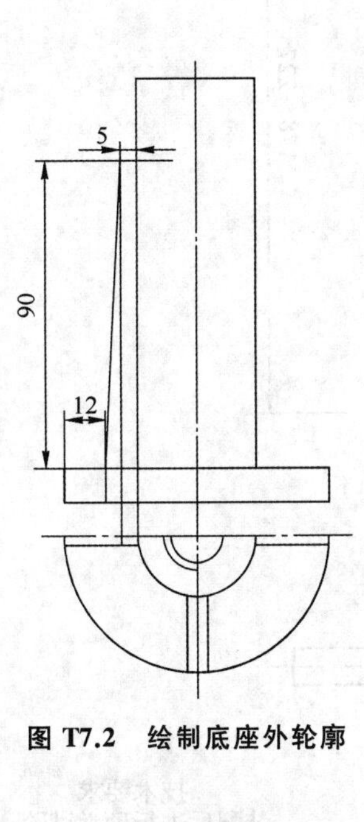

图 T7.2　绘制底座外轮廓

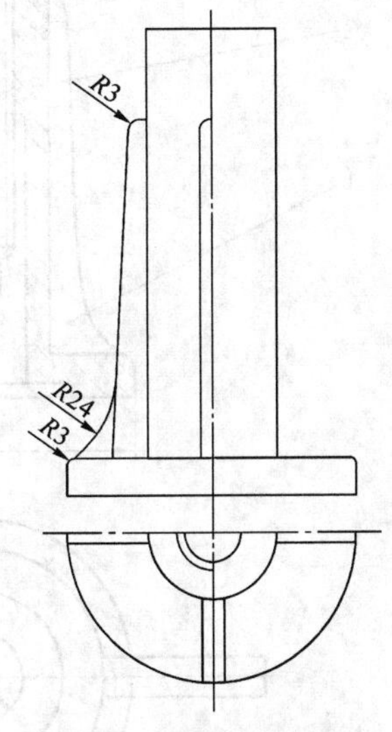

图 T7.3　绘制肋板圆角

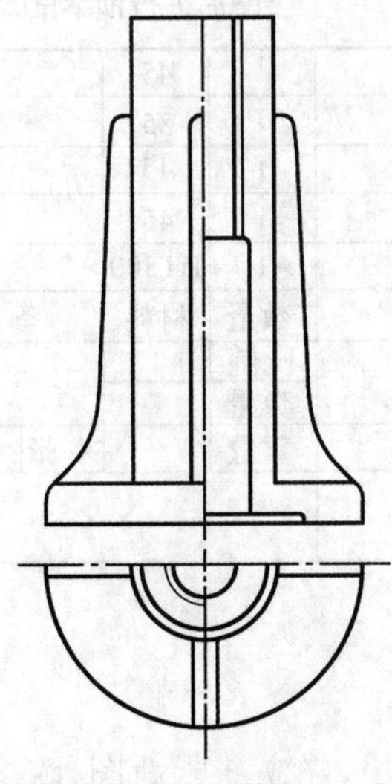

图 T7.4　绘制底座半剖视图

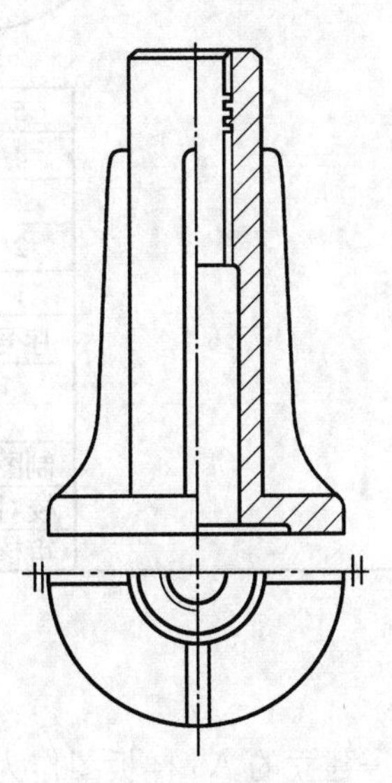

图 T7.5　完成底座全图

3. 标注尺寸、插入粗糙度块、编写技术要求、填写标题栏,结果如图 T7.1 所示。

4. 赋名“图 T7.1 底座.dwg”存盘。

(二) 绘制完成图 T7.6 千斤顶装配图

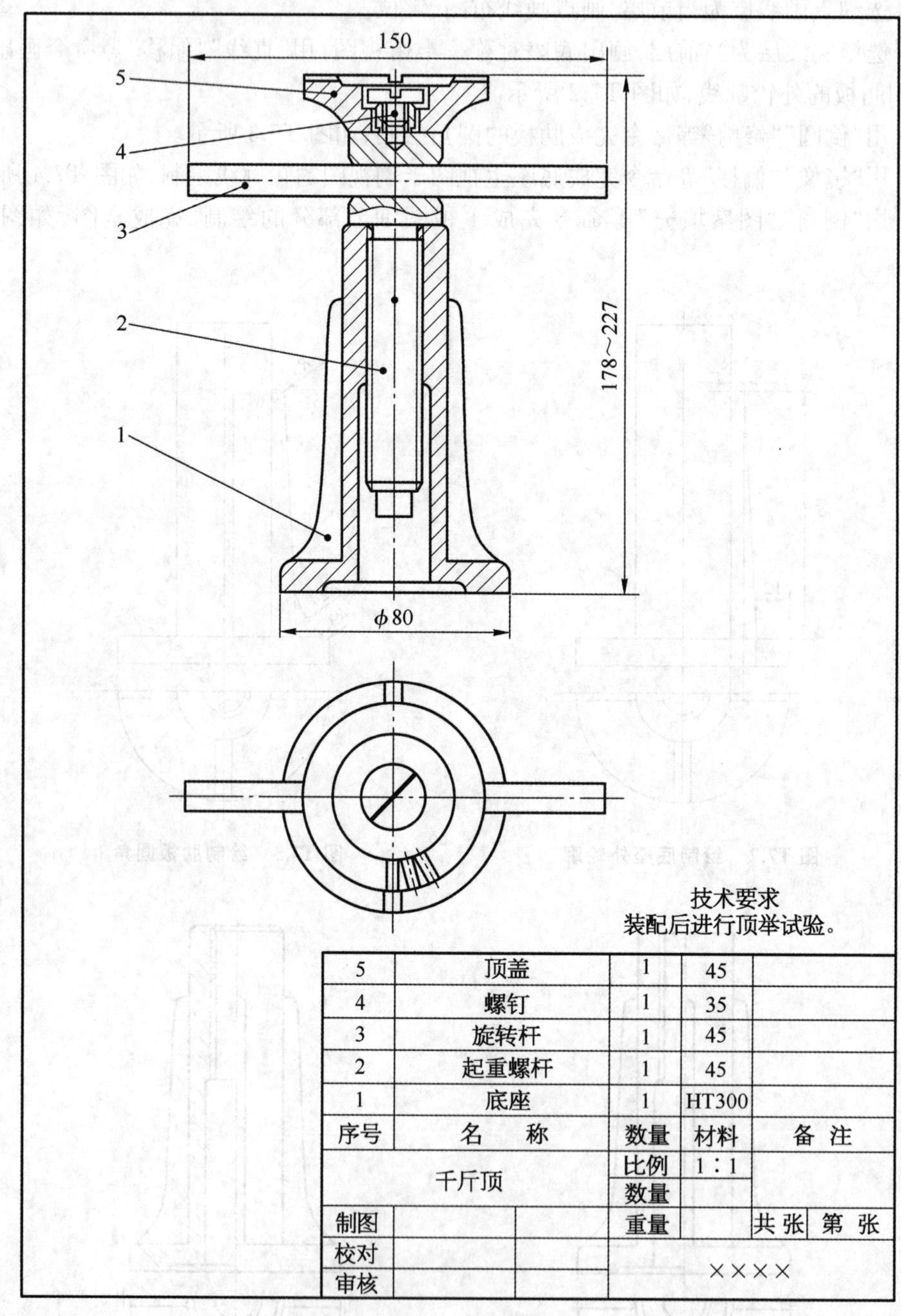

5	顶盖	1	45	
4	螺钉	1	35	
3	旋转杆	1	45	
2	起重螺杆	1	45	
1	底座	1	HT300	
序号	名　称	数量	材料	备 注
千斤顶		比例	1∶1	
		数量		
制图		重量		共 张 第 张
校对			××××	
审核				

图 T7.6　千斤顶

操作步骤:

1. 用实验一建立的 A3 样板图作为默认的绘图环境,建立一张新图,改变图幅为竖放,调整图框和标题栏,添加明细表,设置尺寸标注样式,如图 T7.6 所示。赋名“图 T7.6 千斤顶.dwg”存盘。

2. 完成装配图中主视图的绘制。

(1) 打开“图 T7.1 底座.dwg”图形文件，打开粗实线、点画线和细实线图层，将其他图层关闭。利用“修剪”“镜像”“图案填充”等命令把主视图改为全剖视图，选择所有图形对象并将其复制；回到正在绘制的图形文件“图 T7.6 千斤顶.dwg”中，将其粘贴到当前图形文件中，不保存并关闭“图 T7.1 底座.dwg”图形文件。

(2) 用同样的方法依次打开“图 T2.1 螺钉.dwg”“图 T2.5 起重螺杆.dwg”和“图 T3.1 顶盖.dwg”图形文件，利用“旋转”等编辑命令修改图形，将其复制粘贴到当前图形文件“图 T7.6 千斤顶.dwg”中，如图 T7.7 所示。不保存并关闭原图形文件。

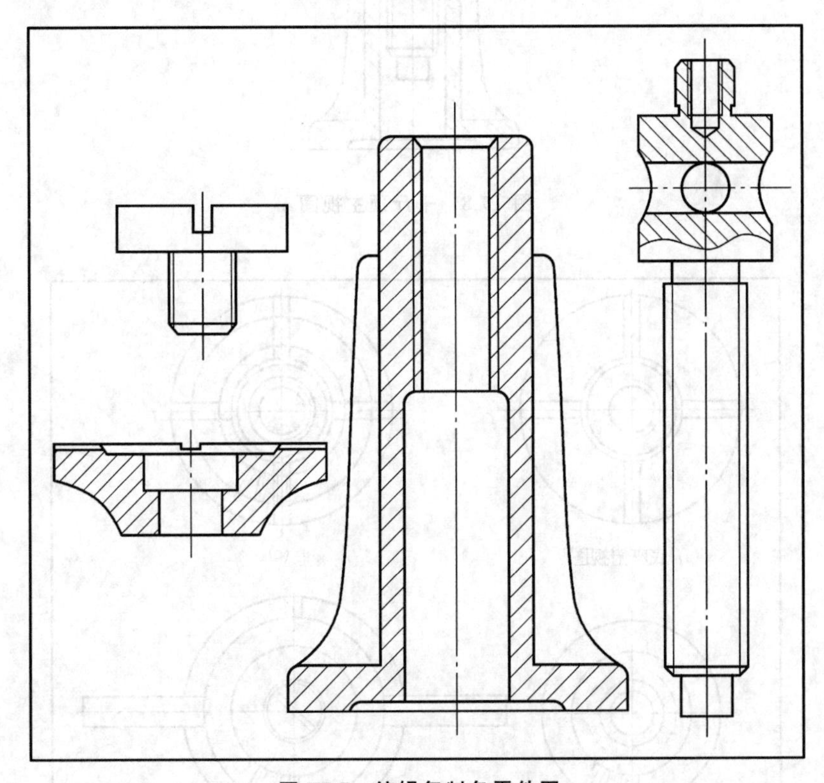

图 T7.7　编辑复制各零件图

(3) 利用“移动”命令按照装配关系把各零件插入相应的位置，用编辑命令对图线做必要的修整、删除，特别是螺纹连接部分。绘制旋转杆，完成主视图绘制，如图 T7.8 所示。

3. 完成装配图中俯视图的绘制。

按前述方法，分别打开“图 T7.1 底座.dwg”图形文件和“图 T3.1 顶盖.dwg”图形文件，编辑修改俯视图，并粘贴到正在绘制的图形文件“图 T7.6 千斤顶.dwg”中，利用“移动”命令把顶盖和底座俯视图叠加，用编辑命令对图线做必要的修整、删除，绘制旋转杆和螺钉俯视图，完成千斤顶俯视图的绘制，如图 T7.9 所示。

4. 标注尺寸。

选尺寸层为当前层，用尺寸标注命令标注图中必要的尺寸。

5. 填写零件序号、标题栏和明细表，注写技术要求。

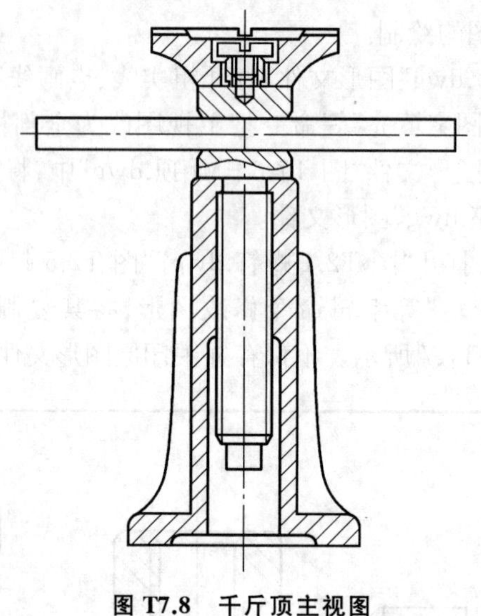

图 T7.8 千斤顶主视图

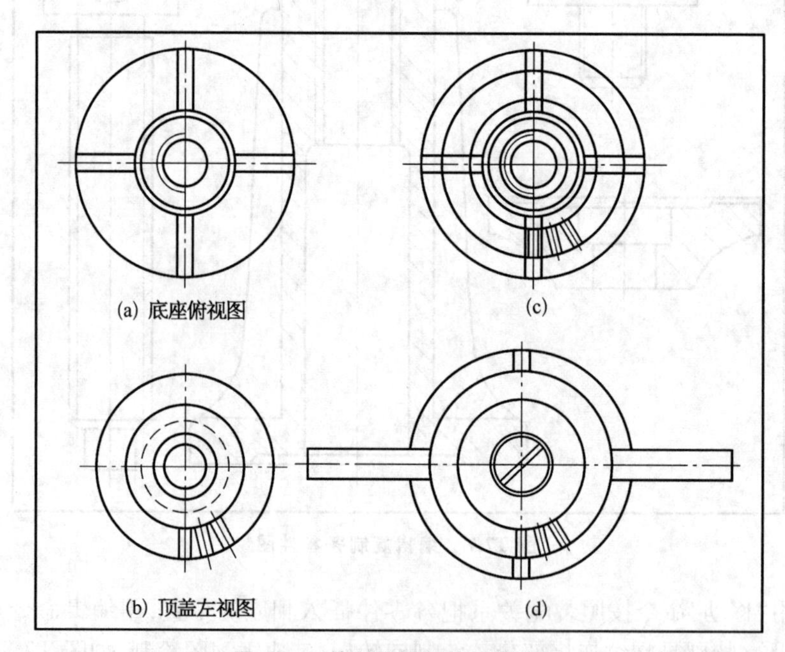

图 T7.9 绘制千斤顶俯视图流程

选文字层为当前层,用“多重引线”和“文字”等命令完成上述内容。

6. 绘制完成,如图 T7.6 所示,保存图形文件。

课外练习

1. 完成图 T7.10 齿轮油泵装配图的绘制,零件图如图 T7.11～图 T7.16 所示。未给出零件需要在装配图上绘制。

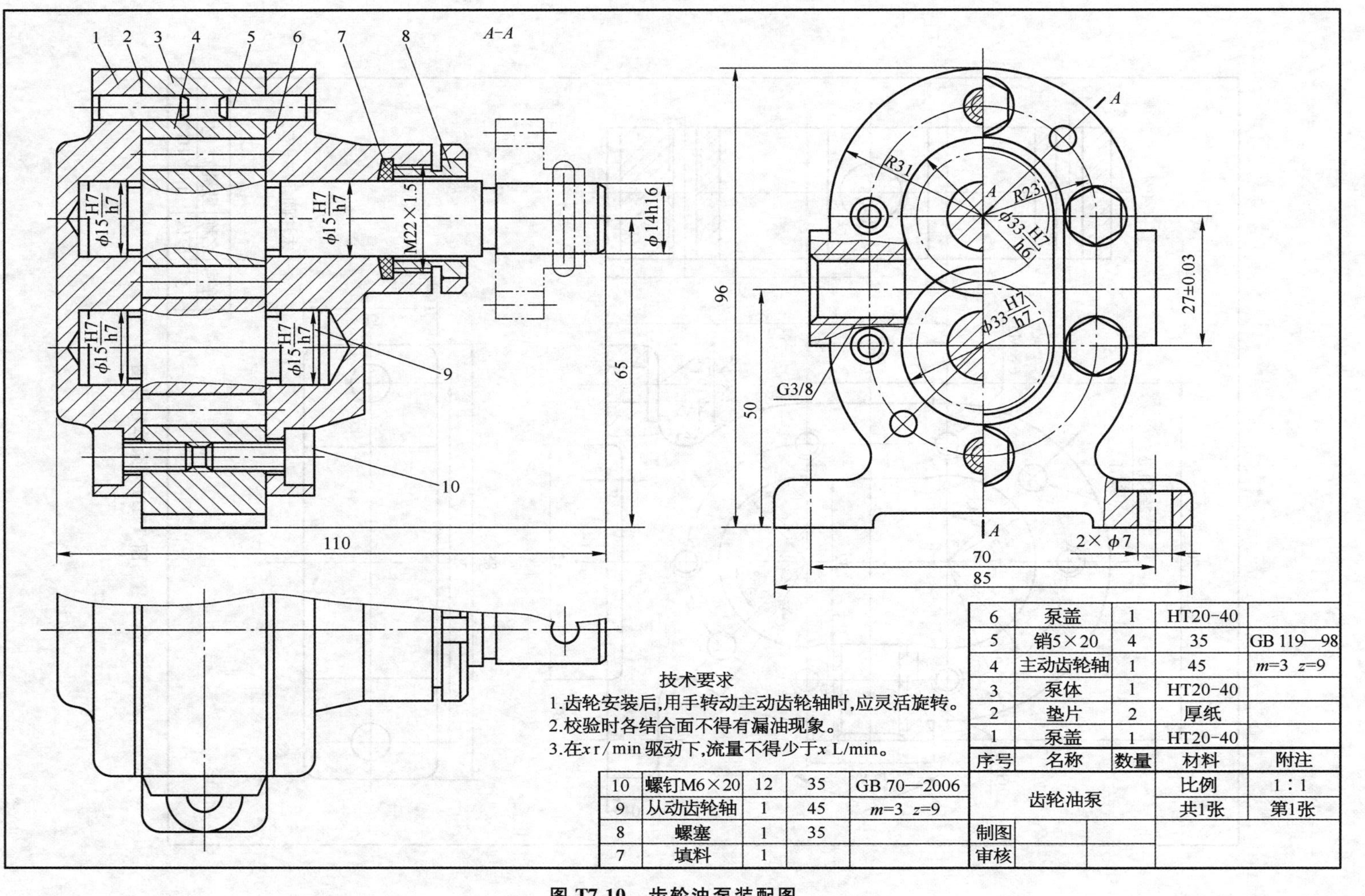

图 T7.10　齿轮油泵装配图

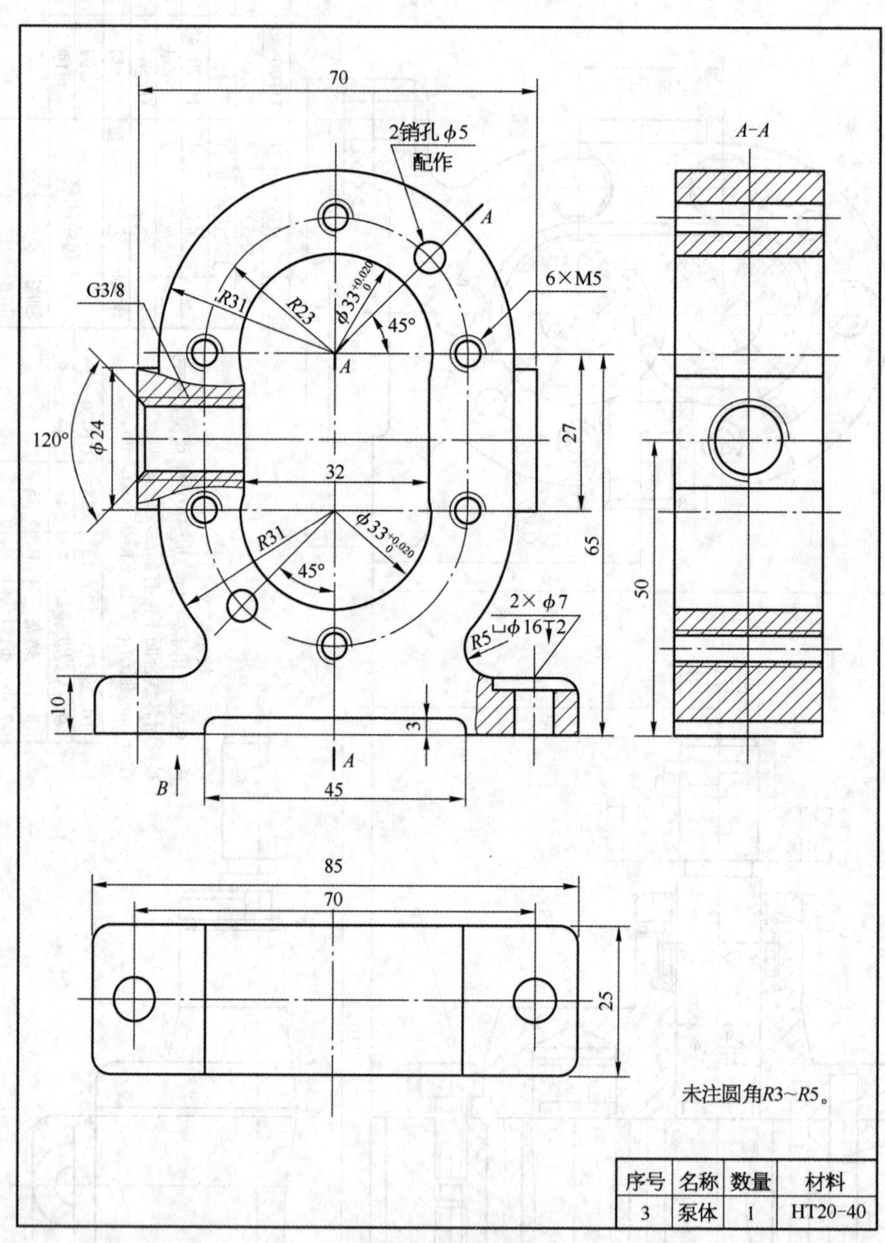

序号	名称	数量	材料
3	泵体	1	HT20-40

图 T7.11　泵体零件图

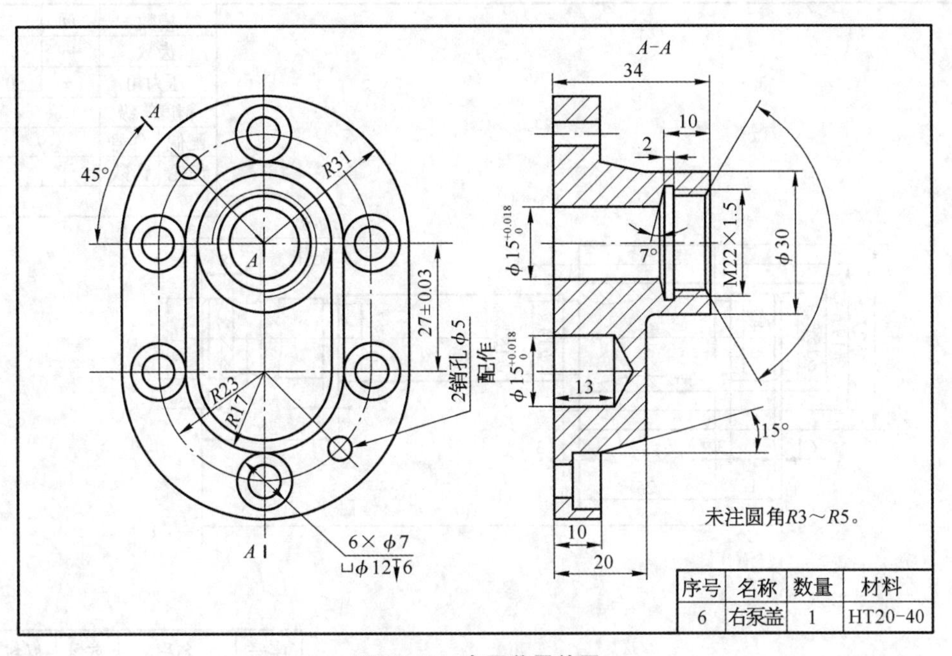

图 T7.12　右泵盖零件图

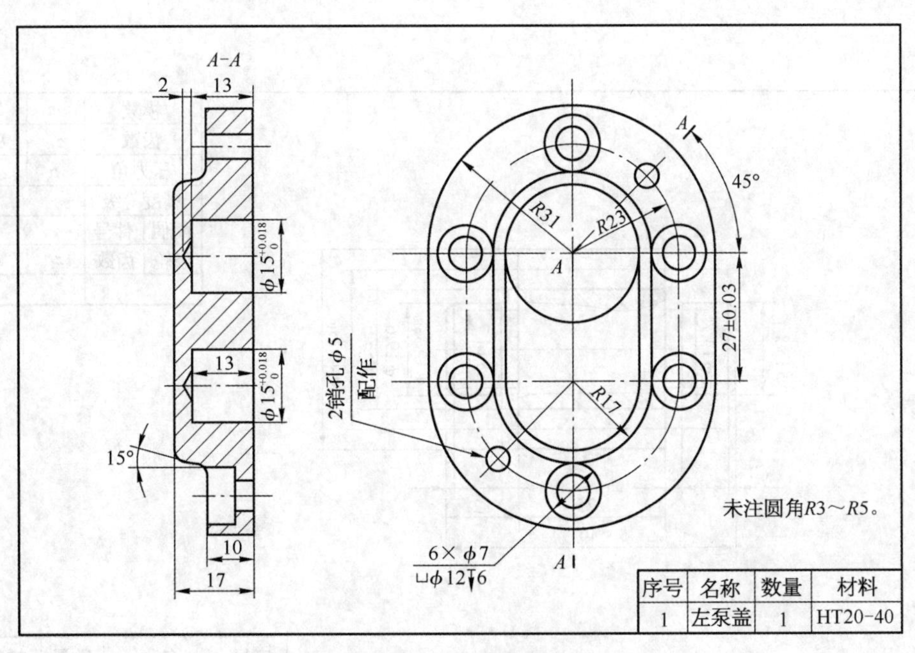

图 T7.13　左泵盖零件图

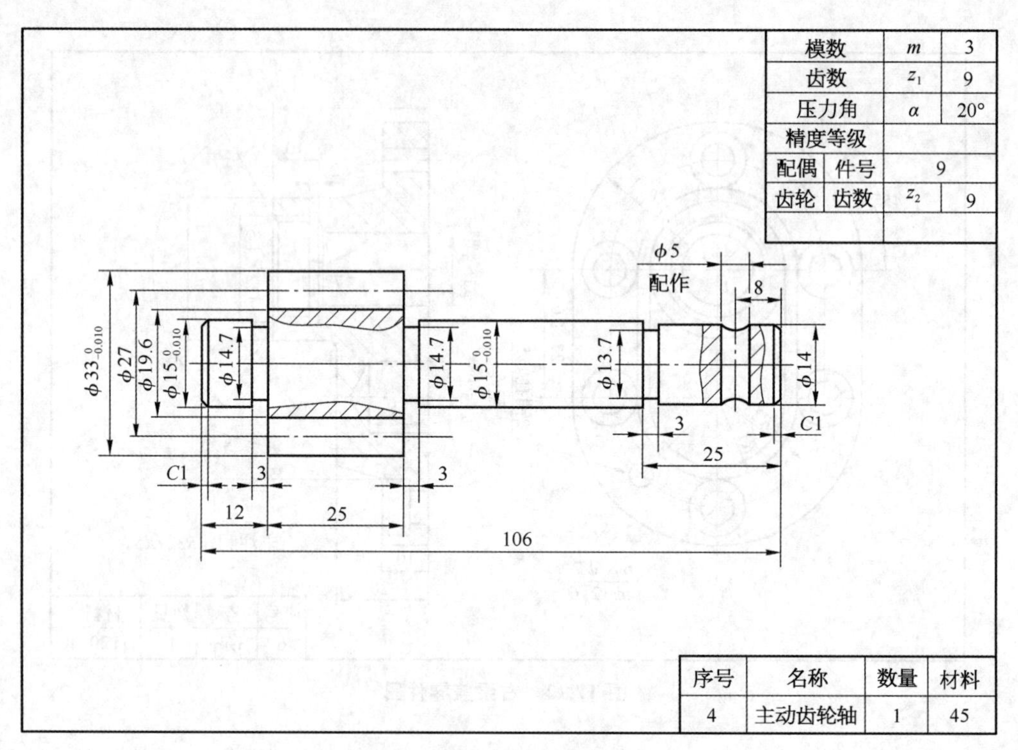

图 T7.14 主动齿轮轴零件图

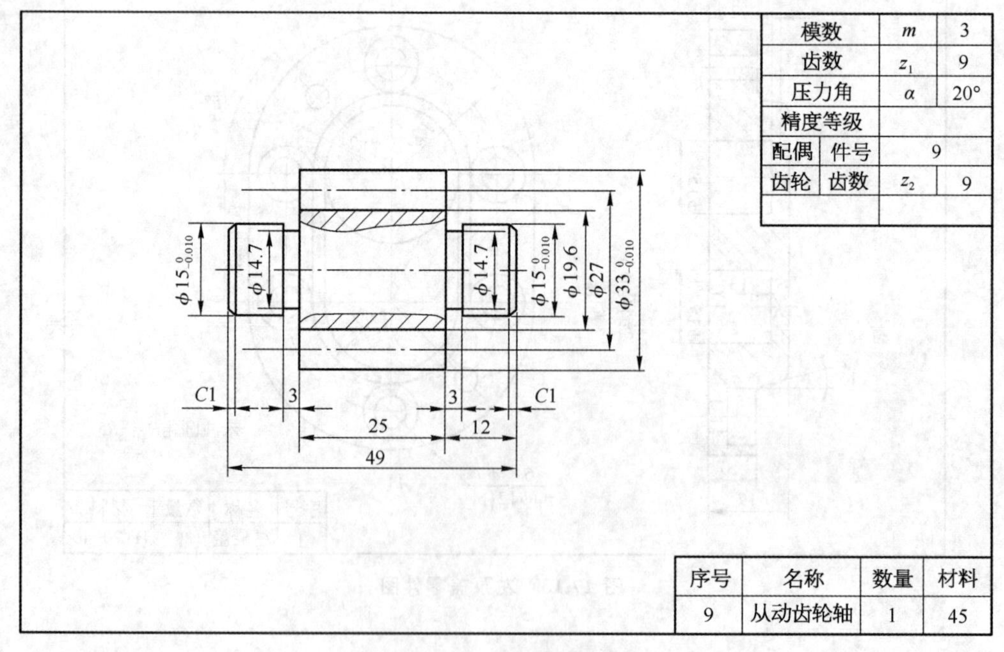

图 T7.15 从动齿轮轴零件图

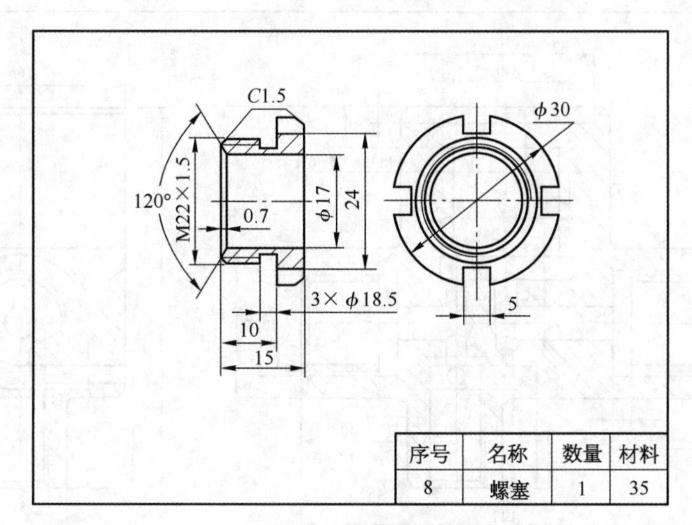

序号	名称	数量	材料
8	螺塞	1	35

图 T7.16　螺塞零件图

2. 参照截止阀示意图 T7.17 中零件之间的关系，分别抄画出零件图(图 T7.18～图 T7.23)，并完成截止阀装配图。

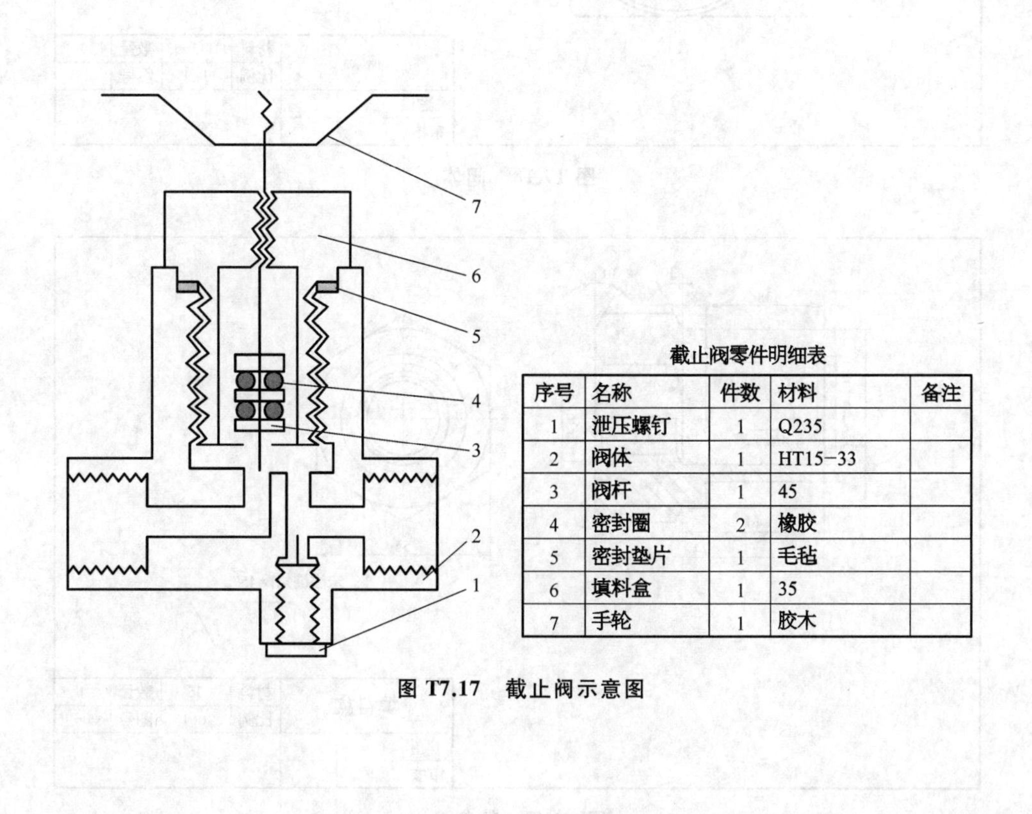

截止阀零件明细表

序号	名称	件数	材料	备注
1	泄压螺钉	1	Q235	
2	阀体	1	HT15-33	
3	阀杆	1	45	
4	密封圈	2	橡胶	
5	密封垫片	1	毛毡	
6	填料盒	1	35	
7	手轮	1	胶木	

图 T7.17　截止阀示意图

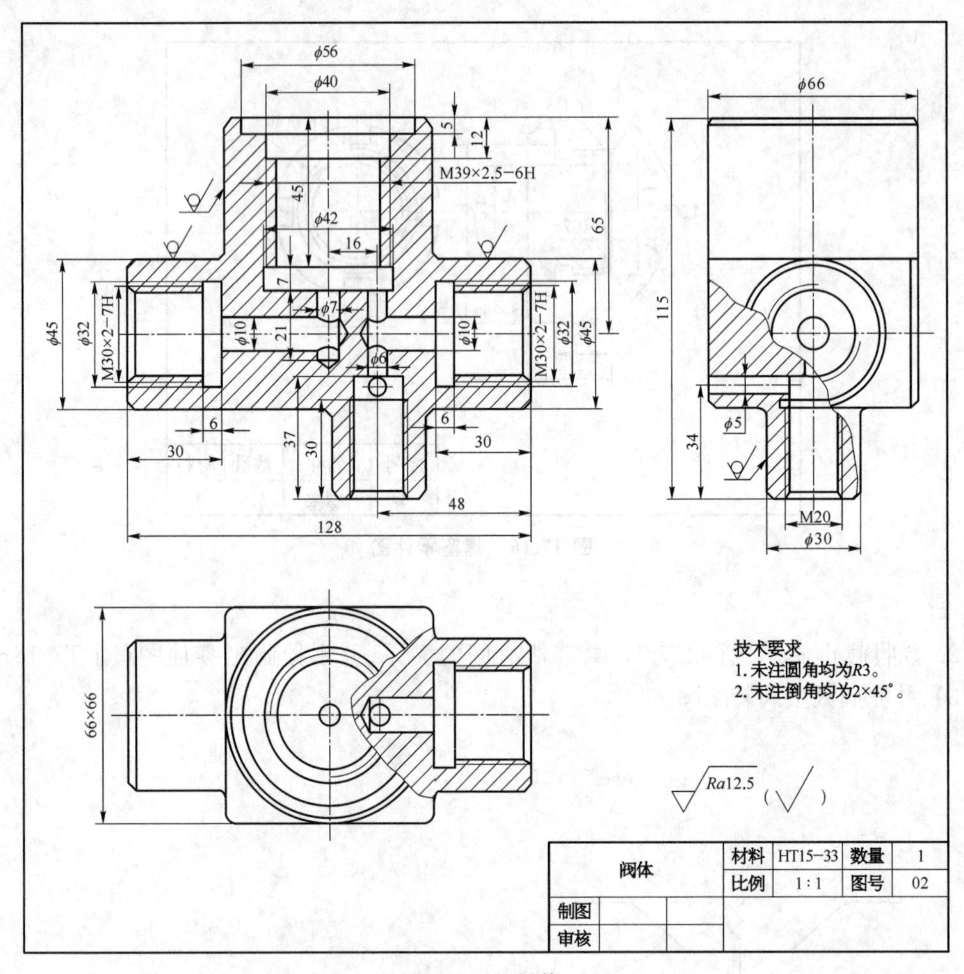

图 T7.18　阀体

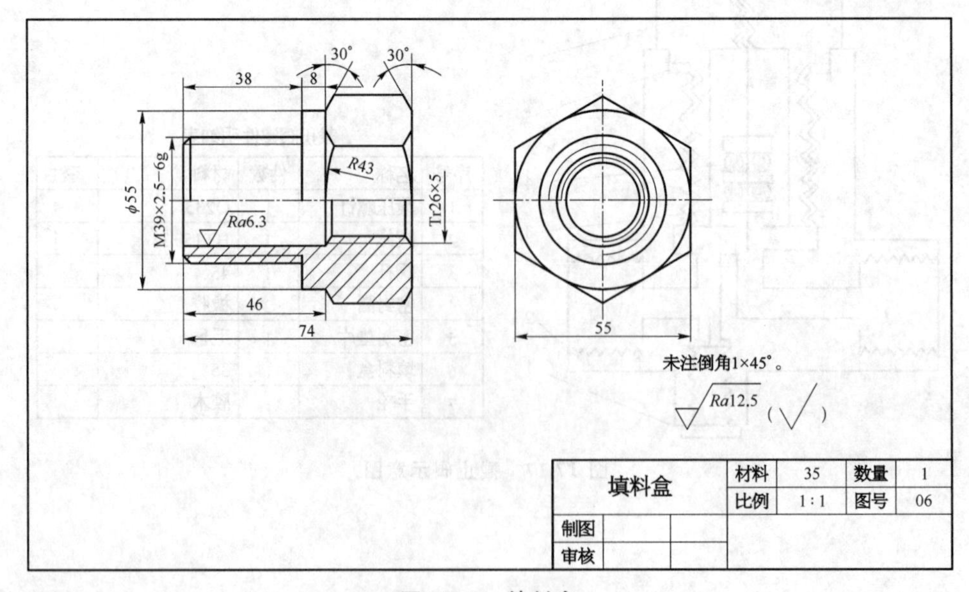

图 T7.19　填料盒

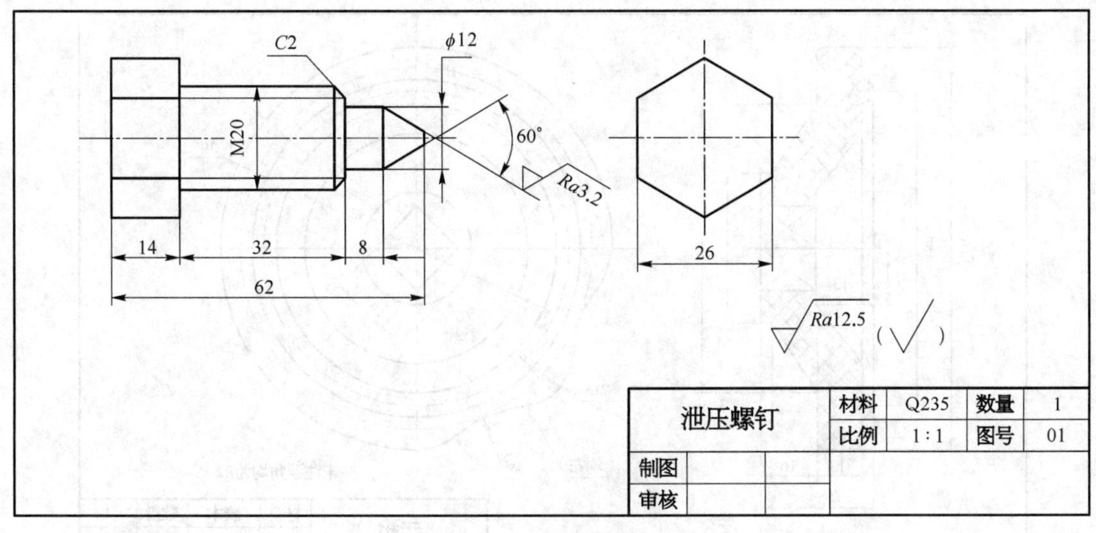

图 T7.20　泄压螺钉

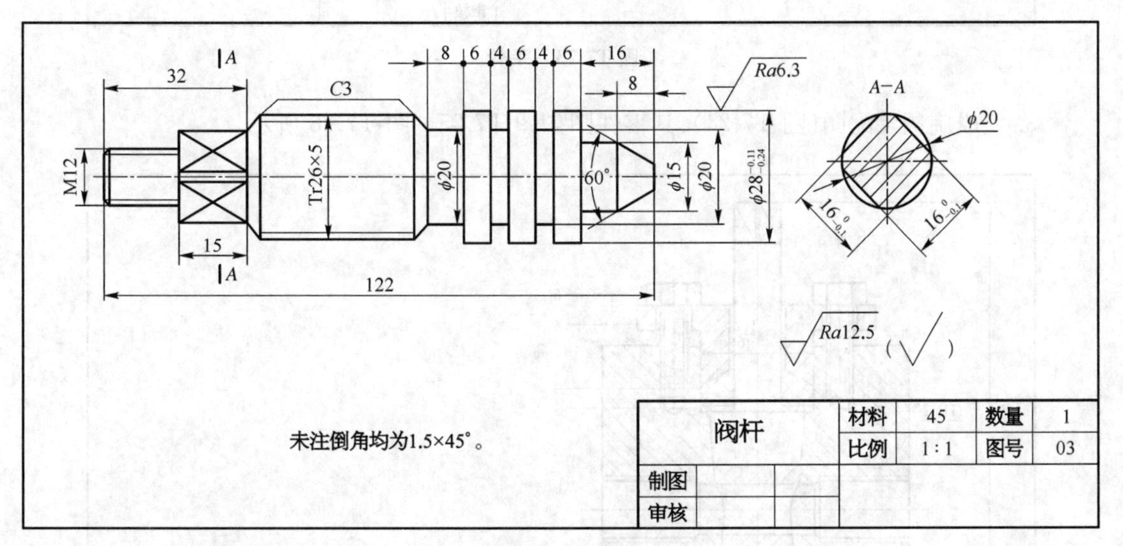

图 T7.21　阀杆

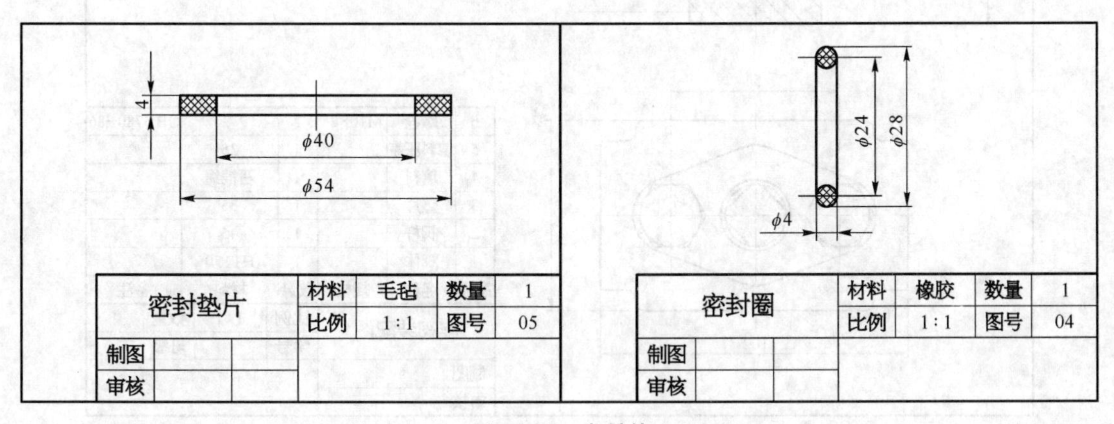

图 T7.22　密封件

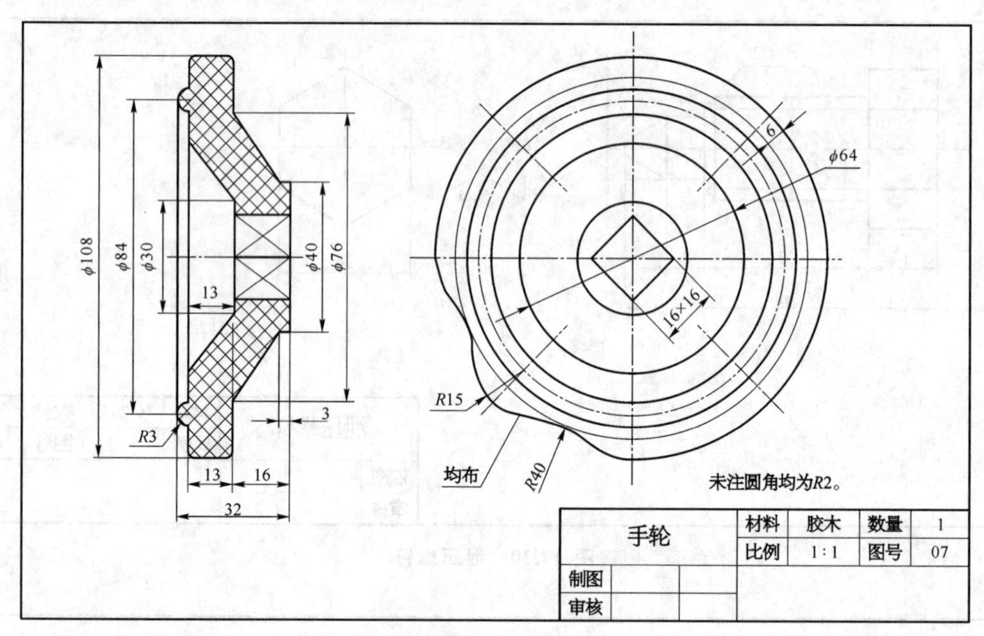

图 T7.23 手轮

3. 完成旋阀装配图(图 T7.24),其零件图如图 T7.25～图 T7.28 所示。

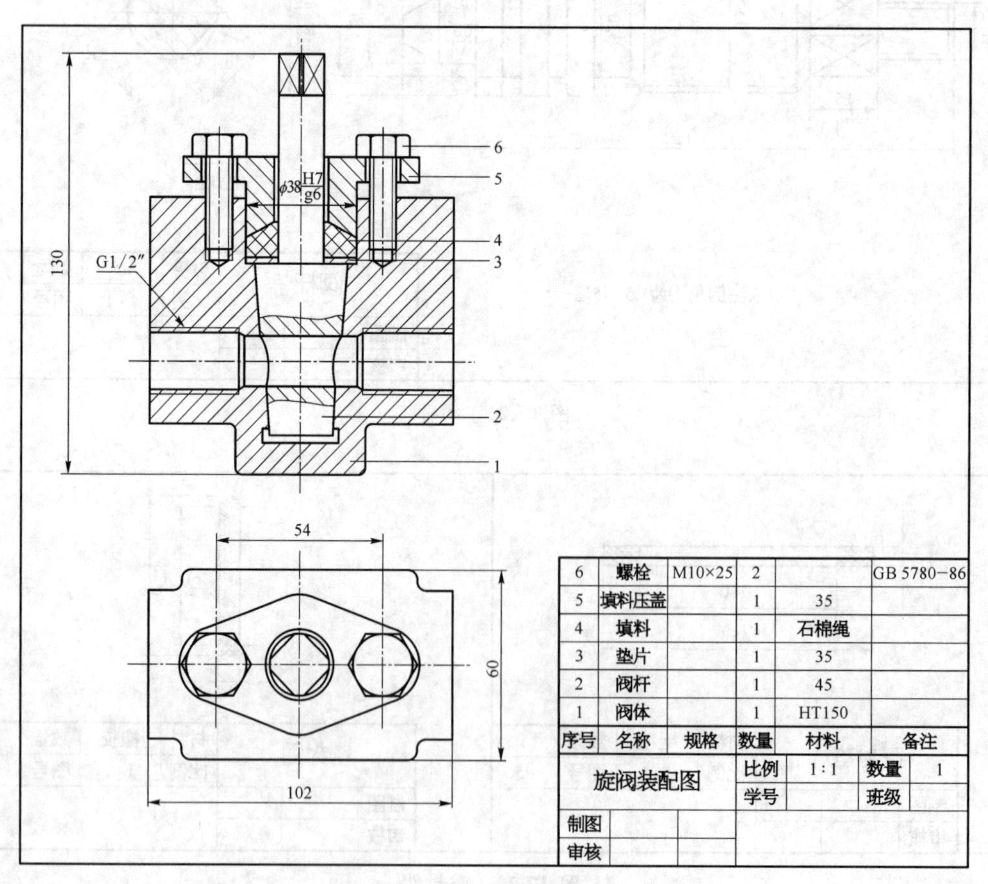

6	螺栓	M10×25	2		GB 5780−86
5	填料压盖		1	35	
4	填料		1	石棉绳	
3	垫片		1	35	
2	阀杆		1	45	
1	阀体		1	HT150	
序号	名称	规格	数量	材料	备注

旋阀装配图	比例	1:1	数量	1
	学号		班级	
制图				
审核				

图 T7.24 旋阀装配图

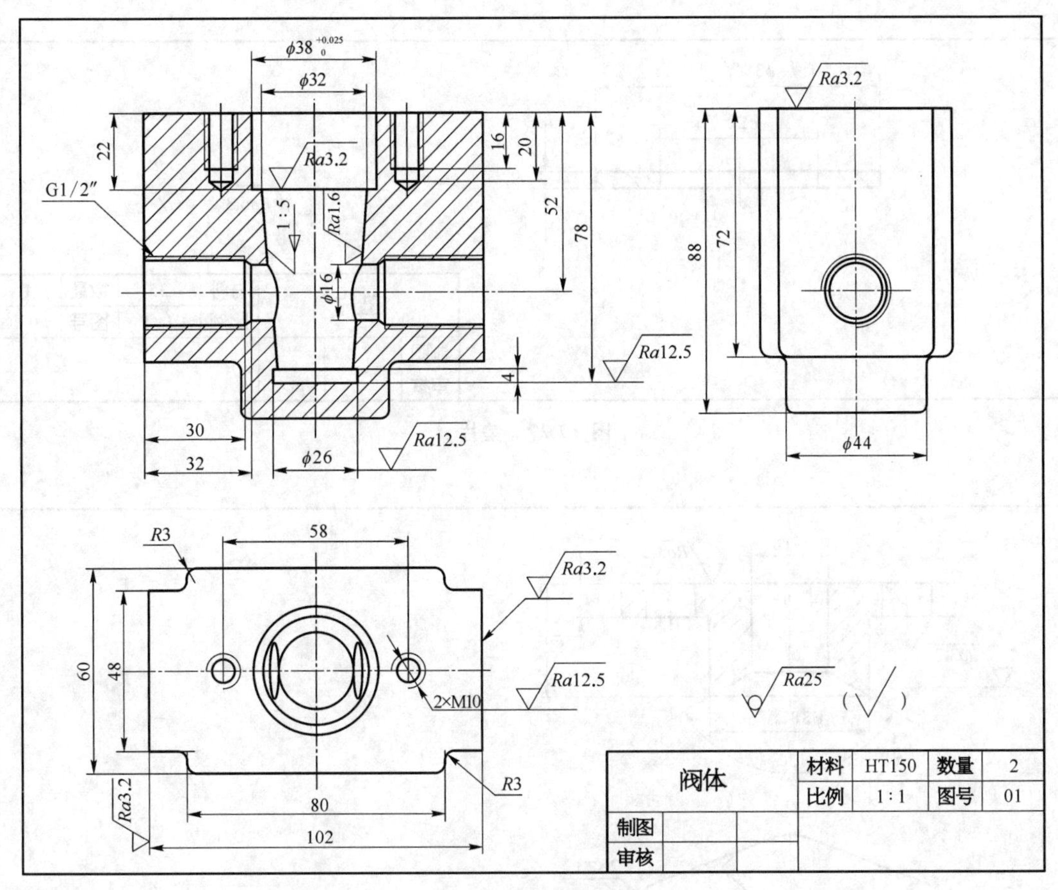

图 T7.25　旋阀阀体

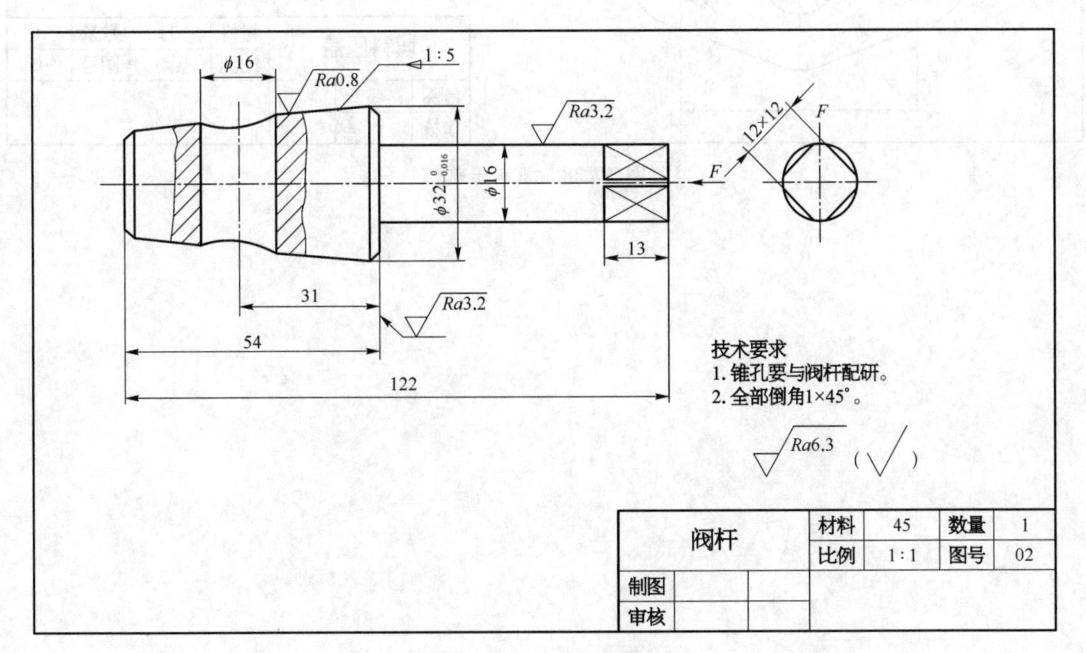

图 T7.26　旋阀阀杆

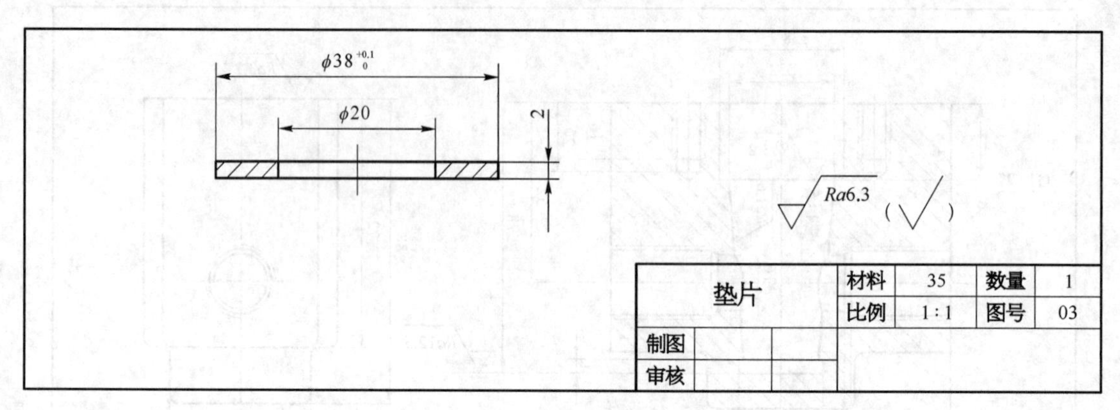

图 T7.27 垫片

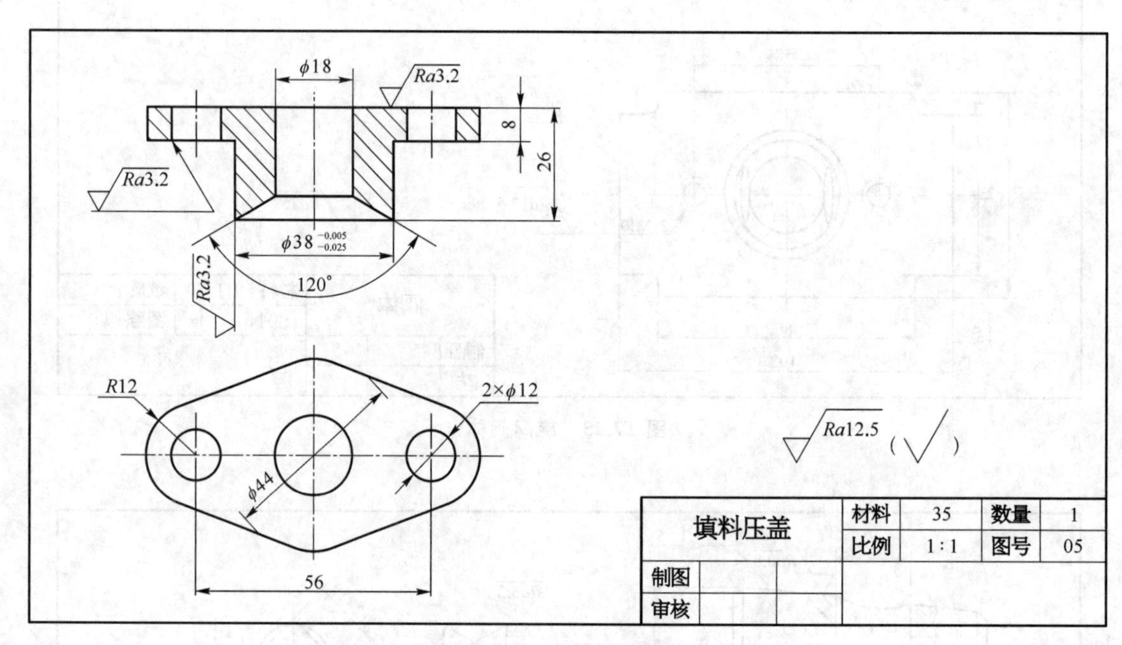

图 T7.28 填料压盖

实验八　综合练习——绘制建筑图

目的和要求

掌握绘制建筑图的绘图方法和过程。

上机操作指导

以 1：100 的比例绘制图 T8.1 所示建筑平面图。

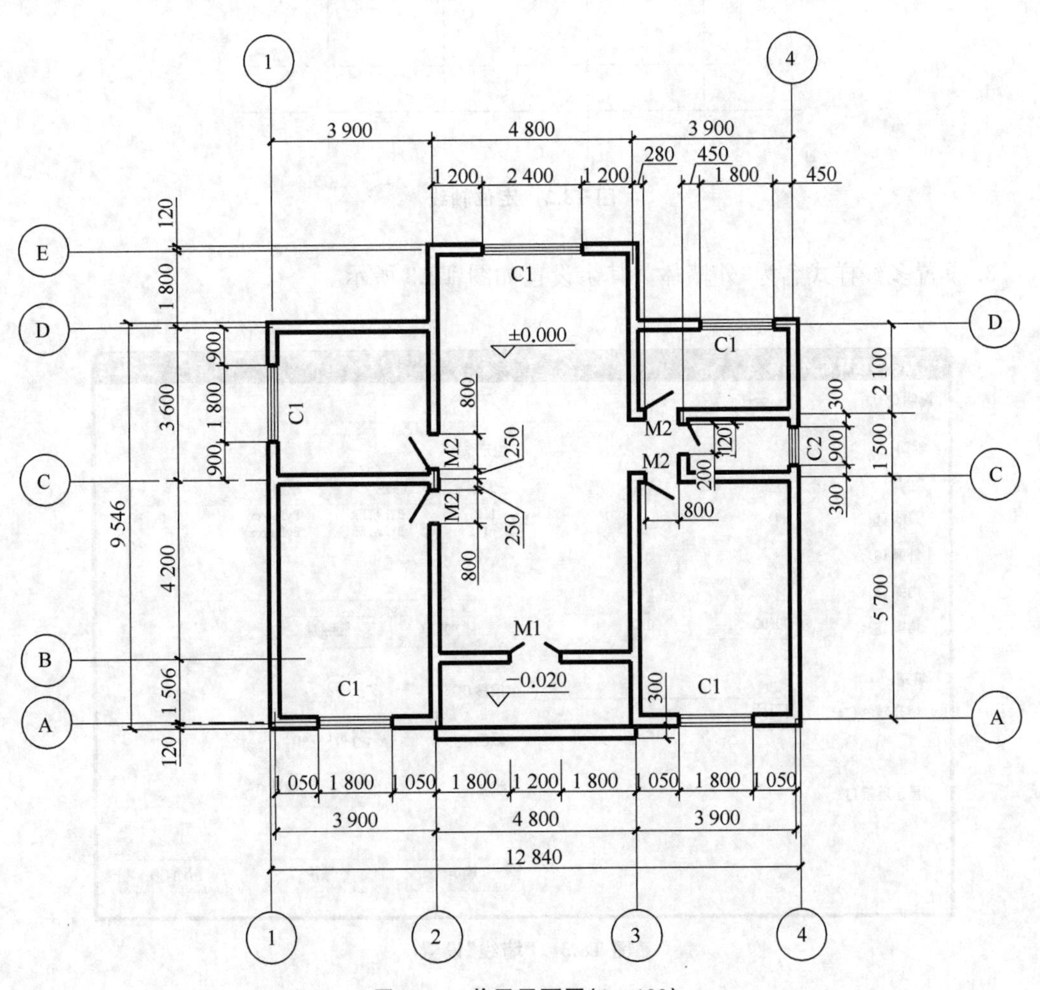

图 T8.1　首层平面图(1：100)

操作步骤:

1. 调用实验一的 A3 样板图,建立一张新图。
2. 在轴线层绘制定位轴线,如图 T8.2 所示。

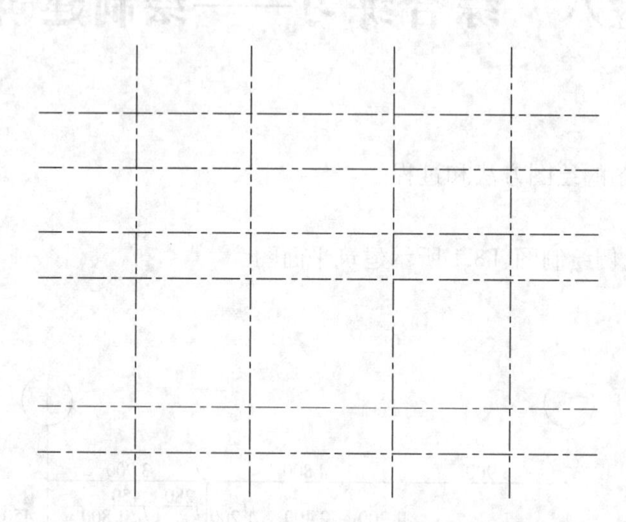

图 T8.2 定位轴线

3. 设置多线样式名为“外墙体”,其余设置如图 T8.3 所示。

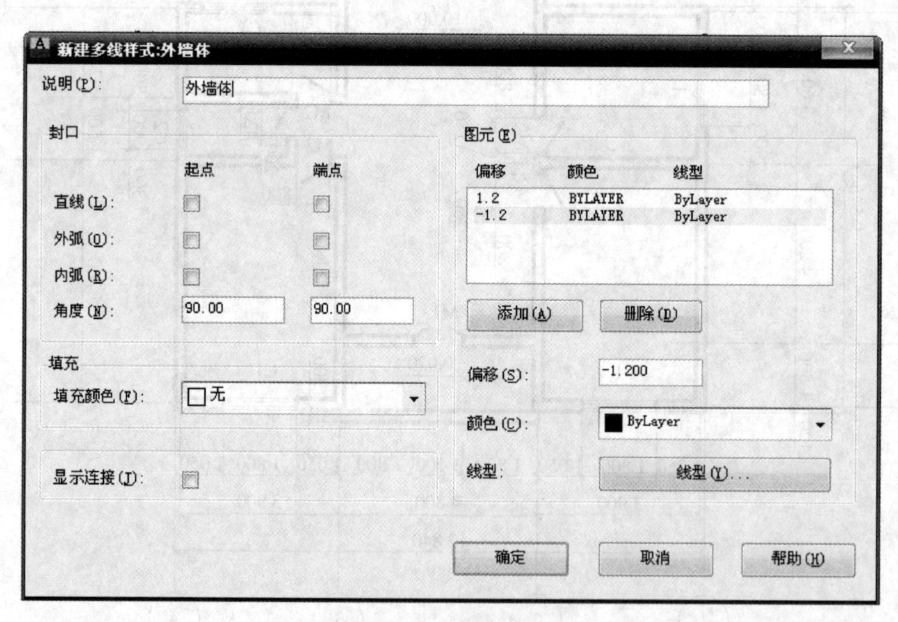

图 T8.3 “墙线”设置

4. 在粗实线层绘制墙线，如图 T8.4 所示。

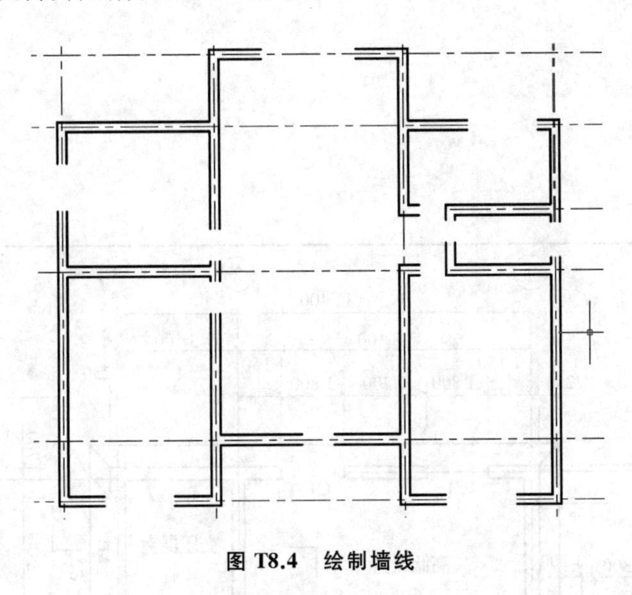

图 T8.4　绘制墙线

5. 创建门、窗、标高符号的块分别插入图中，如图 T8.5 所示。

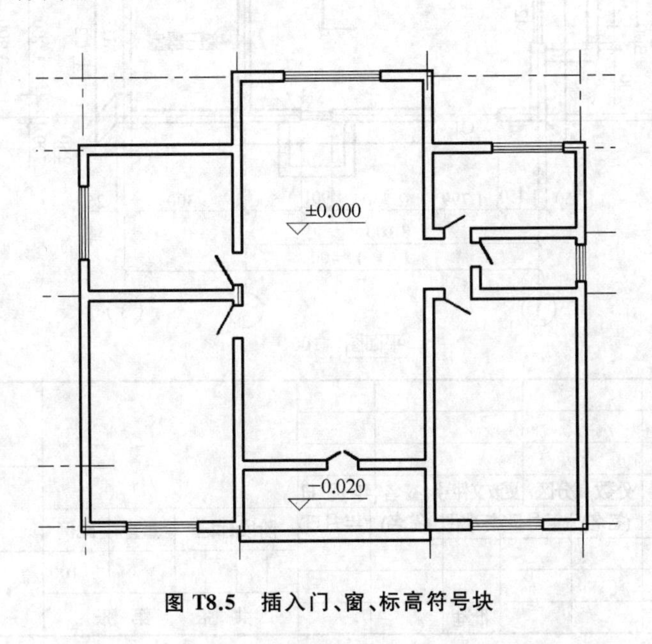

图 T8.5　插入门、窗、标高符号块

6. 设置尺寸标注样式名为“平面图”：箭头设置为“倾斜”，比例因子为“100”，其余设置不变。

7. 在尺寸层标注尺寸、定位轴线等，完成全图如 T8.1 所示。

课外练习

1. 绘制变电所施工图(图 T8.6)。

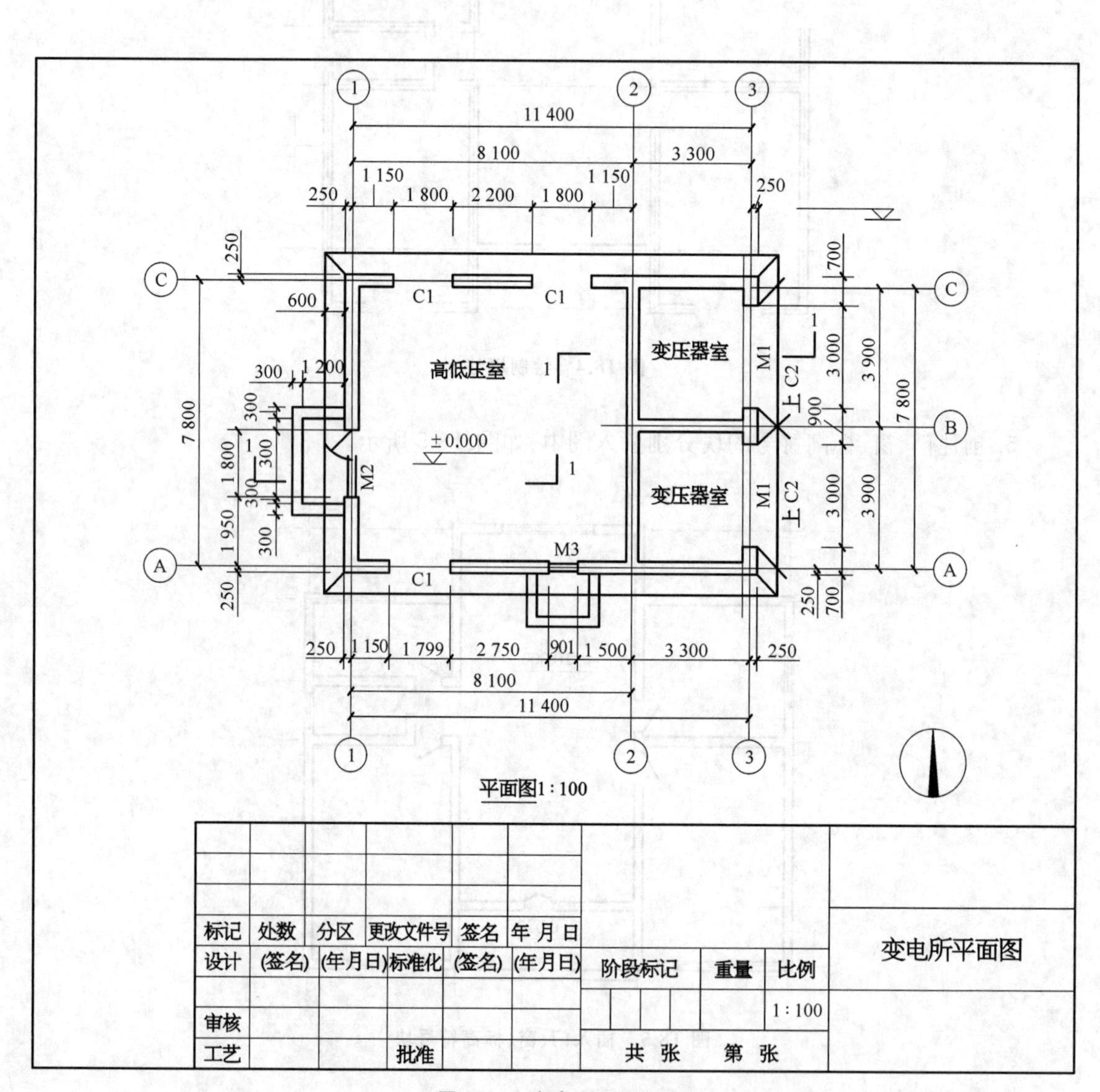
11 400
8 100
3 300
1 150
250
1 800
2 200
C1
高低压室
变压器室
M1
C2
M2
M3
±0.000
1 799
2 750
901
1 500
7 800
3 900
3 000
平面图1∶100
标记 处数 分区 更改文件号 签名 年 月 日
设计 (签名) (年月日) 标准化 (签名) (年月日)
阶段标记 重量 比例
1∶100
审核
工艺 批准
共 张 第 张
变电所平面图

图 T8.6 变电所平面图

2. 绘制建筑平面图(图 T8.7)。

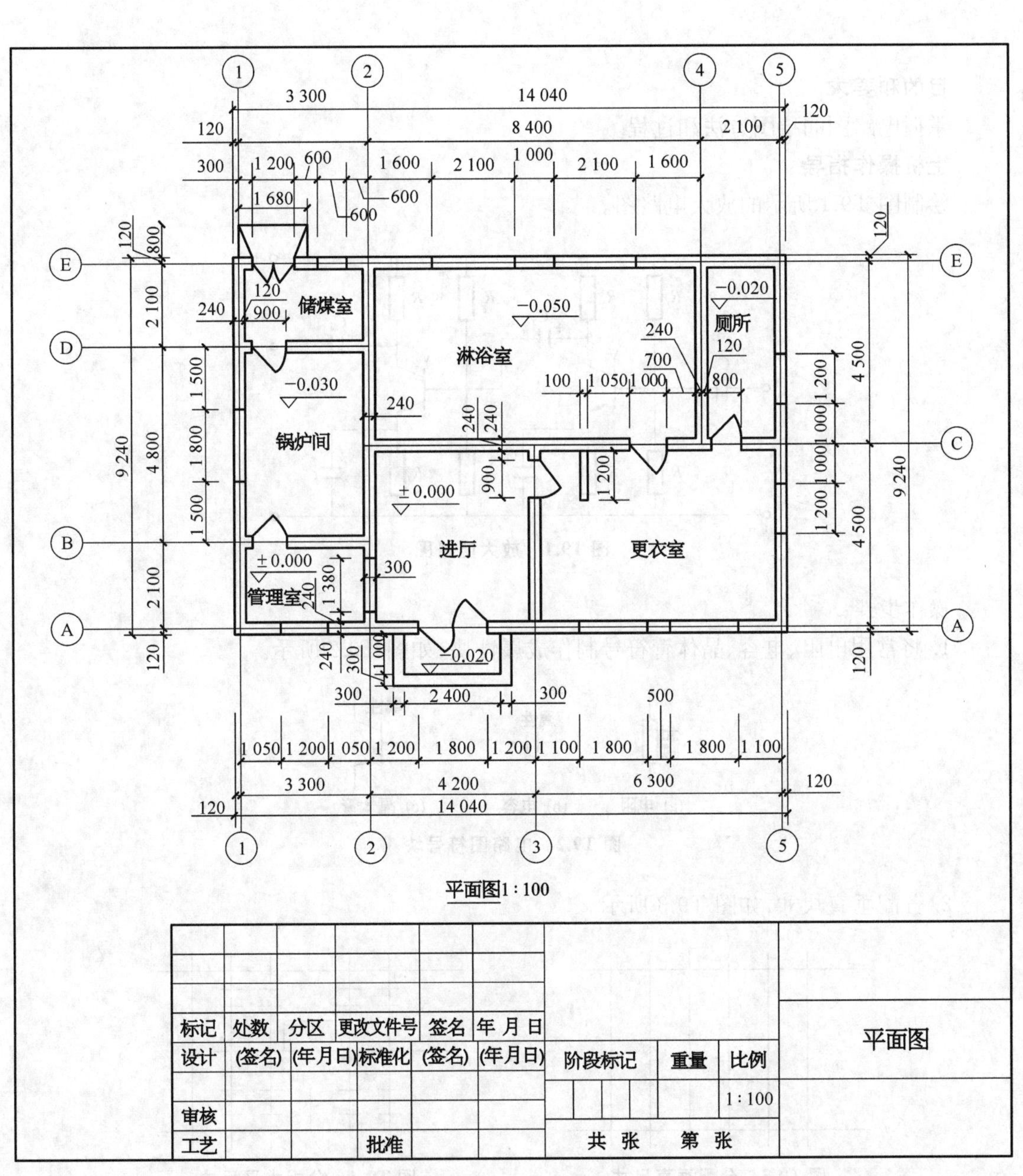

图 T8.7　平面图

实验九　综合练习——绘制电路图

目的和要求

掌握电路图的绘图方法和过程。

上机操作指导

绘制图 T9.1 所示的放大电路图。

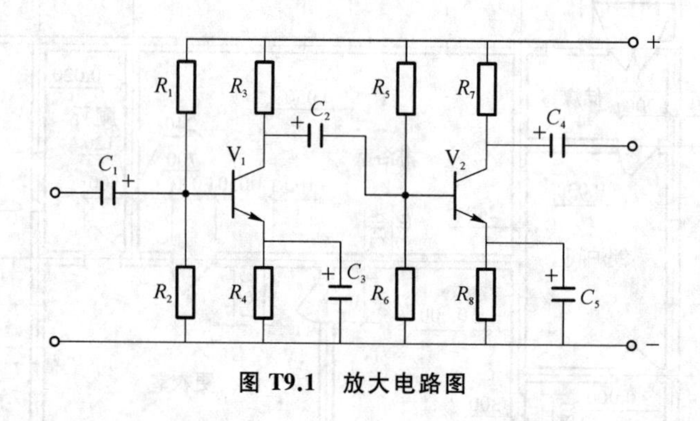

图 T9.1　放大电路图

操作步骤：

1. 将常用电阻、电容、晶体管符号制作成属性块，如图 T9.2 所示。

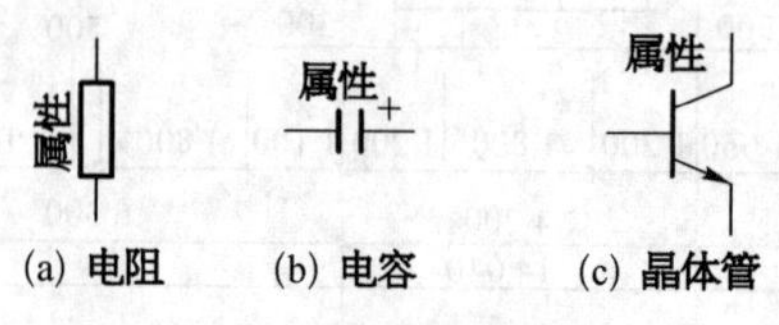

图 T9.2　电路图符号块

2. 分配垂直尺寸，如图 T9.3 所示。

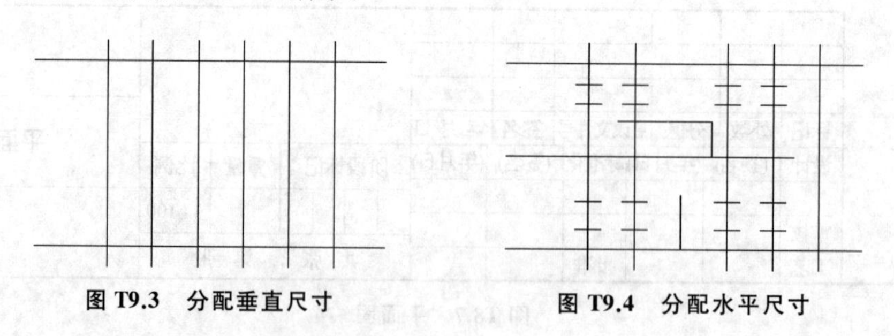

图 T9.3　分配垂直尺寸　　**图 T9.4　分配水平尺寸**

3. 分配水平尺寸，如图 T9.4 所示。
4. 插入各符号块，修正描深，结果如图 T9.1 所示。

实验十　绘 制 三 维 图

目的和要求

1. 练习实体建模命令。

2. 练习三维操作及实体编辑命令。

3. 掌握实体建模的思路和方法。

上机操作指导

绘制完成图 T10.1 三维实体(不标注尺寸)。

操作步骤:

1. 分析模型的构成,考虑先将模型分成多个简单形体分别建模,再通过移动或对齐摆放到正确位置,最后用布尔运算或其他实体编辑命令完成建模。

2. 打开 A3 样板图,选用“三维建模”工作空间。

3. 绘图步骤(绘图方法不唯一)。

(1) 用“长方体”“直线”“面域”和“拉伸”命令创建两个简单形体,如图 T10.2 所示。

(2) 用“移动”“并集”布尔运算合并两立体,并画出底部方槽切口和顶部圆柱切口的简单形体,如图 T10.3 所示。

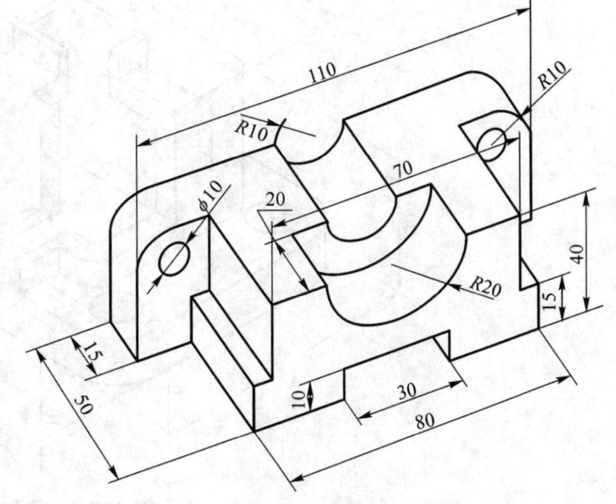

图 T10.1　模型一

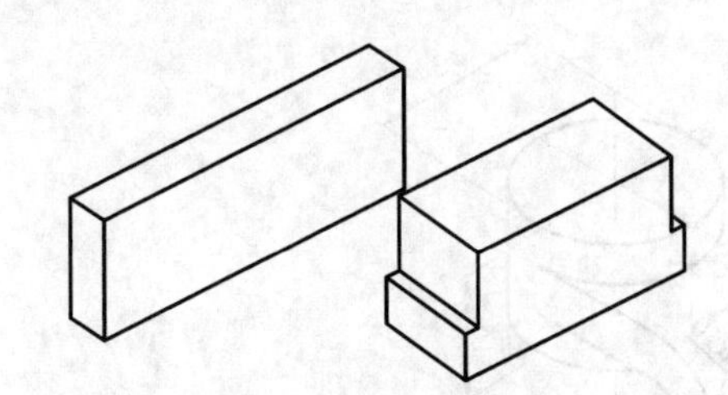

图 T10.2　创建两个简单形体

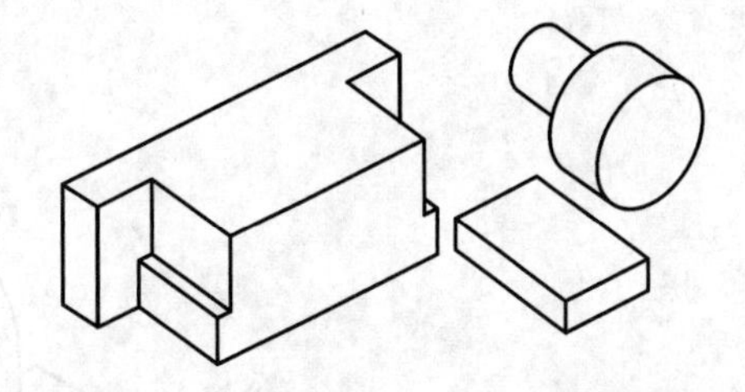

图 T10.3　布尔运算及创建方体和圆柱体

(3) 用“差集”布尔运算形成立体,如图 T10.4 所示。

(4) 用“倒圆角”“圆柱体”“移动”“差集”等命令完成全图,如图 T10.5 所示。

(5) 赋名“图 T10.1 模型一.dwg”存盘。

课外练习

利用恰当的命令,快速完成图 T10.6 和图 T10.7 所示图形的绘制。

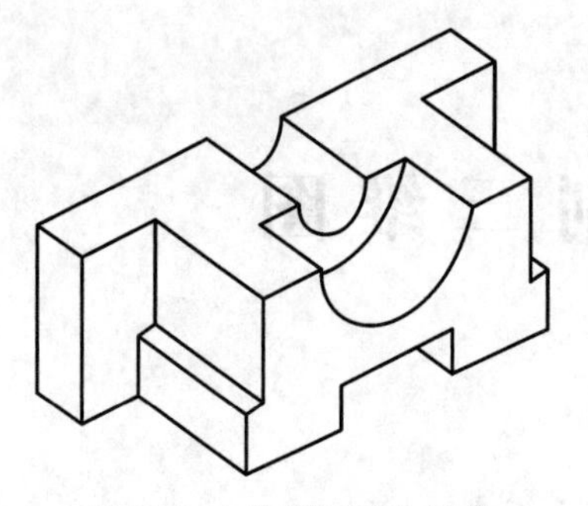

图 T10.4 "差集"布尔运算

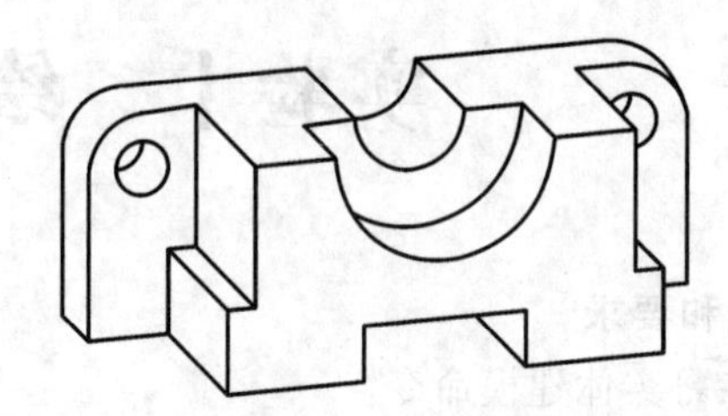

图 T10.5 完成全图

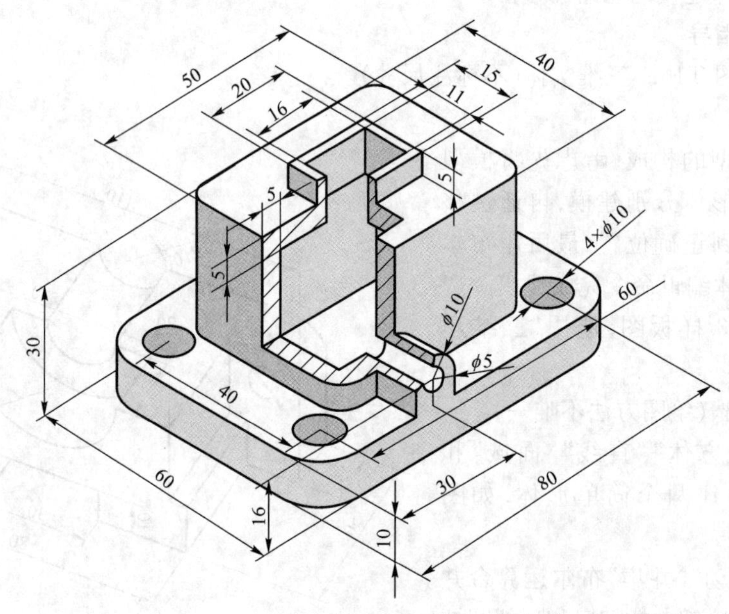

图 T10.6 模型二

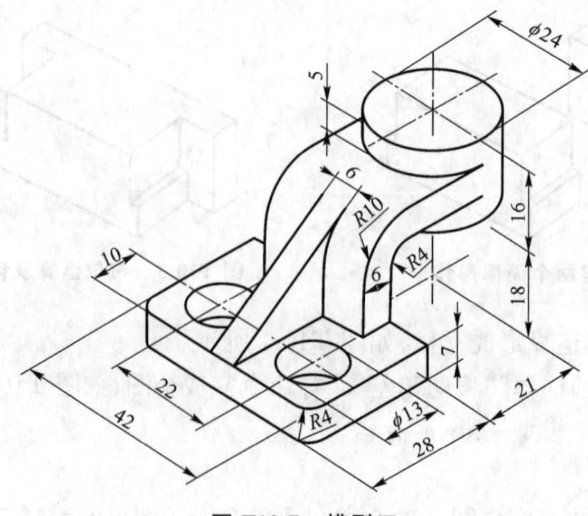

图 T10.7 模型三